高等职业教育教学用书

建筑与装饰材料学习指导与习题

田文富 隋良志 纪明香 范红岩 编

邝静喆 审

中国建筑工业出版社

图书在版编目（CIP）数据

建筑与装饰材料学习指导与习题/田文富，隋良志等编. —北京：中国建筑工业出版社，2006
高等职业教育教学用书
ISBN 978-7-112-08564-4

Ⅰ. 建... Ⅱ.①田...②隋... Ⅲ.①建筑材料-高等学校：技术学校-教学参考资料②建筑装饰-装饰材料-高等学校：技术学校-教学参考资料 Ⅳ.①TU5②TU56

中国版本图书馆 CIP 数据核字（2006）第 109686 号

高等职业教育教学用书
建筑与装饰材料学习指导与习题
田文富　隋良志　纪明香　范红岩　编
邝静喆　审

*

中国建筑工业出版社出版、发行（北京西郊百万庄）
各地新华书店、建筑书店经销
北京密云红光制版公司制版
北京云浩印刷有限责任公司印刷

*

开本：787×1092 毫米　1/16　印张：15¾　字数：380 千字
2006 年 10 月第一版　2012 年 1 月第四次印刷
定价：23.00 元
ISBN 978-7-112-08564-4
（15228）

版权所有　翻印必究
如有印装质量问题，可寄本社退换
（邮政编码 100037）

本书主要由学习指导、思考题与习题及自测试题三大部分组成。学习指导、思考题与习题部分是按照建筑材料学科体系进行编写的，即按"建筑材料的基本性质"、"胶凝材料"、"结构材料"、"功能材料"四大部分编写的，共分为14章：材料的基本性质、气硬性胶凝材料、水硬性胶凝材料、混凝土、金属材料、墙体材料、建筑砂浆、天然石材、玻璃与陶瓷、有机高分子材料、建筑防水材料、绝热与吸声材料、木材、建筑装饰材料。思考题与习题部分由名词解释、是非判断、填空、单项选择、多项选择、问答题、计算题等题型构成；最后为综合性的自我测试题。通过以上学习指导和习题便于学生全面掌握基本概念、基础理论及训练学生综合运用基本知识解决工程实践中所遇到的各种问题能力。

本书的使用对象主要是高职院校相关专业在校学生，也可供中职学校在校学生、技术培训及工程技术人员参考。

* * *

责任编辑：张　晶
责任设计：董建平
责任校对：张树梅　王雪竹

前 言

随着我国经济建设的不断深入，我国高职高专教育取得跨越式发展，在高职高专"材料类"、"土建施工类"、"工程管理类"、"建筑设计类"、"房地产类"、"公路运输类"、"铁道运输类"等相关专业中，"建筑材料"课或"建筑与装饰材料"课的教学，由于学制的限制，此类课的学时并不是很多，课堂上教师只能将主要内容进行讲解，学生学习时，较难全面掌握；且"建筑与装饰"材料，品种十分庞杂，性能各异，实践性强，多学科知识渗透，同学们在学习中普遍反映不易掌握。有鉴于此，笔者根据近年教学的体会，编写此指导书与习题，旨在帮助学生掌握要领、加强训练、检验学习程度，更好地培养学生分析问题与解决工程实际问题的能力。

本书编排体系不受任何教材限制，是按照建筑材料学科体系进行编写的。即按"建筑材料的基本性质"、"胶凝材料"、"结构材料"、"功能材料"四大部分编写。

《建筑与装饰材料学习指导与习题》的编写分工：第1章、第4章、第14章及自测试题部分由隋良志编写；第2章、第7章、第11章、第12章由田文富编写；第3章、第5章、第9章、第10章由纪明香编写；第6章、第8章、第13章由范红岩编写。全书由田文富、隋良志统稿。

本书特邀哈尔滨工业大学材料学院建材中心实验室高级工程师邱静喆主审。

在本书编写过程中，思考题与习题部分源于国内有关教材，在此向原编著者致谢！

鉴于编者水平有限，书中难免有不当之处，敬请读者、专家给予批评指正。

编　者
2006年4月

目　　录

第 1 篇　建筑与装饰材料的基本性质

1　材料的基本性质 ······· 3
 1.1　学习指导 ······· 3
  1.1.1　材料的组成、结构与性质 ······· 3
  1.1.2　材料的基本物理性质 ······· 5
  1.1.3　材料的力学性质 ······· 9
  1.1.4　材料的耐久性、装饰性及环境协调性 ······· 11
 1.2　思考题与习题 ······· 12
  （一）名词解释 ······· 12
  （二）是非判断题 ······· 13
  （三）填空题 ······· 13
  （四）单项选择题 ······· 14
  （五）多项选择题 ······· 16
  （六）问答题 ······· 17
  （七）计算题 ······· 17

第 2 篇　胶　凝　材　料

2　气硬性胶凝材料 ······· 21
 2.1　学习指导 ······· 21
  2.1.1　石灰 ······· 21
  2.1.2　建筑石膏 ······· 24
  2.1.3　水玻璃 ······· 25
  2.1.4　菱苦土 ······· 26
 2.2　思考题与习题 ······· 27
  （一）名词解释 ······· 27
  （二）是非判断题 ······· 27
  （三）填空题 ······· 27
  （四）单项选择题 ······· 28
  （五）多项选择题 ······· 29
  （六）问答题 ······· 29

3　水硬性胶凝材料 ······· 31
 3.1　学习指导 ······· 31

	3.1.1 硅酸盐水泥	31
	3.1.2 掺混合材料的硅酸盐水泥	37
	3.1.3 高铝水泥	43
	3.1.4 其他水泥	44
3.2	思考题与习题	45
	（一）名词解释	45
	（二）是非判断题	45
	（三）填空题	46
	（四）单项选择题	47
	（五）多项选择题	48
	（六）问答题	49
	（七）计算题	50

第3篇 结 构 材 料

4 混凝土 ··· 53
  4.1 学习指导 ··· 53
    4.1.1 普通混凝土组成材料 ·· 53
    4.1.2 混凝土拌合物的和易性 ·· 56
    4.1.3 混凝土的强度 ·· 58
    4.1.4 混凝土的变形性质 ··· 60
    4.1.5 混凝土的耐久性 ··· 61
    4.1.6 普通混凝土配合比设计 ·· 62
    4.1.7 混凝土外加剂 ·· 64
    4.1.8 轻混凝土 ··· 66
    4.1.9 其他混凝土 ·· 68
  4.2 思考题与习题 ··· 69
    （一）名词解释 ·· 69
    （二）是非判断题 ··· 69
    （三）填空题 ·· 70
    （四）单项选择题 ··· 71
    （五）多项选择题 ··· 73
    （六）问答题 ·· 74
    （七）计算题 ·· 75

5 金属材料 ··· 77
  5.1 学习指导 ··· 77
    5.1.1 钢材的基本知识 ·· 77
    5.1.2 建筑钢材的主要技术性质 ··· 78
    5.1.3 钢的晶体组织与化学成分对钢性能的影响 ························ 80
    5.1.4 钢材的冷加工及热处理 ··· 81

		5.1.5 建筑钢材的技术标准及应用	82
		5.1.6 建筑钢材的防锈	87
		5.1.7 铸铁	88
		5.1.8 铝及铝合金	88
	5.2	思考题与习题	89
		（一）名词解释	89
		（二）是非判断题	89
		（三）填空题	89
		（四）单项选择题	90
		（五）多项选择题	92
		（六）问答题	93
		（七）计算题	93
6	墙体材料		94
	6.1	学习指导	94
		6.1.1 砌墙砖	94
		6.1.2 建筑砌块	98
		6.1.3 墙用板材	100
		6.1.4 墙体保温和复合墙体	103
		6.1.5 新型墙体材料的发展	104
	6.2	思考题与习题	104
		（一）名词解释	104
		（二）是非判断题	105
		（三）填空题	105
		（四）单项选择题	105
		（五）多项选择题	106
		（六）问答题	107
		（七）计算题	107
		（八）综合应用题	108
7	建筑砂浆		109
	7.1	学习指导	109
		7.1.1 建筑砂浆的组成材料	109
		7.1.2 砂浆的技术性质	111
		7.1.3 砌筑砂浆	112
		7.1.4 抹面砂浆	114
		7.1.5 干混砂浆	120
	7.2	思考题与习题	131
		（一）名词解释	131
		（二）是非判断题	131
		（三）填空题	132

(四) 单项选择题 ··· 132
(五) 多项选择题 ··· 133
(六) 问答题 ··· 133
(七) 计算题 ··· 134

第4篇 功 能 材 料

8 天然石材 ··· 137
  8.1 学习指导 ··· 137
    8.1.1 岩石的基本知识 ··· 137
    8.1.2 常用建筑石材 ··· 139
  8.2 思考题与习题 ··· 142
    (一) 名词解释 ··· 142
    (二) 是非判断题 ··· 143
    (三) 填空题 ··· 143
    (四) 单项选择题 ··· 143
    (五) 多项选择题 ··· 144
    (六) 问答题 ··· 144
    (七) 计算题 ··· 144

9 玻璃与陶瓷 ··· 145
  9.1 学习指导 ··· 145
    9.1.1 玻璃的基本知识 ··· 145
    9.1.2 平板玻璃 ··· 145
    9.1.3 安全玻璃 ··· 146
    9.1.4 节能玻璃 ··· 146
    9.1.5 常用玻璃的品种、特性及用途 ··· 147
    9.1.6 陶瓷的基本知识 ··· 147
    9.1.7 釉面砖 ··· 148
    9.1.8 墙地砖 ··· 148
    9.1.9 陶瓷锦砖 ··· 149
    9.1.10 琉璃制品 ··· 149
    9.1.11 建筑常用瓷砖的种类、性质特点及用途 ··· 149
  9.2 思考题与习题 ··· 150
    (一) 填空题 ··· 150
    (二) 单项选择题 ··· 150
    (三) 多项选择题 ··· 151
    (四) 问答题 ··· 151

10 有机高分子材料 ··· 153
  10.1 学习指导 ··· 153
    10.1.1 合成高分子材料的基本知识 ··· 153

| 10.1.2　建筑塑料 ·· 157
| 10.1.3　建筑胶粘剂 ··· 160
| 10.1.4　建筑涂料 ·· 163
| 10.1.5　合成高分子防水材料 ·· 165
| 10.2　思考题与习题 ··· 165
| （一）名词解释 ··· 165
| （二）是非判断题 ·· 166
| （三）填空题 ·· 166
| （四）单项选择题 ·· 166
| （五）多项选择题 ·· 167
| （六）问答题 ·· 167
| **11　建筑防水材料** ·· 168
| 11.1　学习指导 ·· 168
| 11.1.1　防水材料概述 ··· 168
| 11.1.2　防水卷材 ·· 175
| 11.1.3　防水涂料 ·· 184
| 11.1.4　建筑密封材料 ··· 188
| 11.1.5　沥青混合料 ··· 193
| 11.2　思考题与习题 ··· 198
| （一）名词解释 ··· 198
| （二）是非判断题 ·· 198
| （三）填空题 ·· 199
| （四）单项选择题 ·· 199
| （五）多项选择题 ·· 200
| （六）问答题 ·· 202
| （七）计算题 ·· 202
| **12　绝热与吸声、隔声材料** ··· 203
| 12.1　学习指导 ·· 203
| 12.1.1　绝热材料 ·· 203
| 12.1.2　吸声、隔声材料 ·· 208
| 12.2　思考题与习题 ··· 210
| （一）名词解释 ··· 210
| （二）是非判断题 ·· 210
| （三）填空题 ·· 211
| （四）单项选择题 ·· 211
| （五）多项选择题 ·· 212
| （六）问答题 ·· 213
| **13　木材** ·· 214
| 13.1　学习指导 ·· 214

  13.1.1 木材的构造与组成 ··· 214
  13.1.2 木材的性质 ··· 215
  13.1.3 常用木材及制品 ··· 216
  13.1.4 木材的腐蚀与防止 ··· 218
 13.2 思考题与习题 ··· 218
  （一）名词解释 ··· 218
  （二）是非判断题 ··· 219
  （三）填空题 ··· 219
  （四）单项选择题 ··· 220
  （五）多项选择题 ··· 220
  （六）问答题 ··· 220
  （七）工程实例 ··· 220

14 建筑装饰材料 ·· 221
 14.1 学习要点 ··· 221
  14.1.1 建筑装饰材料的基本知识 ··································· 221
  14.1.2 建筑装饰材料主要品种及其应用 ······················· 222
 14.2 思考题与习题 ··· 226
  （一）填空题 ··· 226
  （二）问答题 ··· 226

第5篇 自 测 试 题

自测试题一 ·· 229
自测试题二 ·· 232
自测试题三 ·· 234
自测试题四 ·· 236
自测试题五 ·· 238

参考文献 ·· 241

第1篇　建筑与装饰材料的基本性质

在人类发展的历史长河中，材料起着举足轻重的作用，人类对材料的应用一直是社会文明进程的里程碑。古代的石器、青铜器、铁器等的兴起和广泛利用，极大地改变了人们的生活和生产方式，对社会进步起到了关键性的推动作用，这些具体的材料（石器、青铜器、铁器）被历史学家作为划分某一个时代的重要标志，如石器时代、青铜器时代、铁器时代等。自20世纪下半叶开始，历史进入新技术革命时代，材料与能源、信息一道被公认为现代文明的三大基础支柱。材料科学的发展不仅是科技进步、社会发展的物质基础，同时也改变着人们在社会活动中的实践方式和思维方式，由此极大地推动了社会进步。

材料，一般是指可以用来制造有用的构件、器件或其他物品的物质。材料按组成、结构特点分为金属材料、无机非金属材料、高分子材料、复合材料；按功能分为结构材料、功能材料；按用途分为建筑材料、水工材料、军事工程材料、……等。

广义的建筑材料是指建筑工程中所有材料的统称。既包括构成建、构筑物本身的材料及所有土木工程中的构成材料，又包括施工过程中所用的材料。通常所指的"建筑材料"主要是指构成建、构筑物本身的材料，即狭义的建筑材料。装饰材料是建筑材料中的一种，由于其近年发展较快，使用的量大面广，故有很多书籍将其与建筑材料并列。

1 材料的基本性质

建筑与装饰材料在工程中的作用，从根本上讲就是其性质的外在表现。建筑与装饰材料在建（构）筑物的部位不同、使用环境不同，所起的作用就不同。如梁、板、柱以及承重的墙体，主要承受各种荷载作用；房屋屋面，主要承受风、霜、雨、雪的作用，且能保温、隔热、防水；而高层建筑外墙的装饰，主要应注意光泽、质感、图案、花纹等。这就要求用于不同部位的材料应具有相应的性质。材料的性质是由材料的组成与结构决定（即结构决定性能），而结构又是由材料的生产工艺及原料的成分决定。在学习时应抓住材料的"性能—结构—生产工艺—原料成分"这条主线。

1.1 学 习 指 导

1.1.1 材料的组成、结构与性质

1.1.1.1 材料的组成

（1）化学组成　无机非金属建筑材料的化学组成以各种氧化物的含量表示。金属材料以元素含量来表示。化学组成决定着材料的化学性质，影响着物理性质和力学性质。

（2）矿物组成　材料中的元素或化合物是以特定的结合形式存在着，并决定着材料的许多重要性质。

矿物组成，是无机非金属建筑材料中化合物存在的基本形式。化学组成不同，有不同的矿物。而相同的化学组成，在不同的条件下，结合成的矿物往往也是不同的。例如，化学组成为 CaO、SiO_2 和 H_2O 的原料，在常温下硬化成的石灰砂浆和在高温高湿下硬化成的灰砂砖，两者的矿物组成不同，其物理性质和力学性质截然不同。

金属材料和有机材料也与无机非金属材料一样，有其各自的基本组成，决定着同一种类材料的主要性质。例如，铁和碳元素结合成固溶体或者化合物及二者的机械混合物，是碳素钢的基本组成，其组成及含量不同的钢，性质有明显差别。所以说，认识各类材料的基本组成，是了解材料本质的基础。

1.1.1.2 材料的结构

（1）不同层次的结构　材料的结构决定着材料的许多性质。一般从三个层次来观察材料的结构及其与性质的关系。

1）宏观结构（亦称构造）　用放大镜或肉眼即可分辨的毫米级组织称为宏观结构。宏观结构的分类及其相应的主要特性见表1-1。

采用两种或两种以上组成材料构成的新材料，称为复合材料。复合材料取各组成材料之长，避免单一材料的缺点，使其具有多种使用功能（如承受各种荷载、防水、保温、装饰、耐久等）或者具有某项特殊功能。复合材料综合性能好，某些性能往往超过组成中的单一材料。

材料的宏观结构及其相应的主要特性 表 1-1

材料的宏观结构		常用材料	主要特性
单一材料	致密结构	钢材、玻璃、沥青、部分塑料	高强、或不透水、耐腐蚀
	多孔结构	泡沫塑料、泡沫玻璃	轻质、保温
	纤维结构	木材、竹材、石棉、岩棉、玻璃纤维、钢纤维	高抗拉、且大多数具有轻质、保温、吸声性质
	聚集结构	陶瓷、砖、某些天然岩石	强度较高
复合材料	粒状聚集结构	各种混凝土、砂浆、钢筋混凝土	综合性能好、价格较低廉
	纤维聚集结构	岩棉板、岩棉管、石棉水泥制品、纤维板、纤维增强塑料	轻质、保温、吸声或高抗拉（折）
	多孔结构	加气混凝土、泡沫混凝土	轻质、保温
	迭合结构	纸面石膏板、胶合板、各种夹芯板	综合性能好

材料的宏观结构中常含有孔隙或裂纹等缺陷，对材料性能有较大影响。材料的宏观结构较易改变。

2）亚微观结构（显微或细观结构） 由光学显微镜所看到的微米级组织结构。该结构主要涉及到材料内部的晶粒的大小和形态、晶界或界面、孔隙、微裂纹等。

一般而言，材料内部的晶粒越细小、分布越均匀，则材料的强度越高、脆性越小、耐久性越好；不同组成间的界面粘结或接触越好，则材料的强度、耐久性等越好。

材料的亚微观结构相对较易改变。

3）微观结构 利用电子显微镜、X射线衍射仪、扫描隧道显微镜等手段来研究的原子或分子级的结构。微观结构的形式及其主要特征见表1-2。

材料的微观结构形式及其主要特性 表 1-2

微观结构		常见材料	主要特征
晶体	原子、离子或分子按一定规律排列		
	原子晶体（以共价键结合）	金刚石、石英、刚玉	强度、硬度、熔点均高、密度较小
	离子晶体（以离子键结合）	氯化钠、石膏、石灰岩	强度、硬度、熔点较高，但波动大。部分可溶、密度中等
	分子晶体（以分子键结合）	蜡及部分有机化合物	强度、硬度、熔点较低，大部分可溶、密度小
	金属晶体（以库仑引力结合）	铁、钢、铝、铜及其合金	强度、硬度变化大、密度大
非晶体	原子、离子或分子以共价键、离子键或分子键结合，但为无序排列（短程有序，长程无序）	玻璃、粒化高炉矿渣、火山灰、粉煤灰	无固定的熔点和几何形状。与同组成的晶体相比，强度、化学稳定性、导热性、导电性较差，且各向同性

无机非金属材料中的晶体（或非晶体），其键的构成往往不是单一的，而是由共价键和离子键等共同联结，如方解石、长石及硅酸盐类材料等。这类材料的性质相差较大。

非晶体是一种不具有明显晶体结构的结构状态，又称为无定形体或玻璃体，是熔融物在急速冷却时，质点来不及按特定规律排列，所形成的内部质点无序排列（短程有序，长程无序）的固体或固态液体。因其大量的化学能未能释放出，故其化学稳定性较晶体差，容易和其他物质反应或自行缓慢向晶体转换。如水泥、混凝土等材料中使用的粒化高炉矿渣、火山灰、粉煤灰等材料。

(2) 孔隙　大多数材料在宏观结构层次或亚微观结构层次上均含有一定大小和数量的孔隙，甚至是相当大的孔洞。这些孔洞几乎对材料的所有性质都有相当大的影响。

1) 孔隙的分类　材料内部的孔隙按尺寸大小，可分为微细孔隙、细小孔隙、较粗大孔隙、粗大孔隙等。

按孔隙的形状可分为球形孔隙、片状孔隙（即裂纹）、管状孔隙、带尖角的孔隙等。

按常压下水能否进入孔隙中，又可分为开口孔隙（或连通孔隙）、闭口孔隙（封闭孔隙）。当然压力很高的水可能会进入到部分闭口孔隙中。

2) 孔隙对材料性质的影响　通常材料内部的孔隙含量（即孔隙率）越多，则材料的表观密度、堆积密度、强度越小，耐磨性、抗冻性、抗渗性、耐腐蚀性及其耐久性越差，而保温性、吸声性、吸水性和吸湿性等越强。孔隙的形状和孔隙状态对材料的性能有不同程度的影响，如连通孔隙、非球形孔隙（如扁平孔隙，即裂纹）往往对材料的强度、抗渗性、抗冻性、耐腐蚀性更为不利，对保温性稍有不利影响，但对吸声却有利。孔隙尺寸愈大，对材料上述性能的影响愈明显。

人造材料内部的孔隙是生产材料时，在各工艺过程中留在材料内部的气孔。绝大多数的建筑材料的生产过程中均使用水做为一个组成成分。为达到生产工艺所要求的工艺性质，用水量往往远远超过理论需水量（如水泥、石膏等的化学反应所需的水量），多余的水即形成了材料内部的毛细孔隙，即绝大多数人造建筑材料中的孔隙基本上是由水所造成的。由此可以说，凡是影响人造建筑材料内部孔隙数量、孔隙形状、孔隙状态或用水量的因素，均是影响材料性能的因素。在确定改善材料性能的措施和途径时，必须考虑这些因素。

1.1.2 材料的基本物理性质

1.1.2.1 与材料结构状态有关的基本参数

(1) 不同状态下的密度

1) 密度　材料在绝对密实状态下（不含内部所有孔隙体积）单位体积的质量，用下式表示：

$$\rho = \frac{m}{V} \tag{1-1}$$

测试时，材料必须是绝对干燥的。含孔材料则必须磨细后采用排开液体的方法来测定其体积。

工程中常用的散粒状材料，内部有些与外部不连通的孔隙，使用时既无法排除，又没有物质进入，在密度测定时直接采用排水法测出的颗粒体积（材料的密实体积与闭口孔隙体积之和，但不含开口孔隙体积）与其密实体积基本相同，并按上述公式计算，这时所求的密度称为视密度 $\left(\rho' = \dfrac{m}{V'} = \dfrac{m}{V + V_b}\right)$。

2) 表观密度　多孔（块状或粒状）材料在自然状态下（包括内部所有孔隙体积）单

位体积的质量，用下式表示：

$$\rho_0 = \frac{m}{V_0} = \frac{m}{V + V_B + V_k} \tag{1-2}$$

测试时，材料质量可以是任意含水状态下的，不加说明时是指气干状态下的质量。形状不规则的材料，须涂蜡后采用排水法测定其体积。

3) 堆积密度　散粒状或粉末状材料在堆积状态下（含颗粒间空隙体积）单位体积的质量，以下式表示：

$$\rho'_0 = \frac{m}{V'_0} = \frac{m}{V_0 + V_v} \tag{1-3}$$

测试时，材料的质量可以是任意含水状态下的。无说明时，指气干状态下的。材料堆积密度大小取决于散粒材料的视密度、含水率以及堆积的疏密程度。在自然堆积状态下称松散堆积密度，在振实、压实状态下称为紧密堆积密度。

(2) 孔隙率与密实度　孔隙率是指材料内部孔隙体积占材料自然状态下体积百分数，分为开口孔隙率、闭口孔隙率、总孔隙率（简称为孔隙率）。

1) 孔隙率的计算　孔隙率 P 可用下式计算：

$$P = \frac{V_p}{V_0} = \frac{V_0 - V}{V_0} = 1 - \frac{V}{V_0} = \left(1 - \frac{\rho_0}{\rho}\right) \times 100\% \tag{1-4}$$

或

$$P = \frac{V_p}{V_0} = \frac{V_k + V_b}{V_0} = \frac{V_k}{V_0} + \frac{V_b}{V_0} = P_k + P_b$$

2) 开口孔隙率的计算　工程中，常将材料吸水饱和状态时水占的体积视为开口孔隙体积。则 P_k 可表示为：

$$P_k = \frac{V_k}{V_0} = \frac{V_{sw}}{V_0} = \frac{m_{sw}}{V_0 \cdot \rho_w} = \frac{m'_{sw} - m}{V_0} \cdot \frac{1}{\rho_w} \times 100\% \tag{1-5}$$

3) 闭口孔隙率

$$P_b = P - P_k \tag{1-6}$$

4) 密实度　密实度是指材料体积内被固体物质充实的程度，用下式表示：

$$D = \frac{V}{V_0} = \frac{\rho_0}{\rho} \tag{1-7}$$

对于绝对密实材料，因 $\rho_0 = \rho$，故密实度 $D = 1$ 或 100%。对于大多数土木工程材料，因 $\rho_0 < \rho$，故密实度 $D < 1$ 或 $D < 100\%$。$D + P = 1$。

(3) 空隙率　散粒材料颗粒间空隙体积占整个堆积体积的百分率，用下式表示：

$$P' = \frac{V}{V'_0} = \frac{V'_0 - V_0}{V'_0} = \left(1 - \frac{V_0}{V'_0}\right) = \left(1 - \frac{\rho'_0}{\rho_0}\right) \times 100\% \tag{1-8}$$

在大量配制混凝土、砂浆等材料时，宜选用空隙率（P'）小的砂、石。

1.1.2.2　材料与水有关的性质

(1) 材料的亲水性与憎水性　水可以在材料表面铺展开，即材料表面可以被水润湿，此种性质称为亲水性；具备此种性质的材料称为亲水性材料，如图 1-1 所示。

若水不能在材料表面上铺展开，即不能被浸润，则称为憎水性，该材料称为憎水性材料，如图 1-2 所示。

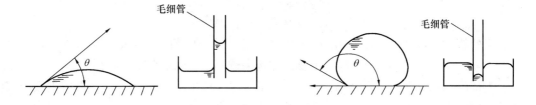

图 1-1 亲水性材料的润湿与毛细现象($\theta \leqslant 90°$) 　　图 1-2 憎水性材料的润湿与毛细现象($\theta > 90°$)

含毛细孔的亲水性材料可自动将水吸入孔隙内。大多数建筑材料属于亲水性材料。孔隙率较小的亲水性材料仍可做防水或防潮材料使用，如混凝土、砂浆等。

材料具有亲水性或憎水性的根本原因，在于材料的分子结构（是极性分子还是非极性分子），亲水性材料与水分子之间的分子亲和力，大于水分子本身之间的内聚力；反之，憎水性材料与水分子之间的分子亲和力，小于水分子本身之间的内聚力。

(2) 吸水性与吸湿性

1) 吸水性　吸水性是材料吸收水分的性质，用材料在吸水饱和状态下的吸水率来表示。分为质量吸水率（所吸收的水的质量占绝干材料质量的百分率）、体积吸水率（所吸收水的体积占自然状态下材料体积百分率），计算式分别如下：

$$W_{\mathrm{m}} = \frac{m_{\mathrm{sw}}}{m} = \frac{m'_{\mathrm{sw}} - m}{m} \times 100\% \qquad (1\text{-}9)$$

$$W_{\mathrm{v}} = \frac{V_{\mathrm{sw}}}{V_0} = \frac{m'_{\mathrm{sw}} - m}{V_0} \cdot \frac{1}{\rho} \times 100\% \qquad (1\text{-}10)$$

二者的关系为：

$$W_{\mathrm{v}} = \frac{\rho_0}{\rho_{\mathrm{w}}} \cdot W_{\mathrm{m}} \qquad (1\text{-}11)$$

吸水率主要与材料的开口孔隙率 P_{k}、亲水性与憎水性等有关。

2) 吸湿性　吸湿性是材料在潮湿的空气中吸收水蒸气的性质。干燥的材料处在较湿的空气中时，便会吸收空气中的水分；而当较潮湿的材料处在较干燥的空气中时，便会向空气中放出水分。前者是材料的吸湿过程，后者是材料的干燥过程。

吸湿性用含水率表示。即材料中所含水的质量与材料绝干质量的百分比称为含水率。材料吸湿或干燥至与空气湿度相平衡时的含水率称为平衡含水率。建筑材料在正常使用状态下，均处平衡含水状态。

吸湿性主要与材料的组成、微细孔隙的含量及材料的微观结构有关。

3) 吸水与吸湿对材料性质的影响　材料吸水或吸湿后，可削弱内部质点间的结合力，引起强度下降。同时也使材料的表观密度、导热性增加，几何尺寸略有增加，使材料的保温性、吸声性、强度下降，并使材料受到的冻害、腐蚀等加剧。由此可见含水使材料的绝大多数性质变差。

(3) 耐水性　材料长期在饱和水的作用下不破坏，保持其原有性质的能力。

对于结构材料，耐水性主要指保持强度不变的能力；对装饰材料则主要指颜色的变化、是否起泡、起层等，即材料不同，耐水性不同，耐水性表示方法也不同。对于结构材料，用软化系数（K_{p}）来表示，计算式如下：

$$K_\mathrm{p} = \frac{吸水饱和状态下的抗压强度}{干燥状态下的抗压强度} \tag{1-12}$$

材料的软化系数 $K_\mathrm{p} = 0 \sim 1.0$，$K_\mathrm{p} > 0.85$ 称为耐水性材料。长期处于潮湿或经常遇水的结构，需选用 $K_\mathrm{p} > 0.75$ 的材料，重要的结构需选用 $K_\mathrm{p} > 0.85$ 的材料。

材料的耐水性主要与其组成成分在水中的溶解度和材料的孔隙率有关。溶解度很小或不溶的材料，则软化系数（K_p）一般较大。若材料可微溶于水且含有较大的孔隙率，则其软化系数（K_p）较小或很小。

（4）**抗渗性** 抗渗性是材料抵抗压力水渗透的性质。土木建筑工程中许多材料常含有孔隙、孔洞或其他缺陷，当材料两侧的水压差较高时，水可能从高压侧通过内部的孔隙、孔洞或其他缺陷渗透到低压侧。这种压力水的渗透，不仅会影响工程的使用，而且渗入的水还会带入能腐蚀材料的介质，或将材料内的某些成分带出，造成材料的破坏。

抗渗性常用抗渗等级来表示，即材料用标准方法进行透水试验时，所能抵抗的最大水压力值表示。

材料的抗渗性与其内部的孔隙率，特别是开口孔隙率有关，与材料的亲水性、憎水性也有一定的关系。

（5）**抗冻性** 材料抵抗冻融循环作用，保持原有性质的能力。

1）冻害原因

材料吸水后，在负温作用条件下，水在毛细孔内冻结成冰，体积膨胀（大约增大9%）所产生的冻胀压力造成材料的内应力，会使材料遭到局部破坏。随着冻融循环的反复，材料的破坏作用逐步加剧，这种破坏称为冻融破坏。

抗冻性对结构材料，主要指保持强度的能力，并多以抗冻等级来表示。即以材料在吸水饱和状态（最不利状态）所能抵抗的最多冻融循环次数来表示。

2）影响冻害的因素

①孔隙率（P）和开口孔隙率（P_k）。一般情况下 P、尤其 P_k 越大则抗冻性越差。

②充水程度。以水饱和度（K_s）表示：

$$K_\mathrm{s} = \frac{V_\mathrm{w}}{V_\mathrm{p}} \tag{1-13}$$

理论上讲，若孔隙分布均匀，当饱和度 $K_\mathrm{s} < 0.91$ 时，结冰不会引起冻害，因未充水的孔隙空间可以容纳下水结冰而增加的体积。但当 $K_\mathrm{s} > 0.91$ 时，则已容纳不下冰增加的体积，故对材料孔壁产生压力，因而会引起冻害。实际上，由于局部饱和的存在和孔隙分布不均，K_s 需较 0.91 小一些才是安全的。如对于水泥混凝土，$K_\mathrm{s} < 0.80$ 时冻害才会明显减小。

对于受冻，吸水饱和状态是最不利的状态。可以用下述关系式来描述这种状态。

$$K_\mathrm{s} = \frac{V_\mathrm{sw}}{V_\mathrm{p}} = \frac{W_\mathrm{v}}{P} = \frac{P_\mathrm{k}}{P} = \frac{V_\mathrm{k}}{V_\mathrm{p}}$$

上式可以用来估计绝大多数材料抗冻性的好坏。

有时为了提高材料的抗冻性，在生产材料时常有意引入部分封闭的孔隙，如在混凝土中掺入引气剂。这些闭口孔隙可切断材料内部的毛细孔隙，当开口的毛细孔隙中的水结冰时，所产生的压力可将开口孔隙中尚未结冰的水挤入到无水的封口孔隙中，即这些封闭孔隙可起到卸压的作用。

③材料本身的强度 材料强度越高，抵抗外力破坏的能力越强，即抗冻性越高。

1.1.2.3 材料的热工性质

(1) 导热系数 当材料存在温度差时，热量从材料高温一侧通过材料传至低温一侧的性质称为材料的导热性，以导热系数来表示，计算式如下：

$$\lambda = \frac{Q \cdot d}{(T_1 - T_2) \cdot t \cdot A} \tag{1-14}$$

导热系数越小，材料的保温性能越好。

影响材料导热系数的因素有：

1) 材料的组成与结构。一般地说，金属材料、无机材料、晶体材料的导热系数分别大于非金属材料、有机材料、非晶体材料。

2) 孔隙率越大即材料越轻（ρ_0 小），导热系数越小。细小孔隙、闭口孔隙比粗大孔隙、开口孔隙对降低导热系数更为有利，因为避免了对流传热。

3) 含水或含冰时，会使导热系数急剧增加。

4) 温度越高，导热系数越大（金属材料除外）。

上述因素一定时，导热系数为常数。

保温材料在存放、施工、使用过程中，需保持为干燥状态。

(2) 热容量与比热容 材料受热时吸收热量，冷却时放出热量的性质称为材料的热容量。单位质量材料温度升高或降低 1K 所吸收或放出的热量称为比热容。热容量值等于材料的比热容（c）与质量（m）的乘积。

材料的热容量越大，则建筑物室内温度越稳定。

1.1.3 材料的力学性质

1.1.3.1 材料的强度

(1) 理论强度 固体材料的强度决定于结构中质点间的结合力，即化学键力。材料的破坏实际上是质点化学键的断裂。原则上固体的理论强度能够根据其化学组成、晶体结构与强度之间的关系计算出来，但不同材料有不同的组成、不同的结构以及不同的键合方式，因此这种计算非常复杂，而且对各种材料均不相同。奥洛旺（Orowan）提出了著名的 Orowan 公式，即材料的理论强度可由下式计算。

$$f_t = \sqrt{\frac{E \cdot v}{d}} \tag{1-15}$$

式中 f_t——材料的理论强度（Pa）；

E——材料的杨氏弹性模量（Pa）；

v——材料的表面能（J/m²）；

d——原子间距（m）。

由上式计算出的理论强度很高，约为实际强度的 100～1000 倍。实际上材料结构中含有大量缺陷，如晶格缺陷、孔隙、裂纹等。材料受力时，在缺陷处形成应力集中。如当脆性材料内部含一长度为 $2c$ 的裂纹时，则强度可用葛里斯菲（Griffith）微裂纹理论计算：

$$f = \sqrt{\frac{2E \cdot v}{\pi c}} \tag{1-16}$$

由上式可知，材料中的裂纹尺寸越长，材料的强度越小。减小材料内部的缺陷（孔隙、裂纹等）可大幅度提高材料的强度。

（2）材料的实际强度　材料的实际强度，是指材料在外力作用下抵抗破坏的能力。常采用破坏性试验来测定，根据受力形式分为抗压强度、抗拉强度、抗弯强度、抗剪强度等。

（3）影响材料实际强度的因素

1）材料的内部因素（组成、结构）是影响材料强度的主要因素，前已述及。

2）测试条件是影响材料的另一大要素，即也有相当大的关系。

当加荷速度较快时，由于变形速度落后于荷载的增长，故测得的强度值偏高；而加荷速度较慢时，则测得的强度值偏低；当受压试件与加压钢板间无润滑作用（如未涂石蜡等润滑物时），加压钢板对试件两个端部的横向约束，抑制了试件的开裂，因而测得的强度值偏高；试件越小，上述约束作用越大，且含有缺陷的几率越小，故测得的强度值偏高；受压试件以立方体形状测得值高于棱柱体试件测定值；一般温度较高时，测得的强度值偏低。

3）材料的含水状态及温度。

（4）材料的强度等级及比强度

为便于使用，常根据材料的强度值的高低，划分为若干强度等级或标号。

对于不同强度的材料进行比较，可采用比强度这个指标。比强度等于材料的强度与其表观密度之比。比强度是评价材料是否轻质高强的指标。表 1-3 是几种主要材料的比强度值。

几种主要材料的比强度值　　　　表 1-3

材料	表观密度（kg/m³）	强度（MPa）	比强度
普通混凝土	2400	40	0.017
低碳钢	7850	420	0.054
松木（顺纹抗拉）	500	100	0.200
烧结普通砖	1700	10	0.006
铝材	2700	170	0.063
铝合金	2800	450	0.160
玻璃钢	2000	450	0.225

1.1.3.2　材料的弹性与塑性

弹性是指材料受到外力作用下产生的变形，外力撤掉后能完全恢复原来形状和大小的性质。将发生的这种变形称为弹性变形。明显具有这种特征的材料称为弹性材料。受力后材料的应力与应变的比值即为弹性模量。其表达式为：

$$E = \frac{\sigma}{\varepsilon} \tag{1-17}$$

塑性，是指受到外力作用产生的变形，不能随外力撤消而自行恢复原状的性质。所发生的这种变形称为塑性变形。具有这种明显特征的材料，称为塑性变形材料。大多数材料在受力初期表现为弹性变形，达到一定程度表现出塑性特征，称之为弹塑性材料（如混凝土）。也即单纯的弹性材料是没有的。

1.1.3.3 材料的脆性与冲击韧性

材料在破坏时，未出现明显的塑性变形，而表现为突发性破坏，此种性质称为材料的脆性。脆性材料的特点是塑性变形小，且抗压强度与抗拉强度比值较大（5~50倍）。无机非金属材料多属脆性材料。

材料抵抗冲击振动作用，而不发生突发性破坏的性质称为材料的冲击韧性或韧性，或在冲击振动作用下，吸收能量、抵抗破坏的能力称为冲击韧性。韧性材料的特点是变形大、特别是塑性变形大、抗拉强度接近或高于抗压强度。木材、建筑钢材、橡胶等属于韧性材料。

在工程中，对于要求有冲击、振动荷载作用的结构，需考虑材料的韧性。

1.1.3.4 材料的硬度与耐磨性

硬度，是材料表面的坚硬程度，是抵抗其他硬物刻划、压入其表面的能力。通常用刻划法、回弹法和压入法测定材料的硬度。

耐磨性，是材料表面抵抗磨损的能力。材料的耐磨性用磨耗率表示。材料的耐磨性与材料的组成、结构及强度、硬度等有关。建筑中用于地面、踏步、台阶、路面等处的材料，应当考虑硬度和耐磨性。

1.1.4 材料的耐久性、装饰性及环境协调性

1.1.4.1 材料的耐久性

材料在环境中使用，除受荷载作用外，还会受到周围各种自然因素的影响，如物理、化学及生物等方面的作用。

材料在使用过程中，在各种环境介质的长期作用下，保持其原有的性质的能力称为材料的耐久性。材料的组成、结构、性质和用途不同，对耐久性的要求也不同。耐久性一般包括材料的抗渗性、抗冻性、耐腐蚀性、抗老化性、耐溶蚀性、耐光性、耐热性、耐磨性等耐久性指标。

不同材料所要求保持的主要性质也不相同，如对于结构材料，主要要求强度不显著降低；对装饰材料则主要要求颜色、光泽等不发生显著变化等。

金属材料常由化学和电化学作用引起腐蚀和破坏；无机非金属材料常由化学作用、溶解、冻融、风蚀、温差、湿差、磨擦等因素中的某些因素或综合作用而引起破坏；有机材料常由生物作用（细菌、昆虫等）、溶蚀、化学腐蚀、光、热、大气等的作用而引起破坏。

为了提高材料的耐久性，可采取提高材料本身对外界作用的抵抗能力、对主体材料施加保护层、减轻环境条件对材料的破坏作用等措施。

1.1.4.2 材料的装饰性

装饰材料是用于建筑物表面，起装饰作用的材料，要求装饰材料具有以下的基本性能：

(1) 材料的颜色、光泽、透明性；
(2) 质感；
(3) 形状和尺寸；
(4) 立体造型；

(5) 耐沾污性、易洁性和耐擦性。

1.1.4.3 材料的环境协调性

材料产业支撑着人类社会的发展，为人类带来了便利和舒适。建筑材料是人类建造活动所用的一切材料的总称。人类要生存就离不开建筑材料，人类要发展也同样离不开建筑材料的发展。但同时建筑材料的生产、处理、使用、回收和废弃过程中也带来了沉重的环境负担。

材料的环境协调性主要体现在少消耗资源、能源、少产生污染、发展循环经济上。

1.2 思考题与习题

（一）名词解释

1. 建筑材料
2. 装饰材料
3. 宏观结构
4. 亚微观结构
5. 微观结构
6. 密度
7. 表观密度
8. 堆积密度
9. 开口孔隙率
10. 闭口孔隙率
11. 吸水性
12. 吸湿性
13. 耐水性
14. 抗渗性
15. 抗冻性
16. 热容量
17. 比热容
18. 理论强度
19. 实际强度
20. 比强度
21. 硬度
22. 耐磨性
23. 脆性
24. 冲击韧性
25. 耐久性
26. 弹性
27. 塑性
28. 导热系数

（二）是非判断题（对的划√，不对的划×）

1. 材料的性质是由材料的组成决定的。（   ）
2. 含水率为4%的湿砂重100g，其中水的重量为4g。（   ）
3. 材料的性质是由材料的结构决定的。（   ）
4. 热容量大的材料导热性大，受外界气温影响室内温度变化比较大。（   ）
5. 矿物组成是无机非金属材料中化合物存在的基本形式。（   ）
6. 材料的孔隙率相同时，连通粗孔者比封闭微孔者的导热系数大。（   ）
7. 采用两种或两种以上组成材料所构成的新材料，称为复合材料。（   ）
8. 从室外取重为 G_1 的一块砖，浸水饱和后重为 G_2，烘干后重为 G_3，则砖的质量吸水率为 $w_m = \dfrac{G_1 - G_3}{G_1}$。（   ）
9. 根据组成材料的粒子特征及结合方式，可将微观层次上的材料分为晶体、玻璃体和胶体。（   ）
10. 同一种材料，其表观密度越大，则其孔隙率越大。（   ）
11. 开口孔隙是指在常温常压下，水能够进入的孔隙。（   ）
12. 将某种含水的材料，置于不同的环境中，分别测得其密度，其中以干燥条件下的密度为最小。（   ）
13. 材料在冻融循环作用下产生破坏，是由于材料内部毛细孔隙和大孔隙中的水结冰时体积膨胀造成的。（   ）
14. 吸水率小的材料，其孔隙率最小。（   ）
15. 徐变是一种包含了弹性、塑性变形等综合作用的结果。（   ）
16. 材料的抗冻性与材料的孔隙率有关，与孔隙中的水饱和程度无关。（   ）
17. 材料的导热系数大，则导热性强，绝热性差。（   ）
18. 在进行材料抗压强度试验时，大试件较小试件的试验结果值偏小。（   ）
19. 材料进行强度试验时，加荷速度快者较加荷速度慢者的试验结果值偏小。（   ）
20. 材料一旦吸水或受潮，导热系数会显著增大，绝热性变差。（   ）

（三）填空题

1. 导热系数_____、比热容_____的材料适合作保温墙体材料。
2. 材料耐水性的强弱可以用_____表示。材料耐水性愈好，该值愈_____。
3. 憎水材料比亲水材料适宜做_____材料。
4. 脆性材料适宜承受压力_____荷载，而不宜承受_____、_____荷载。
5. 承受动荷载作用的结构，应考虑材料的_____性。
6. 材料作抗压强度试验时，大试件测得的强度值偏低，而小试件相反，其原因是_____和_____。
7. 材料的吸水性用_____表示，吸湿性用_____表示。
8. 同类材料，甲体积吸水率占孔隙率的40%，乙占92%，则受冻融作用时，显然_____易遭受破坏。
9. 当材料的孔隙率增大时，则其密度_____，堆积密度_____，强度

_____，吸水率_____，抗渗性_____，抗冻性_____。

10. 随含水率增加，多孔材料的密度_____，导热系数_____。

11. 同种材料的孔隙率愈_____，材料的强度愈高；当材料的孔隙率一定时，孔隙愈多，材料的绝热性愈好。

12. 材料的孔隙率恒定时，孔隙尺寸愈小，材料的强度愈_____，耐久性愈_____，保温性愈_____。

13. 在水中或长期处于潮湿状态下使用的材料，应考虑材料的_____性。

14. 当孔隙率相同时，分布均匀而细小的封闭孔隙含量愈大，则材料的吸水率_____、保温性能_____、耐久性能_____。

15. 称取堆积密度为 1400kg/m³ 的干砂 200g 装入广口瓶中，再把瓶中注满水，这时称重 377g，则该砂的表观密度为_____，空隙率为_____。

(四) 单项选择题

1. 对于某一种材料来说，无论环境怎样变化，其_____都是一定值。
①密度　　　　②表观密度　　　　③导热系数　　　　④堆积密度

2. 选择承受动荷载作用的结构材料时，要选择_____良好的材料。
①脆性　　　　②韧性　　　　③塑性　　　　④弹性

3. 有一块砖重 2625g，其含水率为 5%，该湿砖所含水量为_____。
①131.25g　　　　②129.76g　　　　③130.34g　　　　④125g

4. 比强度较高的材料是_____。
①低碳钢　　　　②铝合金　　　　③普通混凝土　　　　④玻璃钢

5. 颗粒材料的密度为 ρ，表观密度为 ρ_0，堆积密度 ρ'_0，则存在下列关系_____。
① $\rho > \rho_0 > \rho'_0$　　　　② $\rho_0 > \rho > \rho'_0$　　　　③ $\rho'_0 > \rho_0 > \rho$

6. 材料费用一般占_____。
①工程总造价的 50% 左右　　　　②工程总造价的 60% 左右
③工程总造价的 70% 左右　　　　④工程直接费的 60% 左右

7. 有孔材料的耐水性用软化系数表示，耐水材料的软化系数通常为_____。
① > 0.95　　　　② > 0.85　　　　③ > 0.75　　　　④ 0.70

8. 衡量材料轻质高强性能的主要指标是_____。
①密度　　　　②表观密度　　　　③强度　　　　④比强度

9. 材质相同的 A、B 两种材料，已知表观密度 $\rho_{0A} > \rho_{0B}$，则 A 材料的保温效果比 B 材料_____。
①好　　　　②差　　　　③差不多

10. 混凝土抗冻等级 F15 号中的 15 是指_____。
①承受冻融的最大次数是 15 次
②冻结后在 15℃ 的水中融化
③最大冻融次数后强度损失率不超过 15%
④最大冻融次数后质量损失率不超过 15%

11. 材料的弹性模量是衡量材料在弹性范围内抵抗变形能力的指标。E 越小，材料受力变形_____。

①越小 ②越大 ③不变 ④E和变形无关

12. 材料的耐水性指材料_____而不破坏，其强度也不显著降低的性质。
①在水作用下 ②在压力水作用下
③长期在饱和水作用下 ④长期在湿气作用下

13. 建筑材料与水相关的物理特性表述正确的是_____。
①孔隙率越大，其吸水率越大 ②平衡含水率一般是固定不变的
③渗透系数越大，其抗渗性能越好 ④软化系数越大，其耐水性越好

14. 建筑中用于地面、踏步、台阶、路面等处的材料应考虑其_____性。
①含水性 ②导热性 ③弹性和塑性 ④硬度和耐磨性

15. 材料的实际强度_____材料的理论强度。
①大于 ②小于 ③等于 ④无法确定

16. 材料的抗渗性指材料抵抗_____渗透的性质。
①水 ②潮气 ③压力水 ④饱和水

17. 对甲、乙、丙三种材料进行抗渗性测试，三者的渗水面积和渗水时间相等，渗水总量分别是 $1.20cm^3$、$1.0cm^3$、$1.5cm^3$，试件厚度分别是 2.0cm、2.5cm、3.0cm，静水压力水头分别是 300cm、350cm、250cm，三种材料的抗渗性比较为_____。
①甲、乙相同，丙最差 ②乙最好，甲其次，丙最差
③甲最好，丙其次，乙最差 ④甲、丙相同，乙最好

18. $1m^3$ 自然状态下的某种材料，质量为 2400kg，孔隙体积占 25%，其密度是（　　）g/cm^3。
①1.8 ②3.2 ③2.6 ④3.8

19. 计算松散材料在自然堆积状态下单位体积质量的指标是_____。
①密度 ②表观密度 ③堆积密度 ④孔隙率

20. 某材料的密实度为 72.6%，其孔隙率为_____。
①45.6% ②27.4% ③23.8% ④33.2%

21. 材料吸水后，将使材料的_____提高。
①耐久性 ②强度及导热系数 ③密度 ④表观密度和导热系数

22. 关于比强度说法正确的是_____。
①比强度反映了在外力作用下材料抵抗破坏的能力
②比强度反映了在外力作用下材料抵抗变形的能力
③比强度是强度与其表观密度之比
④比强度是强度与其质量之比

23. 材料在潮湿空气中吸收水气的能力称为_____。
①吸水性 ②耐水性 ③吸湿性 ④防潮性

24. 含水率为 5% 的砂 220kg，将其干燥后的重量是_____kg。
①209 ②209.52 ③210 ④205

25. 含水率为 5% 的湿砂 100g，其中所含水的质量为_____。
①100×5% ②（100−5）×5%
③100−100/（1+5%） ④100/（1+5%）−100

26．下列材料中抗拉强度最大的是_____。
①普通混凝土　　②木材（顺纹）　　③建筑钢材　　④花岗岩
27．下列建筑材料中，一般用体积吸水率表示其吸水性的是_____。
①混凝土　　②砖　　③木材　　④塑料泡沫
28．同一种建筑材料构造越密实，越均匀，它的（　　）。
①孔隙率越大　　②吸水率越大　　③强度越大　　④弹性越小
29．普通混凝土标准试件经 28d 标准养护后测得抗压强度为 22.6MPa，同时又测得同批混凝土水饱和后的抗压强度为 21.5MPa，干燥状态测得抗压强度为 24.5MPa，该混凝土的软化系数为_____。
①0.96　　②0.92　　③0.13　　④0.88
30．湿砂 3000g，干燥后质量为 2857g，湿砂含水率为_____。
①0.5%　　②5%　　③4.7%　　④4.8%
31．材料在外力（荷载）作用下，抵抗破坏的能力称作材料的_____。
①刚度　　②强度　　③稳定性　　④几何可变性
32．当某一建筑材料的孔隙率增大时，其吸水率_____。
①增大　　②减小
③不变化　　④不一定增大，也不一定减小

（五）多项选择题（将正确序号填入括号中）
1．下列材料属于致密结构的是（　　）。
①玻璃　　②钢铁　　③玻璃钢　　④黏土砖瓦
2．材料的表观密度与下列（　　）因素有关。
①微观结构和组成　　②含水状态
③内部构成状态　　④抗冻性
3．按常压下水能否进入孔隙中，可将材料的孔隙分为（　　）。
①开口孔　　②球形孔　　③闭口孔　　④非球形孔
4．影响材料吸湿性的因素有（　　）。
①材料的组成　　②微细孔隙的含量
③耐水性　　④材料的微观结构
5．影响材料冻害的因素有（　　）。
①孔隙率　　②开口孔隙率　　③孔的充水程度　　④导热系数
6．建筑材料与水有关的性质有（　　）。
①耐水性　　②抗剪性　　③抗冻性　　④抗渗性
7．建筑材料的力学性质主要有（　　）。
①耐水性　　②强度　　③弹性　　④塑性　　⑤密度
8．材料含水会使材料（　　），故对材料的使用一般是不利的。
①堆积密度大　　②导热性增大　　③粘结力增大　　④强度降低
⑤体积膨胀
9．下列性质中，能反映材料密实程度的是（　　）。
①密度　　②表观密度　　③密实度　　④堆积密度

⑤孔隙率

10．以下说法中不正确的是（　　）。

①材料的表观密度大于其堆积密度

②材料的密实度与空隙率之和等于1

③材料与水接触吸收水分的能力称为吸水性

④吸湿性是指材料在潮湿空气中吸收水气的能力

⑤轻质材料的吸水率一般要用质量吸水率表示

（六）问答题

1．试述密度、表观密度、堆积密度的实质区别。

2．何谓材料的孔隙率？它与密实度有何关系？二者各如何计算？

3．影响材料耐腐蚀性的内在因素是什么？

4．何谓材料的强度？影响材料强度的因素有哪些？

5．为什么材料的实际强度较理论强度低许多？

6．如何区别亲水性材料和憎水性材料？

7．评价材料热工性能的常用指标有哪几个？欲保持建筑物内温度的稳定并减少热损失，应选什么样的建筑材料？

8．材料的耐久性都包括哪些内容？材料的耐水性、抗渗性、抗冻性的含义是什么？各用什么指标来表示？

9．以你的感受谈谈材料对人类社会的意义。

（七）计算题

1．已知碎石的表观密度为 $2.65g/cm^3$，堆积密度为 $1.50g/cm^3$，求 $2.5m^3$ 松散状态的碎石，需要多少松散体积的砂子填充碎石的空隙？若已知砂子的堆积密度为 $1.55g/cm^3$，求砂子的重量为多少？

2．已测得陶粒混凝土的导热系数为 $0.35W/(m·K)$，普通混凝土的导热系数为 $1.40W/(m·K)$，在传热面积、温差、传热时间均相同的情况下，问要使和厚 20cm 的陶粒混凝土墙所传导的热量相同，则普通混凝土墙的厚度应为多少？

第 2 篇　胶　凝　材　料

凡在一定条件下，经过自身的一系列物理、化学作用后，能将散粒或块状材料胶结成为具有一定强度的整体的材料，统称为胶凝材料。

胶凝材料根据化学成分分为无机胶凝材料和有机胶凝材料两大类。

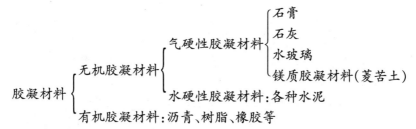

气硬性胶凝材料只能在空气中凝结硬化，保持并发展其强度。在水中不能硬化，也就不具有强度。且已硬化并具有强度的制品在水的长期作用下，强度会显著下降以至破坏。

水硬性胶凝材料既能在空气中硬化，又能更好地在水中硬化，保持并继续发展其强度。

2 气硬性胶凝材料

建筑工程中主要应用的气硬性胶凝材料有石膏、石灰、水玻璃和菱苦土。

2.1 学习指导

2.1.1 石灰

石灰一般是相同化学组成和物理形态的生石灰、消石灰、水硬性石灰的统称。它是建筑上最早使用的胶凝材料之一。因其原料分布广泛，生产工艺简单，成本低廉，使用方便，所以一直得到广泛应用。

2.1.1.1 石灰的生产

生产石灰所用原料主要是以碳酸钙为主的天然岩石，如石灰石、白垩等。将这些原料在高温下煅烧，即得生石灰：

$$CaCO_3 \xrightarrow{900 \sim 1100℃} CaO + CO_2 \uparrow$$

正常温度下煅烧得的生石灰具有多孔结构，即内部孔隙率大、晶粒细小、体积密度小、与水作用速度快。由于生产时，火候或温度控制不均，常会含有欠火石灰和过火石灰。欠火石灰中含有未分解的碳酸钙内核，外部为正常煅烧石灰。欠火石灰只是降低了石灰的利用率，不会带来危害。温度过高得到的生石灰，称为过火石灰。过火石灰的结构致密、孔隙率较小、体积密度大，并且晶粒粗大，甚至发生与原料中混入或夹带的黏土成分在高温下熔融，使过火石灰颗粒表面部分为玻璃质物质（即釉状物）所包覆。因此过火石灰与水作用很慢（需数十天至数年以上），这时对使用非常不利。

2.1.1.2 石灰的熟化

石灰的熟化，又称消解，是生石灰（氧化钙）与水作用生成熟石灰（氢氧化钙）的过程，即：

$$CaO + H_2O \rightarrow Ca(OH)_2 + 64.8kJ$$

伴随着熟化过程，放出大量的热，并且体积迅速增加 1~2.5 倍。

为避免过火石灰在使用后，因吸收空气中的水蒸气而逐步水化膨胀，使硬化砂浆或石灰制品生产隆起、开裂等破坏，在使用前必需使其熟化或将其去除。常采用的方法是在熟化过程中首先将较大的过火石灰块利用筛网等去除（同时也为了去除较大的欠火石灰块，以改善石灰质量），之后利用二周以上的熟化时间（即陈伏），使较小的过火石灰块熟化。熟化时需防止石灰碳化（也就是在陈伏期间，应在其表面保留一定厚度的水层，以与空气隔绝）。

熟石灰，又称为消石灰，有二种使用形式：

(1) 石灰膏　生石灰块加 3~4 倍的水，经熟化、沉淀、陈伏等得到的膏状体。石灰膏含水约 50%。1kg 生石灰可熟化成 1.5~3.5L 石灰膏。

(2) 消石灰粉　生石灰块加 60%~80% 的水，经熟化、陈伏等得到的粉状物（略湿，但不成团）。

2.1.1.3　石灰的硬化

(1) 干燥硬化与结晶硬化　石灰浆在干燥过程中，因失水产生毛细管压力，使氢氧化钙颗粒间的接触紧密，产生一定的搭接。此外氢氧化钙也会在过饱和溶液中结晶，但结晶数量很少，故由此过程产生的强度很低。若再遇水后，因毛细管压消失，且氢氧化钙微溶于水，致强度丧失。

(2) 碳化硬化　氢氧化钙与空气中二氧化碳作用生成碳酸钙而使石灰硬化，即：

$$Ca(OH)_2 + CO_2 + nH_2O \rightarrow CaCO_3 + (n+1)H_2O$$

生成的碳酸钙具有相当高的强度。但由于空气中二氧化碳的浓度很低，故碳化过程极为缓慢。空气中湿度过小或过大均不利于石灰的碳化硬化。

由硬化原因及过程可以得出石灰硬化慢、强度低、不耐水的结论。

2.1.1.4　技术要求

按石灰中氧化镁含量将生石灰、生石灰粉分为钙质石灰（MgO≤5%）和镁质石灰（MgO>5%）；按消石灰中氧化镁含量将消石灰粉划分为钙质消石灰粉（MgO<4%）、镁质消石灰粉（4%≤MgO<24%）和白云石消石灰粉（24%≤MgO<30%）。按石灰粉划分为优等品、一等品、合格品三等。各等级要求见表 2-1、表 2-2 和表 2-3。

建筑生石灰各等级的技术指标（JC/T 479—92）　　　表 2-1

项　目	钙质生石灰			镁质生石灰		
	优等品	一等品	合格品	优等品	一等品	合格品
(CaO + MgO) 含量，%，不小于	90	85	80	85	80	75
未消化残渣含量 (5mm 圆孔筛余)，%，不大于	5	10	15	5	10	15
CO_2，%，不大于	5	7	9	6	8	10
产浆量，L/kg，不小于	2.8	2.3	2.0	2.8	2.3	2.0

建筑生石灰粉各等级的技术指标（JC/T 480—92）　　　表 2-2

项　目		钙质生石灰粉			镁质生石灰粉		
		优等品	一等品	合格品	优等品	一等品	合格品
(CaO + MgO) 含量，%，不小于		85	80	75	80	75	70
CO_2，%，不大于		7	9	11	8	10	12
细度	0.90mm 筛余量，%，不大于	0.2	0.5	1.5	0.2	0.5	1.5
	0.125mm 筛余量，%，不大于	7.0	12.0	18.0	7.0	12.0	18.0

建筑消石灰粉各等级的技术指标（JC/T 481—92） 表2-3

项　　目		钙质消石灰粉			镁质消石灰粉			白云石消石灰粉		
		优等品	一等品	合格品	优等品	一等品	合格品	优等品	一等品	合格品
（CaO + MgO）含量,%,不小于		70	65	60	65	60	55	65	60	55
游离水,%		0.4~2	0.4~2	0.4~2	0.4~2	0.4~2	0.4~2	0.4~2	0.4~2	0.4~2
体积安定性		合格	合格	—	合格	合格	—	合格	合格	—
细度	0.9mm 筛余量,%,不大于	0	0	0.5	0	0	0.5	0	0	0.5
	0.125mm 筛余量,%,不大于	3	10	15	3	10	15	3	10	15

2.1.1.5 石灰的性质

（1）保水性和可塑性好　生成的氢氧化钙颗粒极细小，比表面积大，对水的吸附能力强。这一性质常用来改善砂浆的保水性。

（2）硬化慢、强度低　石灰浆的碳化很慢，强度低。如石灰砂浆（1:3）28天强度仅 0.2~0.5MPa。

（3）耐水性差　石灰在硬化后，其内部成分大部分为氢氧化钙，仅有极少量的碳酸钙。由于氢氧化钙可微溶于水，故耐水性极差，软化系数接近于零，即浸水后强度丧失贻尽。

（4）硬化时体积收缩大　氢氧化钙吸附的大量水在蒸发时，产生很大的毛细管压力，致使石灰制品开裂。因此石灰不宜单独使用。

（5）吸湿性强　生石灰吸湿性强，保水性好，是传统的干燥剂。

2.1.1.6 应用

（1）石灰乳涂料和砂浆　石灰乳，即石灰浆，可用于要求不高的室内粉刷。

利用石灰膏或消石灰粉配制成石灰砂浆或混合砂浆，用于建筑物的抹灰和砌筑（参见第7章）。利用生石灰粉制砂浆时，砂浆的硬化速度比利用熟石灰时快许多（熟化放出的热量可加速石灰硬化），且可不经陈伏直接使用。

（2）灰土与三合土　消石灰粉与黏土拌合后称为灰土，若再加砂（或炉渣、石屑等）即成三合土。由于消石灰可塑性好，在夯实或压实下，灰土和三合土密实度增大，并且黏土中的少量活性氧化硅和氧化铝与石灰反应生成了少量的水硬性水化产物，故二者的密实程度、强度和耐水性得到改善。因此，灰土和三合土广泛用于建筑物的基础和道路的垫层。

（3）制作硅酸盐制品　磨细生石灰或消石灰粉与砂或粒化高炉矿渣、炉渣、粉煤灰等硅质材料经配料、混合、成型，在经常压或高压蒸汽养护，就可制得密实或多孔的硅酸盐制品。如灰砂砖、粉煤灰砖及砌块、加气混凝土砌块等。

2.1.1.7 石灰的储存

生石灰运输与储存时，应避免受潮，需在干燥条件下存放。且不宜过久，最好在密闭条件下存放。石灰膏存放时表面必须有层水，以防碳化。

2.1.2 建筑石膏

中国的石膏资源丰富，分布很广。有天然的二水石膏（$CaSO_4 \cdot 2H_2O$，又称生石膏）、天然无水石膏（$CaSO_4$，又称硬石膏）和各种化学工业副产品——化学石膏（如磷石膏、氟石膏等）。作为建筑材料，石膏的应用有着悠久的历史，二水石膏是生产水泥不可缺少的原料。建筑石膏及其制品具有许多优良的性能（如轻质、防火、绝热等），而且原料来源丰富，生产工艺简单，生产能耗较低，是一种理想的高效节能材料。

2.1.2.1 建筑石膏的生产、水化与凝结硬化

（1）建筑石膏的生产 将天然二水石膏 $CaSO_4 \cdot 2H_2O$（又称为生石膏或软石膏）加热脱水而得，反应式如下：

$$\underset{(生石膏)}{CaSO_4 \cdot 2H_2O} \xrightarrow[干燥]{107 \sim 170℃} \underset{(熟石膏)}{CaSO_4 \cdot \frac{1}{2}H_2O} + \frac{3}{2}H_2O$$

生产的产物称为 β 型半水石膏，将此熟石膏磨细得到的白色粉末称为建筑石膏。

若在 1.3at（约 127.5kPa）的水蒸气中脱水，得到的是晶粒较 β 型半水石膏粗大、使用时拌合用水量少的半水石膏，称为 α 型半水石膏，将此熟石膏磨细得到的白色粉末称为高强石膏。

（2）水化与凝结硬化 建筑石膏与水拌合后，即与水发生化学反应（简称为水化），反应式如下：

$$CaSO_4 \cdot \frac{1}{2}H_2O + \frac{3}{2}H_2O \longrightarrow CaSO_4 \cdot 2H_2O$$

由于二水石膏的溶解度比半水石膏小许多，所以二水石膏胶体微粒不断从过饱和溶液（即石膏浆体）中沉淀析出。二水石膏的析出促使上述水化反应继续进行，直至半水石膏全部转化为二水石膏为止。石膏浆体中的水分因水化和蒸发而减少，浆体的稠度逐步增加，胶体微粒间的搭接、粘结逐步增强，使浆体逐渐失去可塑性，即浆体逐渐产生凝结。随水化的进一步进行，胶体凝聚并逐步转变为晶体，且晶体间相互搭接、交错、共生，使浆体完全失去可塑性，产生强度，即硬化。最终成为具有一定强度的人造石材。

浆体的凝结硬化是一个连续进行的过程。将从加水拌合开始一直到浆体开始失去可塑性，并开始产生强度的过程称为终凝，对应的这段时间称为终凝时间。

2.1.2.2 建筑石膏的技术要求

建筑石膏的技术要求有强度、细度和凝结时间。并按强度和细度划分为优等品、一等品和合格品，各等级的强度不得小于表 2-4 中的数值，且细度不得大于表 2-4 的数值。建筑石膏的初凝时间应不小于 6min，终凝时间不大于 30min。

建筑石膏各等级的强度和细度数值（GB 9776—88） 表 2-4

等级		优等品	一等品	合格品
强度	抗折强度（MPa），不小于	2.5	2.1	1.8
	抗压强度（MPa），不小于	4.9	3.9	2.9
细度	0.2mm 方孔筛筛余，（%），不大于	5.0	10.0	15.0

注：表中强度为 2h 时的强度值。

2.1.2.3 建筑石膏的性质与应用

（1）性质

建筑石膏具有以下性质：

1）凝结硬化快　加水拌合以后，几分钟内便开始失去可塑性。为满足施工操作的要求，一般均需加硼砂或柠檬酸、亚硫酸盐纸浆废液、动物胶（需用石灰处理）等做缓凝剂。

2）凝结硬化时体积微胀　凝结硬化初期的这种体积微膨胀（约0.5%~1.0%），使制得的石膏制品的表面光滑、细腻、尺寸精确、形状饱满，因而装饰性好。

3）孔隙率高、体积密度小　建筑石膏在拌合时，为使浆体具有施工要求的可塑性，需加入60%~80%的用水量，而建筑石膏水化的理论需水量为18.6%，故大量的多余的水造成了建筑石膏制品多孔的性质（孔隙率可达50%~60%），并且体积密度小（800~1000kg/m³）。

4）保湿性、吸声性好　孔隙率大且均为微细的毛细孔，故导热系数小，保温性与吸声性好。

5）具有一定的调温调湿性　多孔结构的特点，石膏制品的热容量大，室内温度、湿度变化时，具有调节作用。

6）强度较低　2h强度为3~6MPa。

7）防火性好　因其导热系数小，传热慢，且二水石膏脱水产生的水蒸气能延缓火势的蔓延。

8）耐水性、抗冻性差　因孔隙率大，并且二水石膏可以微溶于水。软化系数K_P为0.2~0.3。若石膏制品吸水后受冻，会因孔隙中水分结冻膨胀而破坏。

（2）建筑石膏的应用

1）室内抹灰及粉刷

石膏洁白细腻，用于室内抹灰、粉刷，具有良好的装饰效果。

2）制作石膏制品

由于石膏制品质量轻，且可锯、可刨、可钉，加工性能好，同时石膏凝结硬化快，制品可连续生产，工艺简单，能耗低，生产效率高，施工时制品拼装快，可加快施工进度等，所以，它有广阔的发展前途。我国生产的石膏制品主要有纸面石膏板、纤维石膏板、石膏装饰板、天花板等。这些板的厚度为9~18mm，使用时需采用龙骨连接。

（3）建筑石膏的储存

建筑石膏在运输和贮存时不得受潮和混入杂物。不同等级应分别贮运，不得混杂。自生产之日起，贮存期为三个月。贮存期超过三个月的建筑石膏，应重新进行检验，以确定其等级。

2.1.3　水玻璃

2.1.3.1　水玻璃的组成

水玻璃俗称泡花碱，是由碱金属氧化物和二氧化硅结合而成的能溶于水的一种金属硅酸盐物质。其化学通式为$R_2O \cdot nSiO_2$，式中的R_2O为碱金属氧化物；n为SiO_2和R_2O的摩尔比值，称为水玻璃模数$\left(n = \dfrac{SiO_2 的摩尔数}{R_2O 的摩尔数}\right)$。

根据碱金属氧化物种类的不同，水玻璃主要品种有硅酸钠水玻璃（简称钠水玻璃，

$Na_2O \cdot nSiO_2$)、硅酸钾水玻璃（$K_2O \cdot nSiO_2$）等。在土建工程中，最常用的是硅酸钠液态水玻璃，是由固体水玻璃溶解于水而得，质量好的水玻璃溶液微带淡黄色而透明。若其含杂质，则会呈现各种色泽。建筑上常用的水玻璃的模数一般为 2.6~2.8。固体水玻璃在水中溶解的难易程度，随模数而变。n 值越大，越难溶于水，粘结力越强。

2.1.3.2 水玻璃的硬化

水玻璃可吸收空气中的二氧化碳，生成二氧化硅凝胶（又称为硅酸凝胶），凝胶脱水转变为二氧化硅而硬化：

$$Na_2O \cdot nSiO_2 + CO_2 + mH_2O \longrightarrow Na_2CO_3 + nSiO_2 \cdot mH_2O$$

为加速硬化可加入促硬剂（硬化剂），常用 12%~15% 的氟硅酸钠 Na_2SiF_6。反应如下：

$$2[Na_2O \cdot nSiO_2] + CO_2 + mH_2O \longrightarrow (2n+1)SiO_2 \cdot mH_2O + 6NaF$$

加入 Na_2SiF_6 后，水玻璃的初凝时间可缩短到 30min 左右。

2.1.3.3 水玻璃的特性与应用

主要有：

（1）耐酸性好，用做耐酸材料　水玻璃在硬化后主要成分为 SiO_2，可以抵抗除氢氟酸、过热磷酸以外的几乎所有的无机和有机酸。水玻璃具有很高的耐酸性，以水玻璃为胶结材，加入促硬剂和耐酸粗、细骨料，可用于配制耐酸胶泥、砂浆、混凝土等。

（2）耐热性好，用做耐热材料　水玻璃耐热性能好，硬化后形成 SiO_2 网状骨架，能长期承受一定的高温作用而强度不降低。用它与促硬剂及耐热骨料等可配制耐热砂浆或耐热混凝土，用于耐热工程中。

（3）粘结力大、强度较高　水玻璃混凝土的强度可达到 15~40MPa。用于粘结耐酸或耐热材料等。

（4）耐碱性、耐水性差　水玻璃在加入 Na_2SiF_6 后仍不能完全固化，约有 30% 仍为 $Na_2O \cdot nSiO_2$。由于 SiO_2 和 $Na_2O \cdot nSiO_2$ 均可溶于水，故水玻璃在硬化后，不耐碱、不耐水。为提高耐水性，常采取酸洗处理方法。

（5）加固地基　将液态的水玻璃和氯化钙交替压入地下，由于两种溶液发生化学反应，析出硅酸胶体，将土包裹并填实其孔隙，可阻止水分的渗透，使土固结，因而提高地基的承载力。

水玻璃不耐氢氟酸、热磷酸及碱的腐蚀。以容器包装的水玻璃，应注意密封，以免水玻璃和空气中的二氧化碳反应而分解，并避免落进灰尘、杂质。

2.1.4 菱苦土

菱苦土，又称镁质胶凝材料。是由含碳酸镁 $MgCO_3$ 的原料，如菱镁矿，经煅烧而得到的以氧化镁 MgO 为主要成分的气硬性胶凝材料。

菱苦土与水拌合后迅速水化并放出较多的热量，但其凝结硬化很慢，强度低。通常用氯化镁的水溶液来拌制。氯化镁的用量为 55%~60%（以 $MgCl_2 \cdot 6H_2O$ 计。）初凝时间约为 30~60min，1d 的强度即可达最高强度的 60%~80%，7d 左右可达最高强度（40~70MPa）。体积密度约为 1000~1100kg/m³。

菱苦土材料的缺点是易吸湿、表面泛霜（即返卤）、变形或翘曲，并且耐水性差。

菱苦土在建筑上主要应用是与木丝、木屑配合制成菱苦土木丝板、木屑板用于地面，具有保温、防火、防爆（碰撞时不发火星）及一定的弹性。表面宜刷油漆。

2.2 思考题与习题

（一）名词解释
1. 气硬性胶凝材料
2. 石灰
3. 生石灰
4. 熟石灰
5. 过火石灰
6. 陈伏
7. 建筑石膏
8. 水玻璃
9. 水玻璃模数
10. 菱苦土

（二）是非判断题（对的划√，不对的划×）
1. 气硬性胶凝材料只能在空气中硬化，而水硬性胶凝材料只能在水中硬化。（　）
2. 生石灰粉可不经"陈伏"而直接使用。（　）
3. 生石灰熟化时，石灰浆流入储灰池中需要"陈伏"两周以上，其主要目的是为了制得和易性很好的石灰膏，以保证施工质量。（　）
4. 石灰可用来改善砂浆的保水性。（　）
5. 石灰浆体在空气中的碳化反应方程式是 $Ca(OH)_2 + CO_2 = CaCO_3 + H_2O$。（　）
6. 建筑石膏技术性质之一是耐火性较好。（　）
7. 石灰的技术性质之一是凝结硬化快，并且硬化时体积收缩大。（　）
8. 生石灰块加入水，经熟化就得到消石灰粉。（　）
9. 生石灰在空气中受潮消解为消石灰，并不影响使用。（　）
10. 建筑石膏孔隙率较高，因此它具有一定调温调湿性。（　）
11. 建筑石膏最突出的技术性质是凝结硬化慢，并且硬化时体积略有膨胀。（　）
12. 建筑石膏板因为其强度高，所以在装修时可用于潮湿环境中。（　）
13. 水玻璃硬化后耐水性好，因此可以涂刷在石膏制品的表面，以提高石膏制品的耐久性。（　）
14. 水玻璃的模数 n 值越大，则其在水中的溶解度越大。（　）
15. 菱苦土是应用较广的气硬性胶凝材料。（　）

（三）填空题
1. 按石灰中氧化镁含量将生石灰、生石灰粉分为_____（$MgO \leq 5\%$）和_____（$MgO > 5\%$）
2. 建筑石膏硬化后，在潮湿环境中，其强度显著_____，遇水则_____，受冻后_____。
3. 建筑石膏硬化后_____大、_____较低，建筑石膏硬化体的吸声性

_____、隔热性_____、耐水性_____。

4. 由于建筑石膏硬化后的主要成分为_____，即_____，在遇火时，制品表面形成_____，有效地阻止火的蔓延，因而其_____好。

5. 石灰熟化时释放出大量_____，体积发生显著_____，石灰硬化时放出大量_____，体积产生明显_____。

6. 当石灰已经硬化后，其中的过火石灰才开始熟化，体积_____，引起_____。

7. 消除墙上石灰砂浆抹面的爆裂现象，可采取_____的措施。

8. 建筑石膏的初凝时间应不小于_____ min，终凝时间不大于_____ min。

9. 建筑石膏的孔隙率可达_____，并且体积密度_____。

10. 水玻璃的模数 n 越大，其溶于水的温度越_____，粘结力_____。常用水玻璃的模数 $n =$ _____。

11. 菱苦土与水拌合后迅速水化并放出较多的_____，但其凝结硬化很_____，强度_____。

（四）单项选择题

1. 可用于配制耐热混凝土的气硬性胶凝材料是（ ）。
①石灰　　　　②石膏　　　　③菱苦土　　　　④水玻璃

2. （ ）浆体在凝结硬化过程中，其体积发生微小膨胀。
①石灰　　　　②石膏　　　　③菱苦土　　　　④水玻璃

3. 为了保持石灰的质量，应使石灰储存在（ ）。
①潮湿的空气中　　　　　　②干燥的环境中
③水中　　　　　　　　　　④蒸汽的环境中

4. 建筑石膏的主要化学成分（ ）。
①$CaSO_4 \cdot 2H_2O$　　②$CaSO_4$　　③$CaSO_4 \cdot 1/2H_2O$　　④$Ca(OH)_2$

5. 建筑石膏自生产之日起，贮存期为（ ）个月。
①三　　　　②四　　　　③五　　　　④六

6. 以容器包装的是（ ）。
①石灰　　　　②石膏　　　　③菱苦土　　　　④水玻璃

7. （ ）的表面光滑、细腻、尺寸精确、形状饱满，因而装饰性好。
①石灰　　　　②石膏　　　　③菱苦土　　　　④水玻璃

8. 加固地基使用的气硬性胶凝材料是（ ）。
①石灰　　　　②石膏　　　　③菱苦土　　　　④水玻璃

9. 为满足施工操作的要求，使用（ ）时，一般均需加硼砂或柠檬酸、亚硫酸盐纸浆废液等做缓凝剂。
①石灰　　　　②石膏　　　　③菱苦土　　　　④水玻璃

10. 为了加速水玻璃的硬化，应加入（ ）作促硬剂。
①$NaOH$　　　　②NaF　　　　③Na_2SiF_6　　　　④$Ca(OH)_2$

11. 在制作石膏制品时，石膏浆通常加水60%～80%，可以使石膏浆体具有可塑性，还可以提高石膏制品的（ ）。

①吸声性　　　　　②强度　　　　　　③抗冻性　　　　　④抗渗性
12. 石灰的表观密度为（　　）。
①1200～1300kg/m³　　　　　　　②1200～1400kg/m³
③1100～1300kg/m³　　　　　　　④1100～1400kg/m³

（五）多项选择题（选出二至五个正确答案）
1. 建筑石膏具有（　　）等特性。
①质轻　　　　　　②强度较高　　　　③凝结硬化快　　　④吸湿性强
⑤凝结时体积略有膨胀
2. 石灰在消解（熟化）过程中（　　）。
①体积明显缩小　　　　　　　　　②放出大量热量
③体积膨胀　　　　　　　　　　　④与Ca(OH)$_2$作用形成CaCO$_3$
3. 石灰具有（　　）等特性。
①保水性好　　　　②硬化慢、强度低　③耐水性差　　　　④硬化时体积收缩大
⑤吸湿性强
4. 可用于室内粉刷的气硬性胶凝材料是（　　）。
①石灰　　　　　　②石膏　　　　　　③菱苦土　　　　　④水玻璃
5. 在运输和贮存时不得受潮的是（　　）。
①石灰　　　　　　②石膏　　　　　　③菱苦土　　　　　④水玻璃
6. 生石灰熟化后发生的变化是（　　）。
①重量增加　　　　②体积增加　　　　③重量减少　　　　④体积减小
⑤化学成分变化
7. 建筑石膏与水泥相比具有（　　）等特点。
①可塑性好　　　　②凝结时间长　　　③凝结时不开裂
④宜制成各种镶贴、吊挂板材　　　　⑤水化热大
8. 墙面抹石灰浆的硬化过程是（　　）。
①与空气中的水分合成氢氧化钙
②与空气中的二氧化碳生成碳酸钙
③与空气中的氧合成氧化钙
④与空气中的氧和二氧化碳合成氢氧化钙
⑤游离水分蒸发形成结晶
9. 石膏制品的物理性能是（　　）。
①堆积密度大　　　②保温、隔热性能好　　　　③吸声性强
④抗冻性和耐水性差　　　　　　　　⑤吸水率小

（六）问答题
1. 举例说明气硬性胶凝材料与水硬性胶凝材料的区别。
2. 简述石灰的消化和硬化过程及特点。
3. 建筑石膏是如何生产的？其主要化学成分是什么？
4. 建筑石膏有哪些特性？其用途如何？
5. 石膏制品有哪些特点？建筑石膏可用于哪些方面？

6．什么是欠烧石灰和过烧石灰？各有何特点？

7．石灰在使用前为什么要进行陈伏？

8．菱苦土可用水拌和使用吗？在工程中有何用途？

9．水玻璃的性质是怎样的？有何用途？

10．生石灰在使用前为什么要先进行"陈伏"？磨细生石灰为什么可不经"陈伏"而直接应用？

11．从建筑石膏凝结硬化形成的结构，说明石膏为什么强度较低，耐水性和抗冻性差，而绝热性和吸声性较好？

12．在没有检验仪器的条件下，欲初步鉴别一批生石灰的质量优劣，问：可采取什么简易方法？

13．何谓水玻璃的模数？水玻璃的模数和密度对水玻璃的黏结力有何影响？

14．为什么石灰经常被用于配制砂浆？

15．既然石灰不耐水，为什么由它配制的三合土却可以用于基础的垫层、道路的基层等潮湿部位？

16．维修古建筑时，发现古建筑中石灰砂浆坚硬、而且强度较高。有人由此得出古代生产的石灰质量（或强度）远远高于现代石灰的质量（或强度）的结论。对此结论，你有何看法？

17．某办公楼室内抹灰采用的是石灰砂浆，交付使用后墙面逐渐出现普遍鼓泡开裂，试分析其原因。欲避免这种事故发生，应采取什么措施？

18．菱苦土制品常出现泛霜（返卤）、吸潮、变形等现象，试说明原因。

3 水硬性胶凝材料

水硬性胶凝材料主要是水泥，如硅酸盐水泥、铝酸盐水泥、硫铝酸盐水泥等。目前我国水泥品种以硅酸盐水泥（六大通用硅酸盐水泥为硅酸盐水泥、普通硅酸盐水泥、矿渣硅酸盐水泥、火山灰质硅酸盐水泥、粉煤灰硅酸盐水泥、复合硅酸盐水泥）为主，其余为特性和专用水泥，有中热、低热、快硬、油井、抗硫酸盐、道路、自应力、白色等硅酸盐水泥系列；铝酸盐水泥，如高铝水泥；硫铝酸盐类水泥，如快硬硫铝酸盐水泥、Ⅰ型低碱硫铝酸盐水泥等。目前我国特性水泥和专用水泥已达60多个品种。但使用量最大的为硅酸盐类水泥。在硅酸盐类水泥中最重要、最基本的水泥是硅酸盐水泥，其他水泥均是在硅酸盐水泥基础上掺入了一定量的混合材料，因而它们的某些性能与硅酸盐水泥类同。本章重点介绍硅酸盐类水泥。

3.1 学 习 指 导

3.1.1 硅酸盐水泥

3.1.1.1 硅酸盐水泥的组成与生产

凡由硅酸盐水泥熟料、0~5%的石灰石或粒化高炉矿渣、适量石膏磨细制成的水硬性胶凝材料，称为硅酸盐水泥。未掺入混合材料的称为Ⅰ型硅酸盐水泥代号为P·Ⅰ；掺入不超过5%的混合材料的称为Ⅱ型硅酸盐水泥，代号为P·Ⅱ。

生产硅酸盐水泥的原料主要是石灰质原料、黏土质原料及化学成分校正料铁矿石等。石灰质原料，如石灰石、白垩等，主要提供氧化钙；黏土质原料，如黏土、粉煤灰、页岩等，主要提供氧化硅、氧化铝、氧化铁等。

为调整硅酸盐水泥的凝结时间，在生产的最后阶段还要加入石膏等。

硅酸盐水泥生产的主要过程如图3-1所示。

硅酸盐水泥熟料是以适当比例的石灰石、黏土、铁矿粉等原料经磨细制得生料，将生料在窑内煅烧（1450℃左右）而得，其矿物成分及其与水作用时的性质见表3-1。

熟料矿物组成及其与水作用时的性质　　　　表3-1

性　　质	硅酸三钙	硅酸二钙	铝酸三钙	铁铝酸四钙
	37%~60%	15%~37%	7%~15%	10%~18%
水化热	多	少	最多	中
凝结硬化速度	快	慢	最快	快
强度	早期、后期均高	早期低、后期高	低低	中低
耐蚀性	差	好	最差	中

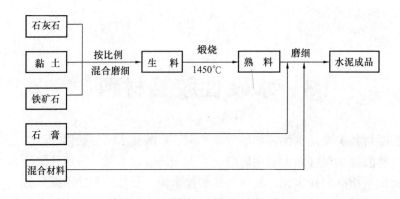

图 3-1 硅酸盐水泥生产流程

由于各矿物性能不同,所以,在水泥熟料中,四种矿物的含量不同时,其相应水泥的各种性能也不同,也即用途将不同。例如增加 C_3S 和 C_3A 的含量可生产出高强水泥和早强水泥;增加 C_2S、C_4AF 的含量,同时降低 C_3S 和 C_3A 的含量可生产出低热硅酸盐水泥。目前,高性能水泥熟料中 C_3S+C_2S 的含量均在 75% 以上。(注:矿物组成缩写符号:C——CaO,S——SiO_2,A——Al_2O_3,F——Fe_2O_3,H——H_2O。)

3.1.1.2 硅酸盐水泥的水化与凝结、硬化

硅酸盐水泥为干粉状,加适量水拌合后,水泥与水发生水化反应,形成可塑性浆体,常温下会逐渐失去塑性、产生强度,并形成坚硬的水泥石。

(1) 硅酸盐水泥的水化

硅酸盐水泥加水拌合后,水泥颗粒立即分散于水中并与水发生化学反应,生成水化产物并放出热量。其水化反应及水化产物如下:

$$2(3CaO \cdot SiO_2) + 6H_2O \longrightarrow \underset{\text{水化硅酸钙凝胶}}{3CaO \cdot 2SiO_3 \cdot 3H_2O} + \underset{\text{氢氧化钙晶体}}{3Ca(OH)_2}$$

$$2(2CaO \cdot SiO_2) + 4H_2O \longrightarrow 3CaO \cdot 2SiO_3 \cdot 3H_2O + Ca(OH)_2$$

$$3CaO \cdot Al_2O_3 + 6H_2O \longrightarrow \underset{\text{水化铝酸三钙晶体}}{3CaO \cdot Al_2O_3 \cdot 6H_2O}$$

$$4CaO \cdot Al_2O_3 \cdot 7H_2O \longrightarrow 3CaO \cdot Al_2O_3 \cdot 6H_2O + \underset{\text{水化铁酸钙凝胶}}{CaO \cdot Fe_2O_3 \cdot H_2O}$$

为延缓凝结时间、方便施工而加入的石膏也参与反应,在凝结硬化初期与水化铝酸三钙反应,生成 $3CaO \cdot Al_2O_3 \cdot 3CaSO_4 \cdot 31H_2O$,称为高硫型水化硫铝酸钙晶体,又称钙矾石。在凝结硬化后期,因石膏的浓度减少,生成的产物为 $3CaO \cdot Al_2O_3 \cdot CaSO_4 \cdot 12H_2O$,称为低硫型水化硫铝酸钙晶体,二者合称为水化硫铝酸钙晶体。

由此可见硅酸盐水泥在水化后,主要有五种水化产物,按形态又分有凝胶和晶体。凝胶占水化产物的绝大多数,在水中几乎不溶。氢氧化钙晶体则微溶于水。

(2) 硅酸盐水泥的凝结硬化

1) 凝结硬化过程 水泥在加水后即产生水化反应,随水化反应的进行,水泥浆逐步变稠,最终因水化产物的增多而失去可塑性,即凝结。之后逐步产生强度,即硬化。水泥在刚刚与水拌合时,水泥熟料颗粒与水充分接触,因而水化速度快,单位时间内产生的水化产物多,故早期强度增长快。随着水化的进行,水化产物逐渐增多,这些水化产物对未

水化的水泥熟料内核与水的接触和水化反应起到了一定的阻碍作用，故后期的强度发展逐步减慢。若温度、湿度适宜，则水泥石的强度在几年、甚至数十年后仍可缓慢增长，如图3-2所示。

2）影响水泥凝结硬化的主要因素

①水泥熟料矿物组成及细度 水泥中各矿物的相对含量不同时，水泥的凝结硬化特点就不同，见表3-1。水泥磨得愈细，水泥颗粒平均直径小，比表面积大，水化时与水接触面积大，水化速度快，相应地水泥凝结硬化速度就快，早期强度就高。

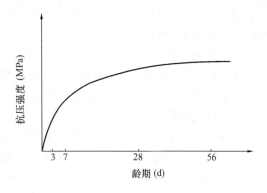

图3-2 硅酸盐水泥强度发展与龄期关系

②水灰比 水灰比是指水泥浆中水与水泥质量之比。当水灰比较大时，水泥的初期水化反应得以充分进行；但是水泥颗粒间由于被水隔开的距离较远，颗粒间相互连接形成骨架结构所需的凝结时间长，所以水泥浆凝结较慢。

水泥完全水化所需的水灰比约为0.15~0.25，而实际工程中往往加入更多的水，以便利用水的润滑取得较好的塑性。当水泥浆的水灰比较大时，多余的水分蒸发后形成的孔隙较多，造成水泥石的强度降低。

③石膏的掺量 生产水泥时掺入石膏，主要是作为缓凝剂使用，以延缓水泥的凝结硬化速度。掺入石膏后，由于钙矾石晶体的生成，还能改善水泥石的早期强度。但石膏的掺量过多时，不仅不能缓凝，而且可能对水泥石的后期性能造成危害。

④环境温度和湿度 水泥水化的速度与环境的温度和湿度有关，只有处于适当温度下，水泥的水化、凝结和硬化才能进行，通常温度较高时，水化、凝结和硬化速度就快，温度降低时水化、凝结硬化延缓，当环境温度低于0℃时，水化反应停止。水泥也只有在环境潮湿的情况下，水化及凝结硬化才能保持足够的化学用水，保证强度的发挥。因此，使用水泥时必须注意养护，使水泥在适宜的温度及湿度环境中进行凝结硬化，从而不断增长其强度。

⑤龄期 水泥的水化硬化是一个较长时期内不断进行的过程，随着水泥颗粒内各熟料矿物水化程度的提高，凝胶体不断增加，毛细孔不断减少，使水泥石的强度随着龄期增长而增加。实践证明，水泥一般在28d内强度发展较快，28d后增长缓慢。

⑥外加剂 凡对硅酸三钙和铝酸三钙的水化能产生影响的外加剂，都能改变硅酸盐水泥的水化及凝结硬化。如加入促凝剂就能促进水泥水化硬化；相反加入缓凝剂就会延缓水泥的水化硬化，影响水泥早期强度的发展。

(3) 水泥石的组成与性质

水泥石，即硬化后的水泥浆体。它由凝胶体（凝胶、晶体），未水化颗粒内核、毛细孔隙等组成。水泥石的强度主要取决于水泥强度等级、水灰比（水量与水泥量的质量比）、养护条件及龄期等。在保证成型质量的前提下，水灰比越小、温度适宜、湿度越大、养护时间越长，则水泥石强度越高，水泥石的其他性能也越好。

3.1.1.3 硅酸盐水泥的技术要求

国家标准《硅酸盐水泥、普通硅酸盐水泥》GB 175—1999 规定了细度、凝结时间、体积安定性、强度等技术要求。

(1) 细度

水泥颗粒越细，凝结硬化越快，早期和后期强度越高，但硬化时的干缩增大。国标规定，硅酸盐水泥的比表面积应大于 $300m^2/kg$（勃氏法测得值），否则为不合格品。

(2) 凝结时间

为保证施工时有充足的时间完成搅拌、运输、浇灌、成型等各项工艺过程，水泥的初凝时间不宜太短。施工完毕后，希望水泥能尽快硬化，产生强度，故终凝时间不能太长，国标规定硅酸盐水泥的初凝时间为不得早于 45min，终凝时间为不得迟于 6.5h。测定时需采用标准稠度的水泥浆，将该水泥浆所需要的水量称为标准稠度用水量（以水与水泥质量的百分比表示）。

(3) 体积安定性

指水泥石在硬化过程中体积变化的均匀性，如产生不均匀变形，即会引起翘曲或开裂，称为体积安定性不良。

体积安定性不良的原因是：①水泥中含有过多的游离氧化钙和游离氧化镁（均为严重过火），两者后期逐步水化产生体积膨胀，致使已硬化的水泥石开裂；②石膏掺量过多，在硬化后的水泥石中，继续产生膨胀性产物高硫型水化硫铝酸钙，引起水泥石开裂。

体积安定性用沸煮法（试饼法或雷氏夹法）来检验。该法仅能测定游离氧化钙的危害，对游离 MgO 和石膏不做检验，一般在生产中限制它们的含量。即：硅酸盐水泥中 MgO 含量不得超过 5.0%，如经压蒸安定性检验合格，允许放宽到 6.0%。硅酸盐水泥中 SO_3 的含量不得超过 3.5%。

体积安定性不合格的水泥不得使用。

应该指出的是，生产水泥时掺入的适量石膏同样也生成膨胀性的产物高硫型的水化硫铝酸钙。但它是在水泥浆尚有一定的可塑性，故不会造成结构上的破坏，故掺适量石膏对水泥不造成破坏。掺量过多时膨胀性的高硫型水化硫铝酸盐在水泥浆硬化后还继续生成，即造成水泥石破坏，亦即体积安定性不良。

(4) 强度等级

水泥的强度是由水泥胶砂试件测定的，即将水泥、标准砂和水按规定的比例（1∶3∶0.5）搅拌、成型，制作为 40mm×40mm×160mm 的试件。在标准养护条件下（在 20±1℃ 的水中。）养护，测定 3d、28d 的抗压强度和抗折强度。以此强度值（4 个值）将硅酸盐水泥划分为普通型和早强型，前者分为 42.5、52.5、62.5 三个强度等级，后者分有 42.5R、52.5R、62.5R 三个强度等级。各强度等级硅酸盐水泥的各龄期强度不得低于表 3-2 的数值。

硅酸盐水泥各龄期的强度数值　　　　表 3-2

强度等级	抗压强度（MPa）		抗折强度（MPa）	
	3d	28d	3d	28d
42.5	17.0	42.5	3.5	6.5
42.5R	22.0	42.5	4.0	6.5

续表

强度等级	抗压强度（MPa）		抗折强度（MPa）	
	3d	28d	3d	28d
52.5	23.0	52.5	4.0	7.0
52.5R	27.0	52.5	5.0	7.0
62.5	28.0	62.5	5.0	8.0
62.5R	32.0	62.5	5.5	8.0

水泥的强度等级主要取决于水泥熟料矿物成分的相对含量和水泥的细度。此外对水泥中的不溶物、烧失量、碱含量等也作了要求。

3.1.1.4 水泥石的腐蚀与防止

（1）软水侵蚀（溶出性侵蚀）

不含或仅含少量重碳酸盐的水称为软水，如雨水、雪水、淡水及多数江水、湖水等。当水泥石与静止或无压力的软水接触时，水泥石中的氢氧化钙微溶于水，水溶液迅速饱和。因而对水泥石性能的影响不大。但在流动的或有压力的软水中，由于水不断地将水泥石内的氢氧化钙溶解，使水泥石的孔隙率增加，同时由于氢氧化钙浓度的降低，部分水化产物分解从而引起水泥石强度下降。

硬水与水泥石接触时，产生下述反应：

$$Ca(OH)_2 + Ca(HCO_3)_2 \longrightarrow 2CaCO_3 + 2H_2O$$

$$Ca(OH)_2 + Mg(HCO_3)_2 \longrightarrow CaCO_3 + MgCO_3 + 2H_2O$$

生成的 $CaCO_3$ 和 $MgCO_3$ 均几乎不溶于水，且强度较高，故硬水对水泥石有保护作用。

（2）盐类腐蚀

1）硫酸盐腐蚀 在海水、某些湖水和沼泽水及地下水以及某些工业废水或流经高炉矿渣或炉渣的水中常常含有钠、钾、铵等硫酸盐。这些硫酸盐与水泥石中的氢氧化钙作用生成硫酸盐，进而与水泥石中的水化铝酸钙 C_3AH_6 或 C_4AH_{12} 作用，生成具有膨胀性的高硫型水化硫铝酸钙，使水泥石开裂。若硫酸盐浓度较高，则硫酸钙将以二水石膏 $CaSO_4 \cdot 2H_2O$ 形式在毛细孔中结晶析出，使水泥石被胀裂破坏。

2）镁盐腐蚀 海水、某些地下水或某些沼泽水中常含有大量的镁盐，主要是硫酸镁和氯化镁。它们可与水泥石中的氢氧化钙产生如下反应：

$$MgCl_2 + Ca(OH)_2 \longrightarrow CaCl_2 + Mg(OH)_2$$

$$MgSO_4 + Ca(OH)_2 \longrightarrow CaSO_4 + Mg(OH)_2$$

生成的氢氧化镁松软而无胶凝能力，氯化钙则极易溶于水使孔隙率大大增加，生成的硫酸钙则又可发生上述的硫酸盐腐蚀，同时由于碱度降低，造成部分水化产物分解。因此，镁盐腐蚀属于双重腐蚀，故特别严重。

（3）酸类腐蚀

1）碳酸腐蚀 在工业废水和某些地下水中常溶解有较多的 CO_2，当与水泥石接触时，即产生下述反应：

$$CO_2 + H_2O + Ca(OH)_2 \longrightarrow CaCO_3 + H_2O$$

生成的 $CaCO_3$ 可以继续与碳酸反应,即有:

$$CO_2 + H_2O + CaCO_3 \Longleftrightarrow Ca(HCO_3)_2$$

生成的 $Ca(HCO_3)_2$ 易溶于水。当水中含有较多的 CO_2,并超过上述平衡浓度时,上述反应向右进行,即将水泥石中微溶于水的 $Ca(OH)_2$ 转换为易溶于水的 $Ca(HCO_3)_2$,从而加剧溶失,使孔隙率增加。同时由于 $Ca(OH)_2$ 浓度的降低,会引起部分水化产物分解,因此对水泥石有较大的腐蚀。

2) 一般酸腐蚀　工业废水,某些地下水、沼泽水中常含有一定量的无机酸和有机酸。它们都对水泥石具有腐蚀作用,即它们都可以和水泥石中的 $Ca(OH)_2$ 反应,产物或是易溶的,或是膨胀性的产物,并且由于 $Ca(OH)_2$ 被大量消耗,引起的碱度降低,促使水化产物大量分解,从而引起水泥石强度急剧降低。腐蚀作用最快的是无机酸中的盐酸、氢氟酸、硝酸、硫酸和有机酸中的醋酸、蚁酸和乳酸。

(4) 强碱腐蚀

碱类溶液在浓度不大时,一般对水泥石没有大的腐蚀作用,可以认为是无害的。但铝酸盐含量较高的硅酸盐水泥在遇到强碱(NaOH 或 KOH)时也会受到腐蚀并破坏。这是因为发生了下述反应:

$$3CaO \cdot Al_2O_3 + NaOH \rightarrow 3Na_2O \cdot Al_2O_3 + Ca(OH)_2$$

生成的铝酸钠 $3NaO \cdot Al_2O_3$ 易溶于水。当水泥受到干湿交替作用时,水泥石中的强碱 NaOH 与空气中的 CO_2 按下式反应:

$$NaOH + CO_2 + H_2O \longrightarrow Na_2CO_3 + H_2O$$

生成的 Na_2CO_3 在毛细孔中结晶析出,使水泥石胀裂。

此外,糖、氨盐、动物脂肪、含烷酸的石油产品对水泥石也有一定的腐蚀作用。

(5) 腐蚀的原因与防止

1) 水泥石易受腐蚀的基本原因

①水泥石中含有易受腐蚀的成分,即氢氧化钙和水化铝酸钙等;

②水泥石本身不密实含有大量的毛细孔隙。

2) 加速腐蚀的因素　液态的腐蚀介质较固体状态引起的腐蚀更为严重,较高的温度、较快的流速或较高的压力及干湿交替等均可加速腐蚀过程。

3) 腐蚀的防止

①根据环境特点,选择适宜的水泥品种或掺入活性混合材料。其目的是减少易受腐蚀成分。

②减小水泥石的孔隙率,提高密实度。通过降低水灰比,采用质量好的骨料、加减水剂或引气剂、改善施工操作方法等。

③设置隔离层或保护层。采用耐腐蚀的涂料或板材保护水泥砂浆或混凝土不与腐蚀物接触。如采用花岗石板材、耐酸陶瓷板、塑料、沥青、环氧树脂等保护层或隔离层。

3.1.1.5　硅酸盐水泥的特性与应用

(1) 硅酸盐水泥的性质与应用

1）早期及后期强度均高　适合早强要求高的工程（如冬期施工、预制、现浇等工程）和高强度混凝土（如预应力混凝土）。

2）抗冻性好　适合严寒地区受反复冻融作用的混凝土工程。

3）抗碳化性好　因水化后氢氧化钙含量较多，故水泥石的碱度不易降低，对钢筋的保护作用强。适合用于空气中二氧化碳浓度高的环境。

4）耐磨性好　适合于道路、地面工程。

5）干缩小　硅酸盐水泥在水化硬化过程中不易产生干缩裂纹，可用于干燥环境的混凝土工程。

6）水化热高　不得用于大体积混凝土工程。但有利于低温季节蓄热法施工。

7）耐热性差　因水化后氢氧化钙含量高。不适合耐热混凝土工程。

8）耐腐蚀性差　因水化后氢氧化钙和水化铝酸钙的含量较多，易引起软水、酸类和盐类的侵蚀。所以不宜用于受流动水、压力水、酸类和硫酸盐侵蚀的工程。

9）湿热养护效果差　硅酸盐水泥在常规养护条件下硬化快、强度高。但经过蒸汽养护后，再经自然养护至28d测得的抗压强度往往低于未经蒸汽养护的28d抗压强度。

（2）硅酸盐水泥的存放

水泥在存放时，会吸收空气中的水蒸气和二氧化碳，发生水化和碳化作用，因而对水泥的强度不利。因此水泥在干燥条件下存放。正常条件存放的水泥按水泥强度等级、品种、出厂日期分别堆放，并应先存先用。

3.1.2　掺混合材料的硅酸盐水泥

3.1.2.1　混合材料

掺入到水泥或混凝土中的人工或天然矿物材料称为混合材料。

（1）非活性混合材料

常温下不能与氢氧化钙和水反应，也不能产生凝结硬化的混合材料，称为非活性混合材料。在水泥中主要起到调节强度等级、降低水化热、增加水泥产量、降低成本等作用。主要使用的有石灰石、石英砂、缓慢冷却的矿渣等。

（2）活性混合材料

常温下可与氢氧化钙反应生成具有水硬性的水化产物，凝结硬化后产生强度的混合材料，称为活性混合材料。它们在水泥中的主要作用是调整水泥强度等级、增加水泥产量、改善某些性能、降低水化热和成本等。常用活性混合材料有：

1）粒化高炉矿渣　又称水淬高炉矿渣。其活性来自非晶态的（即玻璃态的）氧化硅和氧化铝，称为活性氧化硅和活性氧化铝。

2）火山灰质混合材料

①含水硅酸质混合材料　主要有硅藻土、硅藻石、蛋白石和硅质渣等。其活性来源为活性氧化硅。

②铝硅玻璃质混合材料　主要有火山灰、浮石、凝灰岩等。其活性来源为活性氧化硅和活性氧化铝。

③烧黏土质混合材料　主要有烧黏土、炉渣、煅烧的煤矸石等。其活性来源主要为活性氧化铝和少量活性氧化硅。掺此类活性混合材料的水泥的耐硫酸盐腐蚀性差，因水化后，水化铝酸钙含量较高。

3) 粉煤灰　粉煤灰是煤粉锅炉吸尘器所吸收的微细粉尘。灰分经熔融、急冷成为富含玻璃体的球状体。其活性来源主要为活性氧化铝和少量活性氧化硅。

(3) 活性混合材料的水化　磨细的活性混合材料在与水拌合后，不会发生水化反应（惟有粒状矿渣有弱水化反应）。但当它们与氢氧化钙接触后，在常温下就会产生明显的水化反应，即有：

$$x\text{Ca(OH)}_2 + \text{SiO}_2 + m\text{H}_2\text{O} \longrightarrow x\text{CaO} \cdot \text{SiO}_2 \cdot (m+x)\text{H}_2\text{O}$$

$$y\text{Ca(OH)}_2 + \text{Al}_2\text{O}_3 + n\text{H}_2\text{O} \longrightarrow y\text{CaO} \cdot \text{Al}_2\text{O}_3 \cdot (n+y)\text{H}_2\text{O}$$

生成的水化硅酸钙和水化铝酸钙是具有水硬性的产物。当有石膏存在时，水化铝酸钙还可以和石膏进一步反应生成水硬性产物水化硫铝酸钙。由此可见，氢氧化钙和石膏起到了激发活性混合材料活性的作用，故称其为活性混合材料的激发剂。氢氧化钙和石膏分别属于碱性激发剂和硫酸盐激发剂。

活性混合材料的水化速度较水泥熟料慢，且对温度敏感。高温下，水化硬化速度明显加快，强度提高；低温下，水化硬化速度大大减慢，强度很低。此外活性混合材料的水化放热慢，且放热量很小。

(4) 掺活性混合材料的硅酸盐水泥的水化特点

掺活性混合材料的硅酸盐水泥在与水拌合后，首先是水泥熟料矿物水化，之后，水泥熟料矿物的水化产物氢氧化钙与活性混合材料发生水化（亦称二次反应）产生水化产物。由水化过程可知，掺活性混合材料的硅酸盐水泥的早期强度较硅酸盐水泥低。

3.1.2.2 普通硅酸盐水泥

普通硅酸盐水泥由硅酸盐水泥熟料、6%～15%活性混合材料和适量石膏组成。其中非活性混合材料的掺量不得大于10%，窑灰不得大于5%。代号为P·O。

普通硅酸盐水泥的技术要求为：

(1) 细度　筛孔尺寸为80μm的方孔筛的筛余不得超过10%。

(2) 凝结时间　初凝时间不得早于45min，终凝时间不得迟于10h。

(3) 强度与强度等级　根据抗压和抗折强度，将普通水泥划分为32.5、42.5、52.5及32.5R、42.5R、52.5R等6个强度等级。各龄期强度不得低于表3-3中的数值。

普通硅酸盐水泥各强度等级、各龄期强度数值（GB 175—1999）　　表3-3

强度等级	抗压强度（MPa）		抗折强度（MPa）	
	3d	28d	3d	28d
32.5	11.0	32.5	2.5	5.5
32.5R	16.0	32.5	3.5	5.5
42.5	16.0	42.5	3.5	6.5
42.5R	21.0	42.5	4.0	6.5
52.5	22.0	52.5	4.0	7.0
52.5R	26.0	52.5	5.0	7.0

其他技术要求与硅酸盐水泥相同。

由于混合材料的掺入量较小，故普通硅酸盐水泥的性质和用途与硅酸盐水泥基本相同，略有差异。其主要差别表现为：

(1) 早期强度略低；
(2) 耐腐蚀性稍好；
(3) 水化热略低；
(4) 抗冻性及抗渗性较好；
(5) 抗碳化性略差；
(6) 耐热性较好；
(7) 耐磨性略差。

3.1.2.3 矿渣硅酸盐水泥、火山灰质硅酸盐水泥、粉煤灰硅酸盐水泥和复合硅酸盐水泥

(1) 定义

1) 矿渣硅酸盐水泥由硅酸盐水泥熟料、20%~70%粒化高炉矿渣、适量石膏组成。允许用石灰石、窑灰、粉煤灰和火山灰质混合材料中的一种材料代替粒化高炉矿渣，代替量不得超过水泥质量的8%，替代后水泥中粒化高炉矿渣不得小于20%，代号P·S。

2) 火山灰质硅酸盐水泥由硅酸盐水泥熟料、20%~50%火山灰质混合材料和适量石膏共同磨细制成。代号P·P。

3) 粉煤灰硅酸盐水泥由硅酸盐水泥熟料、20%~40%粉煤灰和适量石膏共同磨细制成。代号P·F。

(2) 技术要求

矿渣硅酸盐水泥、火山灰质硅酸盐水泥、粉煤灰硅酸盐水泥的强度等级划分有32.5、42.5、52.5及32.5R、42.5R、52.5R六个等级。各龄期的抗压强度和抗折强度应不低于表3-4中的数值。

矿渣硅酸盐水泥、火山灰质硅酸盐水泥和粉煤灰硅酸盐水泥
各强度等级、各龄期强度数值（GB 1344—1999） 表3-4

强度等级	抗压强度（MPa）		抗折强度（MPa）	
	3d	28d	3d	28d
32.5	10.0	32.5	2.5	5.5
32.5R	15.0	32.5	3.5	5.5
42.5	15.0	42.5	3.5	6.5
42.5R	19.0	42.5	4.0	6.5
52.5	21.0	52.5	4.0	7.0
52.5R	23.0	52.5	4.5	7.0

矿渣硅酸盐水泥的三氧化硫含量不得超过4.0%，火山灰质硅酸盐水泥和粉煤灰硅酸盐水泥中的三氧化硫含量不得超过3.5%。细度、凝结时间、体积安定性、氧化镁含量的要求与普通硅酸盐水泥相同。

(3) 性质与应用

对比这三种水泥可以看出三者的化学组成或化学活性基本相同，因而这三种水泥的大

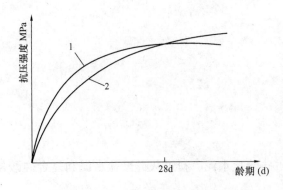

图 3-3　不同品种水泥强度发展的比较（同强度等级）
1—硅酸盐水泥或普通硅酸盐水泥；2—矿渣水泥
或火山灰水泥、粉煤灰水泥

多数性质相同或接近。同时由于三种活性混合材料的物理性质和表面特征等有些差异，又使得这三种水泥分别具有某些特性。这三种水泥与硅酸盐水泥或普通硅酸盐水泥相比具有以下特点：

1）三种水泥的共性

①早期强度低、后期强度高　其原因是水泥熟料相对较少，且活性混合材料水化慢、故早期强度低，后期由于二次反应的不断进行和水泥熟料的不断水化，水化产物不断增多，强度可赶上或超过同强度等级的硅酸盐水泥或普通硅酸盐水泥（见图 3-3）。

这三种水泥不适合早期强度要求高的混凝土工程，如冬期施工、要求早期强度的现浇工程等。

②对温度敏感，适合高温养护　这三种水泥在低温下水化明显减慢，强度低；采用高温养护时可加速活性混合材料的水化，并可加速水泥熟料的水化，故可明显提高早期强度，且不影响常温下后期强度的发展（见图 3-4）。而硅酸盐水泥或普通硅酸盐水泥，利用高温养护虽可提高早期强度，但后期强度的发展受到影响，即比一直在常温下养护的混凝土强度低。这是因为在高温下这二种水泥的水化速度很快，短时间内即生成大量的水化产物，这些产物对水泥熟料的后期水化起到了阻碍作用。因此硅酸盐水泥和普通硅酸盐水泥不适合高温养护（见图 3-5）。

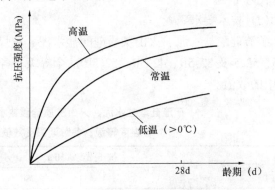

图 3-4　矿渣（火山灰质、粉煤灰）硅酸盐水泥强度与养护温度的关系

③耐腐蚀性好　水泥熟料少及活性混合材料的水化（即二次反应）使水泥石中的易受腐蚀成分水化铝酸钙，特别是氢氧化钙的含量大为降低。因此耐腐蚀性好，适合于耐腐蚀性要求较高的工程，如水工、海港、码头等工程。

④水化热少　水泥中熟料相对含量少，因而水化放热量少，尤其早期水化放热速度慢，适合用于大体积混凝土工程中。

⑤抗碳化性较差　因水泥石中氢氧化钙含量少。不适用于二氧化

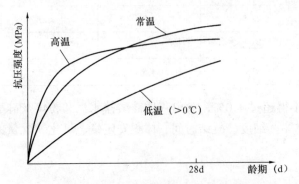

图 3-5　硅酸盐水泥（普通水泥）强度与养护温度的关系

碳浓度高的工业区厂房,如翻砂车间。

⑥抗冻性较差　矿渣及粉煤灰易泌水形成连通孔隙,火山灰一般需水量大,会增加内部孔隙含量,故这三种水泥的抗冻性较差。但矿渣硅酸盐水泥较其他二种稍好。

2) 三种水泥的特性

①矿渣硅酸盐水泥　泌水性大,抗渗性差,干缩较大,但耐热性较好。泌水性大造成了较多的连通孔隙,从而使抗渗性降低。矿渣本身耐热性高且矿渣水泥水化后氢氧化钙的含量少,故耐热性较好。

适合于有耐热要求的混凝土工程,不适合于有抗渗要求的混凝土工程。

②火山灰质硅酸盐水泥　保水性好、抗渗性好,但干缩大、易开裂和起粉、耐磨性较差。这主要是因为火山灰质混合材料内部含大量微细孔隙。

适用于有抗渗要求的混凝土工程,但不宜用于干燥环境。

③粉煤灰硅酸盐水泥　泌水性大,易产生失水裂纹、抗渗性差、干缩小、抗裂性较高。这是由于粉煤灰的比表面积小,对水的吸附力较小,拌合需水量少的缘故。

不宜用于干燥环境和抗渗要求的混凝土。

五种常用水泥组成、性质及应用的异同见表3-5。

五种常用水泥的组成、性质及异同点　　　　表3-5

项目		硅酸盐水泥 P·I、P·II	普通硅酸盐水泥 P·O	矿渣硅酸盐水泥 P·S	火山灰硅酸盐水泥 P·P	粉煤灰硅酸盐水泥 P·F
组成	组成	硅酸盐水泥熟料,很少量(0~5%)混合材料,适量石膏	硅酸盐水泥熟料,少量(6%~15%)混合材料,适量石膏	硅酸盐水泥熟料,多量(20%~70%)粒化高炉矿渣,适量石膏	硅酸盐水泥熟料,多量(20%~50%)火山灰质混合材料,适量石膏	硅酸盐水泥熟料,多量(20%~40%)粉煤灰,适量石膏
	共同点	硅酸盐水泥熟料、适量石膏				
	不同点	无或很少量的混合材料	少量混合材料	多量活性混合材料(化学组成或化学活性基本相同)		
				粒化高炉矿渣	火山灰质混合材料	粉煤灰
性质		1. 早期、后期强度高; 2. 耐腐蚀性差; 3. 水化热大; 4. 抗碳化性好; 5. 抗冻性好; 6. 耐磨性好; 7. 耐热性差	1. 早期强度稍低,后期强度高; 2. 耐腐蚀性稍好; 3. 水化热略小; 4. 抗碳化性好; 5. 耐腐蚀性; 6. 耐磨性好; 7. 耐热性稍好; 8. 抗渗性好	1. 早期强度低,后期强度高; 2. 对温度敏感,适合高温养护; 3. 耐腐蚀性好; 4. 水化热小; 5. 抗冻性较差; 6. 抗碳化性较差		
				1. 泌水性大、抗渗性差; 2. 耐热性较好; 3. 干缩较大	1. 保水性好、抗渗性好; 2. 干缩大; 3. 耐磨性差	1. 泌水性大(快)、易产生失水裂纹;抗渗性差; 2. 干缩小、抗裂性好; 3. 耐磨性差

续表

项目		硅酸盐水泥 P·I、P·II	普通硅酸盐水泥 P·O	矿渣硅酸盐水泥 P·S	火山灰硅酸盐水泥 P·P	粉煤灰硅酸盐水泥 P·F
应用	优先使用	早期强度要求高的混凝土,有耐磨要求的混凝土,严寒地区反复遭受冻融作用的混凝土,抗碳化性能要求高的混凝土,掺混合材料的混凝土		水下混凝土,海港混凝土,大体积混凝土,耐腐蚀性要求较高的混凝土,高温下养护的混凝土		
		高强度混凝土	普通气候及干燥环境中的混凝土,受干湿交替作用的混凝土	有耐热要求的混凝土	有抗渗要求的混凝土	受载较晚的混凝土
	可以使用			普通气候环境中的混凝土		
		一般工程	高强度混凝土,水下混凝土,高温养护混凝土,耐热混凝土	抗冻性要求较高的混凝土,有耐磨性要求的混凝土	—	—
	不宜或不得使用	大体积混凝土,耐腐蚀性要求高的混凝土		早期强度要求高的混凝土,抗碳化性要求高的混凝土,抗冻性要求高的混凝土,掺混合材料的混凝土,低温或冬期施工混凝土		
		耐热混凝土高温养护混凝土	—	抗渗性要求高的混凝土	干燥环境中的混凝土,有耐磨要求的混凝土	干燥环境和有抗渗要求的混凝土

(4) 复合硅酸盐水泥的性质及应用

由硅酸盐水泥熟料、两种或两种以上混合材料（16%～50%）、适量石膏磨细而成的水硬性胶凝材料，称为复合硅酸盐水泥（简称为复合水泥）。允许用不超过8%的窑灰代替部分混合材料。掺粒化高炉矿渣时混合材料的掺量不得与矿渣硅酸盐水泥重复。

活性混合材料除前述三大类外（GB/T 203 的粒化高炉矿渣，GB/T 1596 的粉煤灰，GB/T 2847 的火山灰质混合材），还可以使用粒化精炼铬铁渣（JC/T 417）、粒化增钙液态渣（JC/T 454）；非活性混合材料可使用石灰石、砂岩、钛渣等。

复合硅酸盐水泥的初凝时间不得早于45min，终凝时间不得迟于10h；强度等级有32.5、42.5、52.5 和 32.5R、42.5R、52.5R，各强度等级各龄期的强度见表3-6。

复合硅酸盐水泥的早期强度高于矿渣硅酸盐水泥（或火山灰质硅酸盐水泥或粉煤灰硅酸盐水泥），接近普通硅酸盐水泥，其余性质与矿渣硅酸盐水泥（或火山灰质硅酸盐水泥、粉煤灰硅酸盐水泥）基本相同，应用范围也基本相同。

复合硅酸盐水泥各龄期强度（GB 12958—1999）　　　表 3-6

强度等级	抗压强度（MPa）		抗折强度（MPa）	
	3（d）	28（d）	3（d）	28（d）
32.5	11.0	32.5	2.5	5.5
32.5R	16.0	32.5	3.5	5.5
42.5	16.0	42.5	3.5	6.5
42.5R	21.0	42.5	4.0	6.5
52.5	22.0	52.5	4.0	7.0
52.5R	26.0	52.5	5.0	7.0

3.1.3 高铝水泥

3.1.3.1 组成与水化

高铝水泥属铝酸盐水泥，其主要矿物成分为铝酸一钙 $CaO \cdot Al_2O_3$（简写为 CA），CA 水化硬化速度快，当温度低于 25℃时，生成水化铝酸一钙晶体 $CaO \cdot Al_2O_3 \cdot 10H_2O$ 或水化铝酸二钙晶体 $2CaO \cdot Al_2O_3 \cdot 8H_2O$ 和氢氧化铝凝胶 $Al_2O_3 \cdot 3H_2O$ 等。由它们组成的水泥石强度很高。当温度高于 30℃时，生成水化铝酸三钙 $3CaO \cdot Al_2O_3 \cdot 6H_2O$ 晶体和氢氧化铝凝胶，或 $CaO \cdot Al_2O_3 \cdot 10H_2O$ 和 $2CaO \cdot Al_2O_3 \cdot 8H_2O$ 晶型转变为 $3CaO \cdot Al_2O_3 \cdot 6H_2O$（高温、高湿下转变迅速），并放出大量水。由此组成的水泥石孔隙率很大（达 50%以上），强度很低。

3.1.3.2 技术要求

细度要求为 0.08mm 方孔筛的筛余小于 10%，初凝不得早于 30min、终凝不得迟于 6h、各龄期的强度值不得低于表 3-7 中的数值。

高铝水泥各龄期强度数值（GB 201—2000）　　　表 3-7

水泥类型	抗压强度，MPa		抗折强度，MPa	
	1d	3d	1d	3d
CA—50	40	50	5.5	6.5
CA—60	20	45	2.5	5.0
CA—70	30	40	5.0	6.0
CA—80	25	30	4.0	5.0

3.1.3.3 性质与应用

高铝水泥的性质和应用主要有以下特点：

（1）强度高，特别是早期强度很高　其 1d 强度可达到最高强度的 80%以上，故适用于紧急抢修工程。

（2）抗渗性、抗冻性好　高铝水泥拌合需水量少，而水化需水量大，故硬化后水泥石的孔隙率很小。

（3）抗硫酸盐腐蚀性好　因水化产物中不含有氢氧化钙，并且氢氧化铝凝胶包裹其他水化产物起到保护作用以及水泥石的孔隙率很小，故适合抗硫酸盐腐蚀工程，但不耐碱。

（4）水化放热极快且放热量大　不适合大体积混凝土工程。

（5）耐热性高　高温时产生了固相反应，烧结结合代替了水化结合，使得高铝水泥在高温下仍具有较高的强度,故适合耐热工程(<1400℃)。

(6)长期强度降低较大　不适合长期承载结构。

(7)高温、高湿下强度显著降低　不宜在高温、高湿环境中施工、使用。

3.1.4 其他水泥

3.1.4.1 白色硅酸盐水泥

白色硅酸盐水泥的组成、性质与硅酸盐水泥基本相同,所不同的是在配料和生产过程中忌铁质等着色物质,所以具有白颜色。

白色水泥的细度要求为0.08mm方孔筛的筛余小于10%;初凝时间不得早于45min,终凝时间不得迟于12h;体积安定性(沸煮法)合格;划分有325、425、525、625四个标号,各标号各龄期的强度不得低于表3-8中的数值;白度分为特级、一级、二级、三级,各等级白度不得低于表3-9中的数值。此外还根据标号和白度等级将产品划分为优等品、一等品、合格品,各级应满足表3-10的要求。

白色硅酸盐水泥各龄期强度数值(GB 2015—1991) 表3-8

指标	抗压强度(MPa)			抗折强度(MPa)		
标号	3d	7d	28d	3d	7d	28d
325	14.0	20.5	32.5	2.5	3.5	5.5
425	18.0	26.5	42.5	3.5	4.5	6.5
525	23.0	33.5	52.5	4.0	5.5	7.0
625	28.0	42.0	62.5	5.0	6.0	8.0

白色硅酸盐水泥白度等级(GB 2015—1991) 表3-9

等级	特级	一级	二级	三级
白度(%)	86	84	80	75

白色硅酸盐水泥产品等级(GB 2015—1991) 表3-10

白水泥等级	白度级别	标号	白水泥等级	白度级别	标号
优等品	特级	625、525	合格品	二级	325
一等品	一级	525、425		三级	425、325
	二级	525、425			

白色硅酸盐水泥中加适量耐碱颜料即得彩色硅酸盐水泥。二者均用于装饰用白色或彩色灰浆、砂浆和混凝土,如人造大理石、水磨石、斩假石等。

3.1.4.2 快硬硅酸盐水泥

该水泥的组成特点是C_3S和C_3A含量高,石膏掺量较多,故该水泥快硬、早强。

快硬硅酸盐水泥的细度要求为比表面积在330~450m^2/kg左右;初凝时间不得早于45min,终凝时间不得迟于10h;划分为325、375、425三个标号,各标号各龄期强度不低于表3-11中的数值。

快硬硅酸盐水泥各标号、各龄期强度数值（GB 199—90）　　表 3-11

标　号	抗压强度（MPa）			抗折强度（MPa）		
	1d	3d	28d[①]	1d	3d	28d[①]
325	15.0	32.5	52.5	3.5	5.0	7.2
375	17.0	37.5	57.5	4.0	6.0	7.6
425	19.0	42.5	62.5	4.5	6.4	8.0

① 供需双方参考指标。

快硬硅酸盐水泥的早期、后期强度均高、抗渗性及抗冻性高、水化热大、耐腐蚀性差，适合早强、高强混凝土及抗震混凝土工程以及紧急抢修、冬季施工等工程。

3.1.4.3　膨胀水泥

膨胀水泥在凝结硬化的过程中生成适量膨胀性水化产物，故在凝结硬化时体积不收缩或微膨胀。

膨胀水泥由强度组分和膨胀组分组成。按水泥的主要组成（强度组分）分为硅酸盐型膨胀水泥、铝酸盐型膨胀水泥和硫铝酸盐型膨胀水泥。膨胀值大的又称为自应力水泥。

膨胀水泥主要用于收缩补偿混凝土工程、防水砂浆和防水混凝土、构件的接缝、接头、结构的修补、设备机座的固定等。自应力水泥主要用于自应力钢筋混凝土压力管。

3.2　思考题与习题

（一）名词解释
1. 水硬性胶凝材料
2. 水泥
3. 普通硅酸盐水泥
4. 水灰比
5. 水泥标准稠度
6. 水泥的不合格品
7. 水泥的废品
8. 活性混合材料
9. 高铝水泥
10. 快硬硅酸盐水泥

（二）是非判断题（对的划√，不对的划×）
1. 硅酸盐水泥是一种气硬性胶凝材料。　　　　　　　　　　　　　　　　　（　）
2. 硅酸盐水泥熟料的四种主要矿物为：C_3S、C_2S、C_3A、C_4AF　　　　（　）
3. 硅酸盐水泥水化在28d内由C_3S起作用，一年后C_2S与C_3S发挥同等作用。（　）
4. 白色硅酸盐水泥含Fe_2O_3量较低。　　　　　　　　　　　　　　　　　（　）
5. 高铝水泥制作的混凝土构件，采用蒸汽养护，可以提高早期强度。　　　　（　）
6. 火山灰水泥适用于抗渗性要求较高的工程中。　　　　　　　　　　　　　（　）
7. 因为水泥是水硬性胶凝材料，故运输和储存时不怕受潮和淋湿。　　　　　（　）

8. 水泥出厂后三个月使用，其性能并不变化，可以安全使用。　　　　（　　）
9. 用沸煮法可以全面检验硅酸盐水泥的体积安定性是否良好。　　　（　　）
10. 体积安定性不合格的水泥应以"废品"处理。　　　　　　　　　（　　）
11. 硅酸盐水泥的细度越细越好。　　　　　　　　　　　　　　　　（　　）
12. 火山灰水泥包装袋上印刷采用黑色。　　　　　　　　　　　　　（　　）
13. 活性混合材料掺入石灰和石膏即成水泥。　　　　　　　　　　　（　　）
14. 在测定水泥的强度时，1d 内的标准养护条件是（20±1）℃、相对湿度 90%以上。
　　　　　　　　　　　　　　　　　　　　　　　　　　　　　　　（　　）
15. 凡溶有二氧化碳的水均对硅酸盐水泥有腐蚀作用。　　　　　　　（　　）
16. 水泥熟料中的 C_3A 的硬化速度最快、水化热最大、耐腐蚀性最差。（　　）
17. 粉煤灰水泥的水化热较低，需水量也比较低，抗裂性较好。尤其适合于大体积水工混凝土以及地下和海港工程等。　　　　　　　　　　　　　　　　　（　　）
18. 石膏是水泥的缓凝剂，所以不能掺入太多，否则凝结时间会太长。（　　）
19. 水泥和熟石灰混合使用会引起体积安定性不良。　　　　　　　　（　　）
20. 水泥水化反应的速度与环境的温度有关，但温度的影响主要表现在水泥水化的早期阶段，对后期影响不大。　　　　　　　　　　　　　　　　　　　　（　　）
21. 水泥石中的 Ca（OH）$_2$ 与含碱高的骨料反应，形成碱—骨料的反应。（　　）
22. 由于矿渣水泥比硅酸盐水泥抗软水侵蚀性能差，所以在我国北方气候严寒地区，修建水利工程一般不用矿渣水泥。　　　　　　　　　　　　　　　　（　　）

（三）填空题

1. 活性混合材料的主要化学成分是_____，这些活性成分能与水泥水化生成的_____起反应，生成_____。
2. 硅酸盐水泥熟料中水化速度最快的矿物是_____，含量最高的矿物是_____。
3. 常用的活性混合材料包括_____、_____和_____三种。
4. 国家标准规定：Ⅰ型硅酸盐水泥中的烧失量不得大于_____；Ⅱ型不得大于_____。
5. 引起硅酸盐水泥腐蚀的基本内因是水泥石中存在_____和_____以及_____。
6. 硅酸盐水泥中的主要化学成分有_____、_____、_____和_____四种。
7. 高铝水泥水化需水量可达水泥重量的_____，因此硬化后其密实度_____。
8. 硅酸盐水泥熟料中的主要矿物有_____、_____、_____和_____四种。
9. 硅酸盐水泥水化产物有_____和_____体，一般认为它们对水泥石强度及其主要性质起支配作用。
10. 引起硅酸盐水泥体积安定性不良的原因是_____、_____及_____，相应地可以分别采用_____法、_____法及_____法对它们进行检验。
11. 六大常用硅酸盐水泥中只有_____的 SO_3 含量为不大于 4%，其余为不大于 3.5%。
12. 高铝水泥最适宜的硬化温度为_____左右，一般施工时环境温度不得超过____。
13. 白色水泥中应严格控_____的含量。其白度分为_____、_____、_____、_____。

14. 抗硫酸盐腐蚀、干缩性小、抗裂性较好的混凝土宜选用_____水泥。紧急军事工程宜选用_____水泥。大体积混凝土施工宜选用_____水泥。

15. 袋装水泥储存3个月后，强度约降低_____；6个月后，约降低_____。

（四）单项选择题

1. 高铝水泥使用时，（ ）与硅酸盐水泥或石灰混杂使用。
①严禁　　　　②适宜　　　　③可以　　　　④不可以

2. 硅酸盐水泥熟料中对强度贡献最大的是（ ）
①C_3A　　　②C_3S　　　③C_4AF　　　④石膏

3. （ ）水泥中的三氧化硫的含量不得超过4%。
①普通硅酸盐水泥　　　　②矿渣硅酸盐水泥
③火山灰质硅酸盐水泥　　④粉煤灰硅酸盐水泥

4. 用蒸汽养护加速混凝土硬化，宜选用（ ）水泥。
①硅酸盐　　　②高铝　　　③矿渣　　　④低热

5. 沸煮法检验硅酸盐水泥的安定性时，主要检验的是（ ）对安定性的影响。
①游离氧化钙　　　　②氧化镁
③游离氧化钙和氧化镁　　④石膏

6. 硅酸盐水泥熟料中含量最大的矿物是（ ）
①C_3A　　　②C_3S　　　③C_4AF　　　④C_2S

7. 活性混合材料中主要参与水化反应的活性物质是活性（ ）
①SiO_2　　②Al_2O_3　　③Fe_2O_3　　④SiO_2和Al_2O_3

8. 快硬硅酸盐水泥的组成特点是：（ ）含量高、石膏掺量较多。
①C_3A　　②C_3S　　③C_4AF　　④C_3A和C_3S

9. 火山灰水泥（ ）用于受硫酸盐介质侵蚀的工程。
①可以　　②部分可以　　③不可以　　④适宜

10. 高铝水泥最适宜使用的温度为（ ）
①80℃　　②30℃　　③＞25℃　　④15℃左右

11. 硅酸盐水泥熟料中对后期强度贡献最大的矿物是（ ）。
①C_3A　　　②C_3S　　　③C_4AF　　　④C_2S

12. 快硬硅酸盐水泥是以（ ）d的抗压强度表示强度等级的。
①1　　　　②3　　　　③7　　　　④28

13. 粉煤灰硅酸盐水泥是由硅酸盐水泥熟料、（ ）粉煤灰、适量石膏共同磨细制得的。
①20%～50%　②20%～40%　③20%～70%　④16%～50%

14. 为了便于识别，火山灰水泥、粉煤灰水泥和复合水泥包装袋上要求用（ ）字印刷。
①红　　　　②绿　　　　③黑　　　　④蓝

15. 为了调节硅酸盐水泥的凝结时间，常掺入适量的（ ）
①石灰　　　②石膏　　　③粉煤灰　　　④MgO

16. 水泥强度是指（ ）。

①胶砂强度　　　②净水砂浆强度　　　③混凝土试块强度　　　④净浆强度

17. 凡由硅酸盐水泥熟料、6%~15%混合材料、适量石膏磨细制成的水硬性胶凝材料称为（　　）。

①硅酸盐水泥　　　　　　　②普通硅酸盐水泥

③矿渣硅酸盐水泥　　　　　④粉煤灰硅酸盐水泥

18. 关于水泥凝结时间的描述，正确的是（　　）。

①硅酸盐水泥的终凝时间不得迟于 6.5h

②终凝时间自达到初凝时间算起

③超过初凝时间，水泥浆完全失去塑性

④普通水泥的终凝时间不得迟于 6.5h

（五）多项选择题（选出二至五个正确答案）

1. 硅酸盐水泥不适用于（　　）工程。

①早期强度要求高的混凝土　　②大体积混凝土

③与海水接触的混凝土　　　　④抗硫酸盐的混凝土

2. 水泥熟料中掺入非活性混合材料的意义是（　　）。

①提高强度　　　　②降低成本　　　　③提高耐热性

④减少水化热　　　⑤增加混凝土和易性

3. 生产硅酸盐水泥的主要原料有（　　）。

①白云石　　　　　②黏土　　　　　　③铁矿粉

④矾土　　　　　　⑤石灰石

4. 掺活性混合材料的硅酸盐水泥的共性是（　　）。

①早期强度低，后期强度增长快　　　　②适合蒸汽养护

③水化热小　　　　④耐腐蚀性较好　　⑤密度较小

5. 硅酸盐水泥腐蚀的基本原因是（　　）。

①含过多的游离 CaO　②水泥石中存在 $Ca(OH)_2$　③掺石膏过多

④水泥石本身不密实　⑤水泥石中存在水化铝酸钙

6. 高铝水泥主要适于（　　）工程中。

①紧急抢修　　　　②抗硫酸盐腐蚀　　③大体积

④高温环境　　　　⑤高湿环境

7. 目前常用的膨胀水泥有（　　）。

①硅酸盐膨胀水泥　　②低热微膨胀水泥　　③硫铝酸盐膨胀水泥

④自应力水泥　　　　⑤中热膨胀水泥

8. 快硬硅酸盐水泥主要适于（　　）工程中。

①紧急抢修　　　　②低温施工　　　　③大体积

④高等级混凝土　　⑤高湿环境

9. 高铝水泥使用时应注意的问题有（　　）。

①施工环境温度不得超过 15℃　　②施工环境温度不得超过 25℃

③严禁与石灰混用　　　　　　　　④使用时应以最低稳定强度为设计依据

⑤严禁与硅酸盐水泥混用

10. 矿渣水泥适用于（　　）的混凝土工程。
①抗渗性要求较高　　②早期强度要求较高　　③大体积
④耐热　　⑤软水侵蚀

11. 防止水泥石腐蚀的措施有（　　）。
①合理选用水泥品种　　②提高密实度　　③提高 C_3S 含量
④提高 C_3A 含量　　⑤表面加做保护层

12. 影响硅酸盐水泥强度的主要因素包括（　　）。
①熟料组成　　②水泥细度　　③储存时间
④养护条件　　⑤龄期

13. 下列水泥中不宜用于大体积混凝土工程、化学侵蚀及海水侵蚀工程的有（　　）。
①硅酸盐水泥　　②普通硅酸盐水泥　　③矿渣水泥
④火山灰水泥　　⑤粉煤灰水泥

14. 水泥的质量标准有（　　）。
①细度　　②含泥量　　③胶结程度
④体积安定性　　⑤强度

15. 矿渣硅酸盐水泥与硅酸盐水泥相比，其特性有（　　）。
①早期强度低，后期强度增长较快　　②水化热低
③抗冻性好　　④抗腐蚀能力强　　⑤早期强度高

（六）问答题

1. 影响硅酸盐水泥凝结硬化的因素有哪些？
2. 在下列不同条件下，宜选择什么品种的水泥？
①水下部位混凝土工程；②大体积混凝土工程。
3. 何谓水泥的体积安定性？不良的原因是什么？如何测定？
4. 白色硅酸盐水泥对原料和工艺有什么要求？
5. 水泥强度检验为什么要用标准砂和规定的水灰比？试件为何要在标准条件下养护？
6. 什么是硅酸盐水泥的镁盐腐蚀？
7. 硅酸盐水泥中的 $Ca(OH)_2$ 对抗硫酸盐侵蚀有何利弊？为什么？
8. 试述硅酸盐水泥的性能和使用范围。
9. 试述石膏在水泥水化硬化过程中的缓凝机理？
10. 矿渣水泥、火山灰水泥、粉煤灰水泥使用性能上有何不同特点？使用范围又有何区别？
11. 为什么矿渣水泥早期强度低，水化热小？
12. 腐蚀水泥石的介质有哪些？水泥石受腐蚀基本原因是什么？如何防止？
13. 硅酸盐水泥检验中，哪些性能不符合要求时该水泥属于不合格品及废品？怎样处理不合格品和废品？
14. 叙述硅酸盐水泥的凝结硬化原理？
15. 膨胀水泥的膨胀过程与水泥体积安定性不良所形成的体积膨胀有何不同？
16. 简述高铝水泥的水化过程及后期强度下降的原因。
17. 试述硅酸盐水泥的标准稠度用水量、凝结时间的物理意义。

（七）计算题

1. 进场 32.5 级普通硅酸盐水泥，送实验室检验，28d 强度结果如下：

抗压破坏荷载：54.0kN，53.5kN，56.0kN，52.0kN，55.0kN，54.0kN，

抗折破坏荷载：2.83kN，2.81kN，2.82kN。

问该水泥 28d 试验结果是否达到原等级强度？该水泥存放期已超过三个月，可否凭上述试验结果判定该水泥仍按原强度等级使用？

2. 某硅酸盐水泥各龄期的抗折强度及抗压破坏荷载测定值如下表数值，试评定其强度等级。

龄　　期	抗折强度（MPa）	抗压破坏荷载（kN）
3d	4.05，4.20，4.10	41.0，42.5，46.0，45.5，43.0，43.6
28d	7.00，7.50，8.50	112，115，114，113，108，119

第3篇 结 构 材 料

目前，在建筑工程中常用的结构材料包括：混凝土、金属材料、墙体材料和建筑砂浆。

混凝土，广义上泛指将一种具有胶结性质的材料和石、砂以及细粉颗粒等物料加水（或不加水）混合并成型后，经凝结、硬化而粘结成为整体的一系列建筑材料。混凝土是当今世界上用量最大的建筑材料。

金属材料在建筑工程中得到广泛应用，是因为它具有高的抗拉强度，易于加工成板材、型材和线材，可焊接和铆接等优异性能。普通金属，尤其是钢铁的最大缺点，是易锈蚀、维护费用高、耐久性差、生产能耗大。

墙体材料，主要包括砌墙砖、建筑砌块和墙用板材。

建筑砂浆，主要包括砌筑砂浆和抹面砂浆。

4 混 凝 土

混凝土是由胶凝材料将骨料（也有称集料）胶结而成的固体复合材料。根据所用材料的不同分为水泥混凝土、硅酸盐混凝土、石膏混凝土、水玻璃混凝土、沥青混凝土、树脂混凝土等。在建筑工程中用量最大的属水泥混凝土。

水泥混凝土又按其绝干表观密度的大小，分为重混凝土（$\rho_0 > 2600 kg/m^3$）、普通混凝土（$\rho_0 = 2000 \sim 2500 kg/m^3$）和轻混凝土（$\rho_0 < 1950 kg/m^3$），其中用量最大的为普通混凝土，简称为"混凝土"。

4.1 学 习 指 导

本章以普通混凝土为主。有关普通混凝土的基本理论、基本原则在其他混凝土中仍基本适用。

4.1.1 普通混凝土组成材料

普通混凝土的基本组成是水泥、粗骨料（又称石子）、细骨料（又称砂子）和水。混合后的四种材料，在凝结前称为混凝土拌合物，又称新拌混凝土。混凝土在凝结前，混凝土拌合物中的水泥浆起到了粘结和润滑作用使混凝土拌合物具有一定的和易性。在硬化后，水泥石则起到了胶结作用，将粗、细骨料胶结为一整体，成为固体复合材料。粗、细骨料在混凝土中起到了骨架作用，可提高混凝土的抗压强度和耐久性，并可减少混凝土的变形和降低造价。

工程中对混凝土的基本要求有：①满足施工所需的和易性；②满足设计要求的强度；③满足与环境相适应的耐久性；④变形值应较小以满足抗裂性等性能的要求；⑤经济上应合理，即水泥用量应少。

要满足上述基本要求，就必须合理地选择原材料并控制原材料的质量。此外，还必须合理地设计混凝土的配合比，并正确、合理地施工以及进行严格的质量管理和控制。

4.1.1.1 水泥

水泥的品种应根据工程特点和混凝土所处环境来进行选择，即根据混凝土的强度或早期强度的要求以及耐久性等来选择。

水泥的强度等级应与混凝土的强度等级相适应。

4.1.1.2 粗、细骨料

（1）粗、细骨料中的杂质　黏土等粉状物（淤泥、砂粉、石粉）会降低混凝土拌合物的流动性，或增加用水量；同时，由于它们对骨料的包覆，可大大降低骨料与水泥石间的界面粘结强度，特别是石子与水泥的界面粘结强度，从而使混凝土的强度和耐久性降低，变形增大。

泥块，即块状的黏土或淤泥等（对于细骨料指粒径大于 1.18mm，经水浸洗、手捏后

小于 $60\mu m$ 的颗粒；对于粗骨料指粒径大于 4.75mm，经水浸洗、手捏后小于 2.36mm 的颗粒），其对混凝土性质的影响与黏土相同，但影响程度更大，因其颗粒不易散开，给混凝土带来的缺陷大于粉状的黏土。

氯盐对钢筋有腐蚀作用。硫酸盐、硫化物、有机质对水泥石具有腐蚀作用。

云母、轻物质、有机物等本身强度低，并增加混凝土的用水量，对混凝土的和易性、强度、耐久性、变形等均不利。

粗骨料和细骨料中含有的活性氧化硅易和水泥或混凝土中的碱（Na_2O、K_2O）起反应，即碱骨料反应。该反应生成吸水膨胀的凝胶，使混凝土产生开裂。

粗骨料中所含杂质对混凝土性质的影响大于细骨料中所含杂质。

在配制混凝土时，应限制各杂质的含量，特别是在配制高强度混凝土和高耐久性混凝土时，应严格限制粗、细骨料中的泥块含量、含泥量、云母和轻物质等的含量。

(2) 粗、细骨料的粗细与级配

1) 粗、细骨料的粗细程度　细骨料的粗细程度用细度模数 M_x 来表示，由标准筛（筛孔尺寸为 4.75、2.36、1.18、0.60、0.30、0.15mm 的筛）的各筛上的累计筛余百分率按下式计算，得出细度模数值后进行评定。细度模数按下式计算：

$$M_x = \frac{A_2 + A_3 + A_4 + A_5 + A_6 - 5A_1}{100 - A_1} \tag{4-1}$$

粗骨料的粗细用最大粒径来表示，即骨料公称粒级的上限来表示。

粗、细骨料越粗大，则粗、细骨料的比表面积越小，所需用水量和水泥浆的数量越少。若保持用水量不变，混凝土拌合料的流动性会提高；若保持流动性和水泥用量不变，可以减少拌合用水量，从而使硬化后混凝土的强度和耐久性提高，变形值降低。若强度不变，可降低水泥用量，减少水化热和变形值。特别是粗骨料的粒径对性质影响更大。砂过粗时，会引起混凝土拌合物离析、分层。砂过细，则又会增加水泥用量或降低混凝土的强度，同时对混凝土拌合物的流动性也不利。故宜优先采用中砂（$M_x = 2.3 \sim 3.0$）和粗砂（$M_x = 3.1 \sim 3.7$），前者适合配制各种流动性的混凝土，特别适合流动性大的混凝土（如流态混凝土、泵送混凝土等），后者则更宜配制低流动性的混凝土或富混凝土（水泥用量多的混凝土）。配制中等以下强度的混凝土时，应尽量选择最大粒径较大的粗骨料。但最大粒径应满足小于结构截面最小尺寸的 1/4，且不大于钢筋间最小净距的 3/4。对混凝土实心板，粗骨料的最大粒径不宜超过板厚的 1/2，且不得超过 50mm。但配制高强度混凝土时，则必须采用最大粒径小的粗骨料，一般不宜超过 16mm 或 20mm。

2) 粗、细骨料的级配　级配表示大小颗粒的搭配程度。级配好，即搭配好，亦即大小颗粒间的空隙率小。因此，级配好的骨料可降低水泥用量和用水量，有利于改善混凝土拌合物的和易性、提高混凝土的强度、耐久性、减小混凝土的变形。粗骨料级配对性质的影响大于细骨料级配的影响。

细骨料的颗粒级配用级配区来表示，见表 4-1。

粗骨料的颗粒级配根据标准筛（筛孔尺寸为 2.36、4.75、9.50、16.0、19.0、26.5、31.5、37.5、53.0、63.0、75.0、90mm 的筛）上的累计筛余百分率划分有连续级配（粒径由大至小为连续变化，各粒径均含有相当的数量）、单粒级（仅以一个粒径为主），见表 4-2。

砂颗粒级配区 (GB/T 14684—2001)　　　　表 4-1

累计筛余% 级配区 筛孔尺寸（mm）	Ⅰ区	Ⅱ区	Ⅲ区
9.50	0	0	0
4.75	10～0	10～0	10～0
2.36	35～5	25～0	15～0
1.18	65～35	50～10	25～0
0.6	85～71	70～41	40～16
0.3	95～80	92～70	85～55
0.15	100～90	100～90	100～90

碎石和卵石的颗粒级配范围 (GB/T 14685—2001)　　　　表 4-2

级配情况	公称粒级(mm)	累计筛余 按质量计（%） 筛孔尺寸（圆孔筛）(mm)										
		2.36	4.75	9.50	16.0	19.0	26.5	31.5	37.5	53.0	63.0	75.0	90
连续粒级	5～10	95～100	80～100	0～15	0	—	—	—	—	—	—	—	—
	5～16	95～100	85～100	30～60	0～10	0	—	—	—	—	—	—	—
	5～20	95～100	90～100	40～80	—	0～10	0	—	—	—	—	—	—
	5～25	95～100	90～100	—	30～70	—	0～5	0	—	—	—	—	—
	5～31.5	95～100	90～100	70～90	—	15～45	—	0～5	0	—	—	—	—
	5～40	—	95～100	70～90	—	30～65	—	—	0～5	0	—	—	—
单粒级	10～20	—	95～100	85～100	—	0～15	0	—	—	—	—	—	—
	16～31.5	—	95～100	—	85～100	—	—	0～10	0	—	—	—	—
	20～40	—	—	95～100	—	80～100	—	—	0～10	0	—	—	—
	31.5～63	—	—	—	95～100	—	—	75～100	45～75	—	0～10	0	—
	40～80	—	—	—	—	95～100	—	—	70～100	—	30～60	0～10	0

连续级配适合配制各种流动性的混凝土。单粒级则一般不宜单独使用，因混凝土拌合物易产生离析，影响强度等性质，且使水泥用量增大，但单粒级可用于大孔混凝土。单粒级主要用于配制具有要求级配的连续级配或间断级配。间断级配虽空隙率最小、对节约水泥用量非常有效，但易使混凝土拌合物产生离析，影响混凝土质量，故仅适合于低流动性混凝土或富混凝土，但不适合现场使用，而宜在预制厂使用。

级配不合格的骨料应进行调整，即以两种或两种以上的骨料按适当比例混合，使级配合格。

(3) 粗、细骨料的粒形与表面状况　根据骨料的表面状况，将粗骨料分为碎石和卵石，细骨料分为破碎砂、山砂与河砂、海砂。

(4) 粗骨料的强度　粗骨料应具有足够的强度，以保证混凝土的强度和较小的水泥用量。

(5) 粗、细骨料的坚固性　粗、细骨料在气候、环境变化或其他物理因素作用下抵抗破裂的能力称为坚固性。有腐蚀介质作用或经常处于水位变化区的地下结构或有抗疲劳、耐磨、抗冲击、抗冻等要求的混凝土中使用的粗、细骨料的坚固性应符合规范的规定。

4.1.1.3 水

拌合及养护混凝土用水，不得含有影响混凝土的和易性及凝结、有损于强度发展、降低混凝土耐久性、加快钢筋腐蚀及导致预应力钢筋脆断、污染混凝土表面等的酸类、盐类或其他物质。有害物质（主要指硫酸盐、硫化物、氯化物、不溶物、可溶物等）的含量及pH值需满足《混凝土用水标准》(JGJ 63—2006要求)。

4.1.1.4 外加剂

在混凝土中掺入适量的外加剂，可明显地改善混凝土的某些性能。因此外加剂在工程中深受欢迎，常被称为混凝土的第五组分。选用时，应根据混凝土的性能要求、施工工艺及气候条件，结合混凝土原材料性能、配合比以及对水泥的适应性等因素，通过试验确定其品种和掺量。

4.1.1.5 掺合料

在混凝土拌合物制备时，为了节约水泥、改善混凝土性能、调节混凝土强度等级，而加入的天然或人造的矿物材料，统称为混凝土掺合料。用于混凝土中的掺合料，常见的有磨细的粉煤灰、硅灰、粒化高炉矿渣以及火山灰质（如硅藻土、黏土、页岩、火山凝灰岩）等掺合料。

4.1.2 混凝土拌合物的和易性

4.1.2.1 和易性

（1）和易性的定义　和易性也称工作性，是指混凝土拌合物易于施工，并能获得均匀密实结构的性能。主要包括有以下三个方面的含义：

1）流动性指混凝土拌合物在自身重力或机械振动的作用下易于产生流动、易于输送和易于充满混凝土模板的性质。一定的流动性保证了混凝土构件或结构的形状与尺寸以及构件或结构的密实性。对强度有较大的影响。

2）黏聚性　混凝土拌合物在施工过程中保持其整体均匀一致的能力。黏聚性好可保证混凝土拌合物在输送、浇筑、成型等过程中，不发生分层、离析，即保证硬化后混凝土内部结构均匀。此项性质对混凝土的强度和耐久性有较大的影响。

3）保水性　混凝土拌合物在施工过程中保持水分的能力。保水性好可保证混凝土拌合物在输送、成型及凝结过程中，不发生大的或严重的泌水，使水在粗骨料和钢筋下部聚积所造成的界面粘结缺陷。保水性对混凝土的强度和耐久性有较大的影响。

（2）和易性的测定与表示　目前，仅能测定混凝土拌合物在自重力作用下的流动性，而黏聚性和保水性则凭经验观察和评定。混凝土拌合物的流动性常用坍落度法、维勃稠度法来测定。

（3）流动性指标的选择　流动性大的混凝土拌合物，虽施工容易，但水泥浆用量多，不利于节约水泥，且易产生离析和泌水现象，对硬化后混凝土的性质也不利，流动性小的混凝土拌合物，施工较困难，但水泥浆用量少有利于节约水泥，且对硬化后混凝土的性质较为有利。因此在不影响施工操作和保证密实成型的前提下，应尽量选择较小的流动性。对于混凝土结构断面较大、配筋较疏且采用机械振捣的，选择的流动性要小。

4.1.2.2 影响和易性的因素

(1) 水泥浆的数量　水泥浆用量多则流动性好。但水泥浆过多会造成流浆、泌水、分层和离析，即黏聚性和保水性变差，使混凝土的强度和耐久性降低，而使变形增加。

(2) 水泥浆的稠度　水泥浆的稠度取决于水灰比。水灰比过小，水泥浆稠度过大，则流动性过小，使得难以成型或不能密实成型。水灰比大则水泥浆较稀，流动性大，但黏聚性和保水性较差。

水泥浆的数量和稠度取决于用水量和水灰比。实际上用水量是影响混凝土流动性最大的因素。并且当用水量一定时，水泥用量适当变化（增减 50~100kg/m³）时，基本上不影响混凝土拌合物的流动性，即流动性基本上保持不变。这种关系称为固定用水量法则。由此可知，在用水量相同的情况下，采用不同的水灰比可配制出流动性相同而强度不同的混凝土。该法则在配合比的调整中会经常用到。用水量可根据骨料的品种与规格及要求的流动性，参考表 4-3、表 4-4 选取。

干硬性混凝土的用水量（kg/m³）　　　　表 4-3

拌合物稠度		卵石最大粒径 (mm)			碎石最大粒径 (mm)		
项　目	指　标	10	20	40	16	20	40
维勃稠度 (s)	16~20	175	160	145	180	170	155
	11~15	180	165	150	185	175	160
	5~10	185	170	155	190	180	165

塑性混凝土的用水量（kg/m³）　　　　表 4-4

拌合物稠度		卵石最大粒径 (mm)				碎石最大粒径 (mm)			
项　目	指　标	10	20	31.5	40	16	20	31.5	40
坍落度 (mm)	10~30	190	170	160	150	200	185	175	165
	35~50	200	180	170	160	210	195	185	175
	55~70	210	190	180	170	220	205	195	185
	75~90	215	195	185	175	230	215	205	195

注：1. 本表用水量系采用中砂时的平均取值。采用细砂时，每立方米混凝土用水量可增加 5~10kg；采用粗砂，则可减少 5~10kg。
　　2. 掺用各种外加剂或掺合料时，用水量应相应调整。
　　3. 本表不适用于水灰比小于 0.4 或大于 0.8 的混凝土。

(3) 砂率　砂用量与砂、石总用量的质量百分率称为砂率。砂率过大则骨料的比表面积和空隙率大，在水泥浆数量一定时，相对减薄了起到润滑骨料作用的水泥浆层厚度，使流动性减小。砂率过小，骨料的空隙率大，混凝土拌合物中砂浆数量不足，造成流动性变差，特别是黏聚性和保水性很差，即易崩坍、离析，此外对混凝土的其他性能也不利。合理的砂率应是砂子体积填满石子的空隙后略有富余，此时可获得最大的流动性和良好的黏聚性和保水性，或在流动性一定的情况下可获得最小的水泥用量。

合理砂率可通过骨料的品种（碎石、卵石）和规格（最大粒径、细度模数）以及水灰比参照表 4-5 确定。工程量较大时，应通过试验确定，以节约水泥用量和提高流动性。

(4) 原材料的品种、规格、质量　采用卵石、河砂时，混凝土拌合物的流动性优于碎石、破碎砂、山砂拌合的混凝土。

混凝土的砂率（%）　　　　　　　　　表 4-5

水灰比 （W/C）	卵石最大粒径（mm）			碎石最大粒径（mm）		
	10	20	40	16	20	40
0.40	26～32	25～31	24～30	30～35	29～34	27～32
0.50	30～35	29～34	28～33	33～38	32～37	30～35
0.60	33～38	32～37	31～36	36～41	35～40	33～38
0.70	36～41	35～40	34～39	39～44	38～43	36～41

注：1. 本表数值系中砂的选用砂率，对细砂或粗砂，可相应地减少或增大砂率；
　　2. 只用一个单粒级粗骨料配制混凝土时，砂率应适当增大；
　　3. 对薄壁构件，砂率取偏大值；
　　4. 本表中的砂率系指砂与骨料总量的重量比。

水泥品种对流动性也有一定的影响，但相对较小。水泥品种对保水性的影响较大，如矿渣水泥的泌水性大。

(5) 外加剂与混合材料　当掺用减水剂、引气剂时，可提高混凝土拌合物的流动性，改善黏聚性和保水性。

当掺加粉煤灰等混合材料时，可改善混凝土拌合物的和易性。

4.1.2.3　改善和易性的措施

调整混凝土拌合物时，一般先调整黏聚性和保水性，然后调整流动性。调整流动性时，需保证黏聚性和保水性不受大的损害，且不得影响混凝土的强度和耐久性。

(1) 改善流动性的措施

1) 尽可能选用粗大的砂、石；
2) 采用黏土杂质少，且级配好的砂、石；
3) 尽量降低砂率；
4) 在上述基础上，保持水灰比不变，适当增加水泥和水的用量；
5) 掺加减水剂。

(2) 改善黏聚性和保水性的措施

1) 改善砂、石的级配，并选用连续级配；
2) 限制石子的最大粒径，并选用中砂；
3) 适当增加砂率；
4) 掺加减水剂或引气剂，或掺加适量的活性混合材料。

4.1.3　混凝土的强度

4.1.3.1　混凝土抗压强度

(1) 混凝土抗压强度　以边长为 150mm 的立方体试件在标准养护条件下，养护至 28d 龄期，测得的抗压强度值称为混凝土标准立方体试件抗压强度，简称为立方体抗压强度或抗压强度。采用边长为 100mm、200mm 的非标准立方体试件时，需折算为标准立方体试件抗压强度，折算系数分别为 0.95、1.05。

在非标准养护条件下，如蒸汽养护、自然养护条件下测得的抗压强度，称为蒸养抗压强度、自然养护抗压强度。

(2) 混凝土强度等级 混凝土强度等级按立方体抗压强度标准值划分,并用符号 C 与立方体抗压强度标准值(MPa)来表示。划分为 C7.5、C10、C15、C20、C25、C30、C35、C40、C45、C50、C55、C60、C65、C70、C75、C80 共十六个等级。

4.1.3.2 混凝土的其他强度

混凝土的轴心抗压强度,又称棱柱体抗压强度,采用 150mm×150mm×300mm 的试件测得。轴心抗压强度与抗压强度的比值为 0.7~0.8。

混凝土的轴心抗拉强度为抗压强度的 1/10 ~ 1/20。常采用劈拉试验来测定,测得值称为劈拉强度。抗拉强度与劈拉强度的比值为 0.8。

4.1.3.3 影响混凝土强度的因素

(1) 决定混凝土强度的因素 对于普通混凝土,由于砂、石的强度较高,故普通混凝土的强度主要取决于水泥石及其砂、石骨料的界面粘结强度,即有:

$$f_{混凝土}\begin{cases} f_{水泥石} \\ f_{界面粘结}\begin{cases} f_{水泥石} \\ 骨料的质量(级配、杂质多少等)、粒径大小、表面状况 \end{cases} \end{cases}$$

当骨料的品种和品质一定、工艺控制固定时,普通混凝土的强度主要决定于水泥石的强度,而水泥石的强度主要与水灰比及水泥强度等级有关,水泥强度等级高,水泥石强度高,则混凝土强度高。在能保证密实成型的前提下,水灰比越小,水泥石强度越高,混凝土强度越高,并且有如下关系:

$$f_{28} = A \cdot f_c \left(\frac{C}{W} - B\right) = A \cdot K_c \cdot f_c^b \left(\frac{C}{W} - B\right) \tag{4-2}$$

该强度公式又称保罗米公式。该式不适合干硬性混凝土。

(2) 影响混凝土强度的因素

1) 骨料的品种与质量

2) 温度、湿度 温度、湿度影响水泥的水化及硬化,因而影响混凝土的强度。温度、湿度适宜则混凝土强度发展正常。温度对混凝土强度发展的影响参见图 3-3 和图 3-4。湿度对混凝土强度发展的影响见图 4-1。

应特别注意加强混凝土的早期养护,尤其要注意保持大湿度和防止受冻。

3) 养护时间 养护时间越长,即龄期越长,水泥水化越彻底,混凝土强度越高。但早期强度发展快,28d 以后强度发展缓慢。并有下述近似关系:

$$f_n = f_{28} \cdot \frac{\lg n}{\lg 28} \tag{4-3}$$

(3) 施工方法及施工质量与控制

4.1.3.4 提高混凝土强度的措施

通过上述对影响因素的分析,可得出提高强度的措施有:

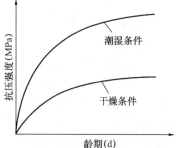

图 4-1 混凝土强度与湿度的关系

(1) 采用强度等级较高的水泥。并根据工程性质和施工要求选择适宜的水泥品种(如早强硅酸盐水泥)。

(2) 采用较小的水灰比。

(3) 采用粒径较大，质量较好（级配好、杂质少、针、片状含量少、高强度）的砂、石。但高强度混凝土宜采用粒径较小的碎石。

(4) 加强养护。可根据水泥品种对高温养护的适应性和对混凝土早期强度的不同要求，采用常温下的自然养护、蒸汽养护（<100℃）等。

(5) 采用机械搅拌、机械振捣成型。机械施工可进一步降低水灰比，同时能保证混凝土密实成型。在小水灰比情况下，效果显著。

(6) 掺加减水剂或早强剂可提高混凝土的强度或提高混凝土的早期强度。

此外，还可采取掺加细度大且活性高的混合材料（如硅灰、粉煤灰、磨细矿渣粉等）或掺加树脂，并严格控制混凝土的施工工艺等措施。

4.1.4 混凝土的变形性质

混凝土在硬化和使用过程中，受各种因素的影响而产生变形。主要包括：硬化过程中的化学收缩、干湿变形、温度变形以及荷载作用下的变形。

4.1.4.1 化学收缩

混凝土在硬化过程中，由于水泥水化生成的产物其平均密度比反应前物质的平均密度大些，因而使混凝土产生收缩，称化学收缩。其特点是收缩量随混凝土龄期的延长而增加，在40d左右趋于稳定。

4.1.4.2 干湿变形

水泥石内吸附水的蒸发引起凝胶体紧缩，而且毛细孔隙内自由水的蒸发造成毛细孔负压，这两个原因导致混凝土在干燥时收缩，当混凝吸湿时，由于毛细孔负压减小或消失而发生膨胀。

混凝土干缩值的大小主要取决于水泥石及水泥石所含毛细孔的多少。因此干缩主要与水灰比、水泥用量或砂、石用量、骨料的质量（杂质多少、级配好坏等）和规格（大小或粗细）、养护温度和湿度，特别是养护初期的湿度等有关。此外和水泥品种及强度等级（或细度）也有一定的关系。

干缩的主要危害是引起混凝土表面开裂，使混凝土的耐久性受损，并使钢筋易产生锈蚀。

4.1.4.3 温度变形

温度变形包括有两个方面。一方面是混凝土在正常使用情况下的温度变形，另一方面是混凝土在成型和凝结硬化阶段由于水化热引起的温度变形。

4.1.4.4 荷载作用下的变形

(1) 弹塑性变形与弹性模量　混凝土在受力后既产生弹性变形，也产生塑性变形，即应力与应变为曲线关系，而非直线关系，但在应力较小时近似为直线关系。

混凝土的弹性模量与其强度有关，混凝土强度越高、水灰比越小、水泥用量越少、骨料质量越好，骨料弹性模量越大、养护和测定时湿度越大、含气量越小时，则弹性模量越高。

(2) 徐变　混凝土在长期恒定荷载作用下，沿受力方向随时间而增加的塑性变形称为徐变。约2~3年后，徐变才趋于稳定。产生徐变的原因是凝胶体吸附水在荷载作用下向毛细孔迁移以及凝胶体的黏性流动，并向毛细孔移动。

4.1.5 混凝土的耐久性

4.1.5.1 耐久性

(1) 抗渗性　抗渗性主要与混凝土的孔隙率,特别是开口孔隙率以及成型时的蜂窝、孔洞等有关。

混凝土的抗渗性用抗渗等级来表示,即所能抵抗的最大水压力。如 P4、P6、P8、P10、P12 五个等级,表示可抵抗 0.4MPa、0.6MPa、0.8MPa、1.0MPa、1.2MPa 的水压力而不渗漏水。

(2) 抗冻性　抗冻性主要决定于混凝土的孔隙率、开口孔隙率和孔隙的水饱和度。

混凝土的抗冻性常用抗冻等级来表示,即吸水饱和的混凝土试件在强度降低不超过25%,且质量损失不大于5%时所能抵抗的最多冻融循环次数。共划分为 F10、F15、F25、F50、F100、F150、F200、F250、F300 等九个级别,即它们分别可抵抗 10、15、25、50、100、150、200、250、300 次冻融循环。

(3) 抗侵蚀性　主要与所用水泥品种、混凝土的孔隙率特别是开口孔隙率有关。

(4) 混凝土的碳化　混凝土的碳化是指空气中二氧化碳与水泥石中氢氧化钙的作用。反应的产物是碳酸钙和水,碳化过程是二氧化碳由表及里向混凝土内部扩散的过程,在相对湿度为 50%~75% 时碳化速度最快。

(5) 碱骨料反应　碱骨料反应主要和粗、细骨料中活性氧化硅的含量和水泥中的碱含量有关。

4.1.5.2 提高耐久性的措施

尽管引起耐久性下降的破坏介质或因素不同,但却都和混凝土的所用水泥品种和混凝土的孔隙率、开口孔隙率等因素有关,故可采取以下措施来提高混凝土的耐久性:

(1) 合理选择水泥品种或强度等级,适量掺加活性混合材料,以有利于抗冻性、抗渗性、耐磨性、抗碳化性和抗侵蚀性等。

(2) 采用较小的水灰比,限制最大水灰比和最小水泥用量。以保证混凝土的孔隙率较小(见表 4-6)。

混凝土的最大水灰比和最小水泥用量　　表 4-6

环境条件		结 构 物 类 别	最大水灰比			最小水泥用量 (kg)		
			素混凝土	钢筋混凝土	预应力混凝土	素混凝土	钢筋混凝土	预应力混凝土
1. 干燥环境		• 正常的居住或办公用房屋内构件	不作规定	0.65	0.60	200	260	300
2. 潮湿环境	无冻害	• 高湿度的室内构件 • 室外构件 • 在非侵蚀性土和(或)水中的构件	0.70	0.60	0.60	225	280	300
	有冻害	• 经受冻害的室外构件 • 在非侵蚀性土和(或)水中且经受冻害的构件 • 高湿度且经受冻害的室内构件	0.55	0.55	0.55	250	280	300
3. 有冻害和除冰剂的潮湿环境		• 经受冻害和除冰剂作用的室内和室外构件	0.50	0.50	0.50	300	300	300

注:1. 当用活性掺合料取代部分水泥时,表中的最大水灰比及最小水泥用量即为替代前的水灰比和水泥用量。
　　2. 配制 C15 级及其以下等级的混凝土,可不受本表限制。

(3) 采用杂质少、粒径较大、级配好、坚固性好的砂、石。
(4) 掺加减水剂和引气剂。
(5) 加强养护,特别是早期养护。
(6) 采用机械施工,改善施工操作方法。

4.1.6 普通混凝土配合比设计

4.1.6.1 混凝土配合比的表示方法

混凝土配合比常用两种表示方法。一种是以 $1m^3$ 混凝土中各材料的用量(kg)来表示,如水泥 300kg、水 180kg、砂 690kg、石子 1260kg;另一种是以水泥的质量为 1,用各材料间的质量比来表示,如水泥:砂:石 = 1:2.3:4.2,水灰比 = 0.60。

4.1.6.2 混凝土配合比设计的要求

配合比设计时应满足以下基本要求:
(1) 满足施工对和易性的要求;
(2) 满足强度等级要求;
(3) 满足与使用条件相适应的耐久性;
(4) 满足经济上合理,节约水泥。

4.1.6.3 配合比设计步骤

(1) 确定初步配合比

1) 确定配制强度 f_h 实际施工中,混凝土的强度有波动,故为保证混凝土的强度等级,在配制混凝土时,配制强度需高于要求的强度等级。根据《混凝土检验评定标准》GBJ 107—87,混凝土的强度等级保证率为 95%,配制强度 f_h 为:

$$f_h = f_d + 1.645\sigma_0 \tag{4-4}$$

σ_0 可由下式求得(试件组数 n 需大于 30):

$$\sigma_0 = \sqrt{\frac{\sum_{i=1}^{n} f_i^2 - n\bar{f}_n^2}{n-1}} \tag{4-5}$$

如施工单位无统计资料,σ_0 可按表 4-7 选取。

σ_0 (MPa) 取值表 (GB 50204—92)   表 4-7

混凝土强度等级	低于 C20	C20 ~ C35	高于 C35
σ_0	4.0	5.0	6.0

注:在采用本表时,施工单位可根据实际情况,对 σ_0 做调整。

2) 初步确定水灰比 W'_0/C'_0

由

$$f_h = Af\left(\frac{C'_0}{W'_0} - B\right) = AK_c f_c^b \left(\frac{C'_0}{W'_0} - B\right)$$

得

$$\frac{C'_0}{W'_0} = \frac{f_h}{AK_c f_c^b} + B \quad \text{或} \quad \frac{W'_0}{C'_0} = \frac{AK_c f_c^b}{f_h + ABK_c f_c^b} \tag{4-6}$$

为保证混凝土的耐久性,计算出的水灰比需小于表 4-5 中规定的最大水灰比。如计算得到的水灰比大于规定的最大水灰比,则取表 4-5 中规定的最大水灰比值。

施工单位无统计值 A 和 B 时,可按下述数值来使用 (JGJ 55—2000):

对于碎石：$A = 0.46$、$B = 0.07$

对于卵石：$A = 0.48$、$B = 0.33$

3）确定用水量 W_0　可凭经验直接选取，或根据骨料的品种和规格及要求的流动性查表4-3。

4）确定水泥用量 C_0　由已得到的 W_0 和 W_0/C_0 可得

$$C_0 = W_0 \frac{C_0'}{W_0'} \tag{4-7}$$

为保证混凝土的耐久性，计算出的水泥用量需大于表4-5规定的最小水泥用量，当小于最小水泥用量时，应按表中最小水泥用量选取。

5）确定合理砂率 S_p　可通过试验，可直接凭经验选取或根据骨料的品种和规格以及所采用的水灰比 W_0/C_0 查表4-4选取。

6）确定砂、石用量

基于混凝土拌合物中各组成材料的体积（指在水中的体积）与拌合物中所含空气的体积之和等于 $1m^3$，即1000L混凝土以及砂率的含义，确定下述方程组：

$$\begin{cases} \dfrac{C_0}{\rho_c} + \dfrac{W_0}{\rho_w} + \dfrac{S_0}{\rho_s'} + \dfrac{G_0}{\rho_g'} + 10 \cdot a = 1000 & (4\text{-}8) \\ \dfrac{S_0}{S_0 + G_0} \times 100\% = S_P & (4\text{-}9) \end{cases}$$

未掺加引气剂外加剂时，$a = 1$。

解此方程组可得砂、石用量 S_0 和 G_0。

（2）试拌检验、调整和易性与确定基准配合比　初步配合比是根据一些经验公式或表格通过计算求得或是直接选取的，因而不一定符合实际情况，故需检验和调整，并通过实测的混凝土拌合物的体积密度 $\rho_{0h实}$ 进行校核。

试拌时，一般需拌制15L或30L。若黏聚性和保水性不合格，可适当增加用量。和易性合格时，应测定混凝土拌合物的体积密度 $\rho_{0h实}$。假如和易性合格时，各材料的拌合物为水泥 $C_{0拌}$、水 $W_{0拌}$、砂 $S_{0拌}$、石 $G_{0拌}$，则拌合物的总质量为：

$$Q_总 = C_{0总} + W_{0拌} + S_{0拌} + G_{0拌} \tag{4-10}$$

由此可得基准配合比：

$$C_基 = \frac{C_{0拌}}{Q_总} \cdot \rho_{0h实} \tag{4-11}$$

$$W_基 = \frac{W_{0拌}}{Q_总} \cdot \rho_{0h实} \tag{4-12}$$

$$S_基 = \frac{S_{0拌}}{Q_总} \cdot \rho_{0h实} \tag{4-13}$$

$$G_基 = \frac{G_{0拌}}{Q_总} \cdot \rho_{0h实} \tag{4-14}$$

（3）检验强度与实验室配合比的确定　检验强度时应采用不少于三组的配合比，另二组的水灰比分别比基准配合比减小或增加0.05，此时三组配合比的水泥用量不同，其他用量与基准配合比相同，或者可以适当提高砂率，即三组配合比的水灰比、用水量、水泥及砂、石用量为：

$$\text{I} \quad \left(\frac{W_0}{C_0} + 0.05\right), W_{基}, W_{基}\bigg/\left(\frac{W_0}{C_0} + 0.05\right), S_{基}, C_{基}$$

$$\text{II} \quad \frac{W_0}{C_0}, W_{基}, C_{基}, S_{基}, G_{基}$$

$$\text{III} \quad \left(\frac{W_0}{C_0} - 0.05\right), W_{基}, W_{基}\bigg/\left(\frac{W_0}{C_0} - 0.05\right) S_{基}, G_{基}$$

三组配合比分别成型、养护、测定 28d 的抗压强度，假定对应的 28d 抗压强度为 f_{I}、f_{II}、f_{III}。由灰水比和强度可得出图 4-2。

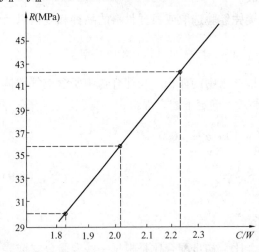

图 4-2 混凝土强度（R）与灰水比（C/W）的关系

由配制强度 f_h 即可在图 4-2 上得到满足配制强度 f_h 的实验室灰水比 C/W。

满足配制强度 f_h 的四种材料的用量为：

水泥为 $W_{基} \cdot \dfrac{C}{W}$，

水为 $W_{基}$，砂为 $S_{基}$，石为 $G_{基}$。

因上述四种材料的体积之和不等于 $1m^3$，故需折算为 $1m^3$。上述混凝土的计算体积密度 $\rho_{0h计}$ 为：

$$\rho_{0h计} = W_{基}\frac{C}{W} + W_{基} + S_{基} + G_{基} \tag{4-15}$$

$$校正系数\ k = \frac{\rho_{0h实}}{\rho_{0h计}} \tag{4-16}$$

由此得混凝土的实验室配合比：

$$C = k \cdot W_{基} \cdot \frac{C}{W} \quad W = k \cdot W_{基}$$

$$s = k \cdot S_{基} \quad G = k \cdot G_{基}$$

对耐久性有特殊要求的需采用上述配合比检验其耐久性。若合格，上述配合比即为实验室配合比；若不合格则需调整至合格，合格后的配合比即为实验室配合比。一般情况下耐久性均能满足。

实验室配合比的水灰比，也可采用计算法求得，即通过解方程组，求得 A、B 系数的平均值，之后利用 A、B 和 f_h 即可计算出 C/W。但计算法繁琐，没有作图法简便。

（4）确定施工配合比　因现场的砂、石含有一定的水量，故在称量时应考虑到。即施工配合比为：

$$C' = C \tag{4-17}$$

$$W' = W - s \cdot a\% - G \cdot b\% \tag{4-18}$$

$$s' = s + s \cdot a\% \tag{4-19}$$

$$G' = G + G \cdot b\% \tag{4-20}$$

4.1.7　混凝土外加剂

混凝土外加剂是指在拌制混凝土过程中，掺入的能显著改善混凝土拌合物或硬化混凝土性能的物质。其掺量一般不大于水泥质量的 5%。通常分为减水剂、早强剂、引气剂、缓凝剂、速凝剂、膨胀剂、防冻剂、阻锈剂、加气剂、防水剂、泵送剂、泡沫剂、保水剂等。

4.1.7.1 减水剂

在混凝土拌合物流动性不变的情况下可显著减小用水量，或在用水量不变的情况下可显著增加混凝土拌合物流动性的物质，称为减水剂。减水剂属于表面活性剂。

（1）表面活性剂　可溶于水并定向排列于界面上，从而显著降低表面张力或界面张力的物质，称为表面活性剂。表面活性剂分子由亲水基团和憎水基团二个部分组成。常用的表面活性剂是溶于水后亲水基团带负电的阴离子型表面活性剂。

（2）减水剂的减水机理　由于减水剂具有表面活性，其定向排列于（或吸附于）水泥颗粒表面，使水泥颗粒表面能降低，且均带有相同电性的电荷，产生静电斥力，使水泥浆中的絮状结构破坏，释放出包裹在絮凝结构中的原来没有起到增大流动性作用的水；同时减水剂的亲水基团又吸附了大量的水分子，增加了水泥颗粒表面水膜的厚度，使润滑作用增强；此外减水剂也增强了湿润能力，因而起到了提高流动性或减水的作用（见图 4-3）。

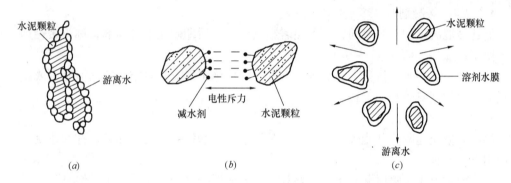

图 4-3　水泥浆的絮凝结构和减水剂作用示意图
（a）水泥浆的絮凝结构；（b）水泥颗粒表面产生静电斥力；（c）水泥浆絮凝结构破坏而释放出游离水

（3）减水剂的技术效果

1）若用水量不变，可使混凝土拌合物的坍落度增大 50～150mm。

2）若混凝土拌合物的坍落度及水泥用量不变，可减水 10%～20%，提高混凝土强度 10%～30%，特别是早期强度。

3）若混凝土拌合物的流动性与混凝土的强度不变，可减水 10%～20%，节约水泥 10%～20%。

4）减少混凝土拌合物的分层、离析、泌水。

5）减缓水化放热速度和减小最高温度。

6）改善混凝土的耐久性。

7）可配制特殊混凝土或高强混凝土。

8）可降低混凝土成本。

（4）常用减水剂

1）木质素磺酸钙（M 剂）　适用于各种预制混凝土、大体积混凝土、泵送混凝土。

2）萘系减水剂　属高效减水剂。可减水 10%～20%，或坍落度提高 100～150mm，或提高强度 20%～30%。因价格较贵，仅用于有特殊要求的混凝土工程。

3）三聚氰胺甲醛树脂磺酸盐类减水剂　属早强非引气型高效减水剂。

4.1.7.2　早强剂

能提高混凝土早期强度的外加剂称为早强剂。以下几种为常用的早强剂：

氯化钙 $CaCl_2$、氯化钠 $NaCl$，具有促凝、早强、防冻等效果。掺量为 0.5%～2%，可使 1d 和 3d 强度分别提高 70%～140%、40%～70%。因氯离子能促进钢筋锈蚀，故不能用于采用冷拉和冷拔钢丝等条件下的混凝土结构。

硫酸钠 Na_2SO_4，又称元明粉。具有缓凝、早强效果。掺量为 0.5%～2%，可使 3d 强度提高 20%～40%。掺量较大时对混凝土有不利影响，如引起水泥石受腐蚀或容易发生碱骨料反应。

三乙醇胺，掺量为 0.02%～0.05%，可提高 3d 强度 20%～40%。

4.1.7.3　引气剂

能在混凝土拌合物中引入一定量的独立微小气泡，并均匀分布在混凝土拌合物中的外加剂。

4.1.7.4　缓凝剂

能延缓混凝土的凝结时间，而不显著影响混凝土后期硬化的外加剂，称为缓凝剂。有时也使用柠檬酸、糖等。

缓凝剂主要用于大体积工程、水工工程、滑模施工、炎热夏季施工的混凝土或搅拌与浇筑成型时间间隔较长的工程。

4.1.7.5　速凝剂

能使混凝土速凝，并能改善混凝土与基底粘结性和稳定性的外加剂，称为速凝剂。通常使用以下两种：

速凝剂主要用于喷射混凝土、堵漏等。对喷射混凝土的抗渗性、抗冻性有利，但不利于耐腐蚀性。

4.1.7.6　膨胀剂

能使混凝土产生补偿收缩的外加剂。常用的品种为 U 型（明矾石型）膨胀剂，掺量 10%～15%。掺量较大时可在钢筋混凝土内产生自应力。掺入后对混凝土力学性能影响不大，可使抗渗性提高达到 P30 以上，并使抗裂性大幅度提高。

4.1.7.7　防冻剂

主要起降低冰点、防冻、增进早期强度的作用。常用的有以下几种：

亚硝酸钠 $NaNO_2$ 和亚硝酸钙 $Ca(NO_2)_2$，具有降低冰点、早强、阻锈等作用。掺量为 1%～8%。

氯化钙 $CaCl_2$、氯化钠 $NaCl$，掺量为 0.5%～1.0%。

4.1.7.8　阻锈剂

主要使用亚硝酸钠 $NaNO_2$，当外加剂中含有氯盐时，常需掺入阻锈剂，以保护钢筋。

4.1.8　轻混凝土

轻混凝土是指表观密度小于 1950kg/m³ 的混凝土。可分为轻骨料混凝土、多孔混凝土和大孔混凝土。

4.1.8.1　轻骨料混凝土

(1) 轻骨料 可分轻粗骨料和轻细骨料。凡粒径大于 5mm，堆积密度小于 1000kg/m³ 的轻质骨料称为轻骨料。

常用的轻骨料有火山渣、浮石、粉煤灰陶粒、页岩陶粒、黏土陶粒、膨胀矿渣珠、膨胀珍珠岩、自燃煤矸石等及其轻砂。

根据堆积密度的大小，将轻粗骨料划分为 300、400、500、600、700、800、900、1000（kg/m³）等 8 个密度等级，将轻细骨料划分为 500、600、700、800、900、1000、1100、1200（kg/m³）等 8 个密度等级。堆积密度越大，筒压强度越高，则轻骨料的强度越高，配制的轻骨料混凝土的强度也越高。

(2) 轻骨料混凝土的特点与应用 轻骨料混凝土的强度等级划分为：LC5、LC7.5、LC10、LC15、LC20、LC25、LC30、LC35、LC40、LC45、LC50、LC55、LC60 等，按绝干表观密度（kg/m³）划分为 800、900、1000、1100、1200、1300、1400、1500、1600、1700、1800、1900 等 12 个等级。轻骨料混凝土的导热系数为 0.20～1.01W/(m·K)。按用途将轻骨料分为三大类（见表 4-8）。

轻骨料混凝土按用途分类　　　　表 4-8

类别名称	混凝土强度等级的合理范围	混凝土密度等级的合理范围	用途
保温轻骨料混凝土	LC5	800	主要用于保温的围护结构或热式构筑物
结构保温轻骨料混凝土	LC5 LC7.5 LC10 LC15	800～1400	主要用于既承重又保温的围护结构
结构轻骨料混凝土	LC15 LC20 LC25 LC30 LC35 LC40 LC45 LC50 LC55 LC60	1400～1900	主要用于承重构件或构筑物

4.1.8.2 加气混凝土

由磨细的硅质材料（石英砂、粉煤灰、矿渣等）、钙质材料（石灰、水泥等）、铝粉和水等经搅拌、浇筑发气、切割和压蒸养护而得的多孔混凝土，属硅酸盐混凝土。

其发气成孔是因为在料浆内产生了下述化学反应：

$$Al + Ca(OH)_2 + H_2O \rightarrow 3CaO \cdot Al_2O_3 \cdot 6H_2O + H_2 \uparrow$$

加气混凝土的表观密度一般为 400～1200kg/m³，抗压强度为 0.5～15MPa。用量最大的为 500kg/m³ 级的，抗压强度为 2.5～3.5MPa，导热系数为 0.12W/(m·K)。产品主要分为砌块和条板（配有钢筋）。

加气混凝土的主要用途有承重或非承重的外墙或内墙、保温屋面等，如高层建筑、框架结构的填充等。

4.1.8.3 泡沫混凝土

是由水泥浆和泡沫拌合硬化而得的多孔混凝土。泡沫由泡沫剂（多采用松香皂泡沫剂）通过机械方式（搅拌或喷吹）而得。所用水泥强度等级不宜小于32.5。常采用蒸汽养护。

常用泡沫混凝土的表观密度为 400～600kg/m³。其他性能和用途基本与加气混凝土相同。

4.1.9 其他混凝土

4.1.9.1 防水混凝土

影响抗渗性的主要是混凝土的开口孔隙率及成型较差带来的蜂窝、孔洞等。配制防水混凝土的原则是减少孔隙率，尤其开口孔隙率，堵塞连通的毛细孔或切断连通的毛细孔。

配制防水混凝土应选择适宜的水泥品种、质量较好的砂和石（级配好，杂质少）、掺加减水剂或引气剂或防水剂、膨胀剂、加强施工管理，保证混凝土成型密实，同时应加强养护，特别是早期养护。

4.1.9.2 耐热混凝土

配制耐热混凝土的原则是采用耐热胶凝材料、耐热的粗、细骨料及粉料。

配制时可采用高铝水泥、水玻璃、磷酸盐等胶结料，由砖、烧结黏土、铝氧熟料、耐火砖碎块、烧结镁砂等获得的粗、细骨料和粉料来配制。有时需加入促硬化剂。

4.1.9.3 耐酸混凝土

配制原则是采用耐酸的胶凝材料和耐酸的粗、细骨料、粉料。

配制时采用水玻璃、氟硅酸钠及由花岗岩、石英岩或石英砂、耐酸陶瓷、安山岩、玄武岩等获得的粗、细骨料和粉料。

4.1.9.4 硅酸盐混凝土

硅酸盐混凝土是由磨细的硅质材料（如石英砂、粉煤灰、矿渣等）、石灰、石膏、水等材料，有时还加入适量骨料，经搅拌、成型，再经蒸汽或蒸压养护而得的人造石材。产品的形式有实心砖、空心砖、砌块、板材等。密实硅酸盐制品的抗压强度为 5.0～20MPa，表观密度为 1400～1800kg/m³。

常用的硅酸盐混凝土有灰砂硅酸盐砖、砌块；粉煤灰硅酸盐砖、粉煤灰砌块等。

纤维水泥制品是由水泥浆和纤维制得的，主要产品为各种波瓦、管道、薄板等。常用的纤维为石棉、耐碱玻璃纤维。

纤维混凝土是在混凝土或水泥制品中掺入纤维而制得的，它们起到抑制水泥制品和混凝土的开裂，提高抗拉和抗弯强度以及冲击韧性等作用。常用的纤维有矿棉、合成纤维、钢纤维、聚丙烯纤维等。主要用于薄弧与压力管道、机场跑道、公路路面、军事工程等。

4.1.9.5 聚合物混凝土

聚合物混凝土分为三种：

（1）聚合物水泥混凝土 是由聚合物乳液、水泥及砂、石组成。

（2）聚合物浸渍混凝土 是用有机单体浸渍混凝土制品，使单体渗入混凝土内，然后利用加热或射线照射使单体聚合。

(3) 树脂混凝土 是由树脂和砂、石骨料硬化而得。

聚合物混凝土的特点是强度高、抗冲击、抗拉强度较高、防水性、耐腐蚀、耐久性均好。但成本高,特别是树脂混凝土。聚合物水泥混凝土常用于无缝地面、路面、机场跑道和防水层以及混凝土结构的修补等。聚合物浸渍混凝土和树脂混凝土则主要用于特殊工程。

4.2 思考题与习题

(一) 名词解释

1. 混凝土
2. 外加剂
3. 细度模数
4. 颗粒级配
5. 和易性
6. 流动性
7. 黏聚性
8. 保水性
9. 砂率
10. 徐变
11. 碱－骨料反应
12. 减水剂
13. 轻骨料混凝土
14. 加气混凝土
15. 混凝土的强度等级

(二) 是非判断题(对的划√,不对的划×)

1. 干硬性混凝土的流动性以坍落度表示。( )
2. 在结构尺寸及施工条件允许下,尽可能选择较大粒径的粗骨料,这样可以节约水泥。( )
3. 普通混凝土中的砂和石起骨架作用,称为骨料(或集料)。( )
4. 影响混凝土拌合物流动性的主要因素归根结底是总用水量的多少,主要采用多加水的办法。( )
5. 混凝土的组成中,骨料一般占混凝土总体积的 70%~80%。( )
6. 混凝土制品采用蒸汽养护的目的,在于使其早期和后期强度都得到提高。( )
7. 山砂颗粒多具有棱角,表面粗糙,与水泥黏结性好,但流动性较差。( )
8. 混凝土拌合物中若掺入加气剂,则使混凝土密实度降低,使混凝土的抗冻性变差。( )
9. 流动性大的混凝土比流动性小的混凝土强度低。( )
10. 砂子过细,则砂的总表面积大需要水泥浆较多,因而消耗水泥量大。( )
11. 在其他原材料相同的情况下,混凝土中的水泥用量愈多混凝土的密实度和强度愈

高。( )
12．流动性、黏聚性和保水性均可通过测量得到准确数据。 ( )
13．在常用水灰比范围内，水灰比越小，混凝土强度越高，质量越好。( )
14．混凝土抗压强度值等同于强度等级。 ( )
15．在混凝土中掺入适量减水剂，不减少用水量，则可改善混凝土拌合物的和易性，显著提高混凝土的强度，并可节约水泥的用量。 ( )
16．混凝土中掺粉煤灰而减少水泥用量，这实际上是"以次充好"获取非法利润。 ( )
17．普通混凝土的强度与水灰比成线形关系。 ( )
18．混凝土中掺入占水泥用量0.25%的木质素磺酸钙后，若保持流动性和水泥用量不变，则混凝土强度提高。 ( )
19．级配良好的卵石骨料，其空隙率小，表面积大。 ( )
20．碳化会使混凝土的碱度降低，从而会使混凝土中钢筋容易锈蚀。 ( )
21．两种砂子的细度模数相同，它们的级配也一定相同。 ( )
22．砂率是指砂与砂石总量之比。 ( )
23．混凝土的强度平均值和标准差，都是说明混凝土质量的离散程度的。 ( )
24．增加加气混凝土砌块墙体厚度，该加气混凝土的导热系数不变。 ( )
25．针片状骨料含量多，会使混凝土的流动性提高。 ( )

（三）填空题

1．普通混凝土的组成原材料有_____、_____、_____和_____。
2．普通混凝土中水泥浆起_____、_____、_____作用。
3．混凝土中的碱骨料反应会使混凝土产生_____。
4．骨料的最大粒径取决于混凝土构件的_____和_____。
5．中砂的细度模数在_____之间。
6．混凝土的碳化会导致钢筋_____，使混凝土的_____及_____降低。
7．砂过细时，会增加_____用量或_____混凝土强度。
8．通用的混凝土强度公式是_____；而混凝土试配强度与设计强度等级之间的关系式是_____。
9．砂过粗时，会引起混凝土拌合物_____、_____。
10．轻骨料混凝土浇注成型时，振捣时间应当适宜，不宜过长，否则轻骨料会_____，造成分层现象。
11．配制高强混凝土时，必须采用最大粒径_____的粗骨料。
12．混凝土拌合物的和易性是一项综合的技术性质，它包括_____、_____、_____三方面的含义。其中_____通常采用坍落度和维勃稠度法两种方法来测定，_____和_____则凭经验目测。
13．针、片状粗骨料，其比表面积_____。
14．确定混凝土材料的强度等级，其标准试件尺寸为_____，其标准养护温度为_____，湿度_____，养护_____d测定其强度值。
15．海水可以拌制_____混凝土。

16. 混凝土用砂当其含泥量较大时，将对混凝土产生_____、_____和_____等影响。

17. 在用水量相同的情况下，采用不同的水灰比可配制出流动性相同而_____不同的混凝土。

18. 在原材料性质一定的情况下，影响混凝土拌合物和易性的主要原因_____、_____、_____和_____等。

19. 粉煤灰的三个效应是_____、_____、_____。

20. 当混凝土拌合物出现黏聚性尚好，有少量泌水，坍落度太小，应在保持_____不变的情况下，适当地增加_____用量。

21. 聚合物混凝土是由_____、无机胶凝材料和骨料配制而成。

22. 当混凝土拌合物有流浆出现，同时坍落度锥体有崩塌松散现象时，应保持_____不变，适当增加_____。

23. 防水混凝土通常其抗渗等级等于或大于_____。

24. 某工地浇筑混凝土构件，原计划采用机械振捣，后因设备出了故障，改用人工振实，这时混凝土拌合物的坍落度应_____，用水量要_____，水泥用量_____，水灰比_____。

25. 轻骨料堆积密度越大，筒压强度越高，则_____的强度越高，配制的混凝土的强度也越高。

26. 混凝土早期受冻破坏的原因是_____。硬化混凝土冻融循环破坏的现象是_____，原因是_____。

27. 萘系减水剂适宜掺量为_____%～_____%。

28. 混凝土的非荷载变形包括_____、_____和_____。

29. 木质素系减水剂主要有：木钙、木钠和木镁，其中常用的是木钙（木质素磺酸钙），其适宜掺入量为_____%～_____%。

30. 在混凝土拌合物中掺入减水剂后，会产生下列效果：当原配合比不变时，可以增加拌合物的_____；在保持混凝土强度和坍落度不变的情况下，可以减少_____及节约_____；在保持流动性和水泥用量不变的情况下，可以降低_____，提高_____。

31. 减水剂多属于_____活性剂。

32. 设计混凝土配合比应同时满足_____、_____、_____和_____等四项基本要求。

33. 混凝土外加剂一般情况下掺量不超过_____质量的5%。

（四）单项选择题

1. 混凝土强度与水灰比、温度、湿度以及骨料等因素密切相关，下列说法正确的是（　　）。
①水灰比越小，越不能满足水泥水化反应对水的需求，混凝土强度也越低
②混凝土结构松散、渗水性增大、强度降低的主要原因是施工时环境湿度太大
③施工环境温度升高，水泥水化速度加快，混凝土强度上升也较快
④混凝土的强度主要取决于骨料的强度

2. 配置混凝土用砂的要求是尽量采用（　　）的砂。
①空隙率小　　②总表面积小　　③总表面积大　　④空隙率和总表面积均较小

3. 用于大体积混凝土或长距离运输的混凝土常用的外加剂是（　　）。

①减水剂　　　　　②引气剂　　　　　③早强剂　　　　　④缓凝剂

4. 混凝土拌合物的坍落度试验只适用于粗骨料最大粒径（　　）mm者。
①≤80　　　　　②≤60　　　　　③≤40　　　　　④≤20

5. 造成水泥浆包裹粗骨料不充分的原因是（　　）。
①水灰比过小　　②水灰比过大　　③砂率过大　　④砂率过小

6. 掺用引气剂后混凝土的（　　）显著提高。
①强度　　　　　②抗冲击性　　　③弹性模量　　　④抗冻性

7. 减水剂的技术经济效果有（　　）。
①保持强度不变，节约水泥用量 5%～20%
②提高混凝土早期强度
③提高混凝土抗冻融耐久性
④减少混凝土拌和物泌水离析现象

8. 对混凝土拌合物流动性起决定性作用的是（　　）
①水泥用量　　　②用水量　　　　③水灰比　　　　④水泥浆数量

9. 在混凝土配合比设计过程中，施工要求的坍落度主要用于确定（　　）。
①混凝土的流动性　　　　　　　②水灰比
③用水量　　　　　　　　　　　④混凝土早期强度

10. 浇注配筋混凝土的要求坍落度，比浇注无筋混凝土的坍落度（　　）。
①大　　　　　　②小　　　　　　③相等　　　　　④无关

11. 混凝土的棱柱体强度 f_{CP} 与混凝土的立方体强度 f_{CU} 二者的关系（　　）。
① $f_{CP} > f_{CU}$　　② $f_{CP} = f_{CU}$　　③ $f_{CP} < f_{CU}$　　④ $f_{CP} \leq f_{CU}$

12. 钢纤维混凝土属于（　　）。
①无机材料　　　②有机材料　　　③复合材料　　　④功能材料

13. 砂子的颗粒直径在（　　）之间。
①0.1～2.0mm　　②0.1～3.0mm　　③2.0～5.0mm　　④0.1～5.0mm

14. 选择混凝土骨料的粒径和级配应使其（　　）。
①总表面积大，空隙率小　　　　②总表面积大，空隙率大
③总表面积小，空隙率大　　　　④总表面积小，空隙率小

15. 一矩形钢筋混凝土梁截面尺寸为 250mm×500mm，单排受力钢筋配有 4—ϕ25，浇筑梁混凝土石子的最大粒径为（　　）mm。
①62.5　　　　　②25　　　　　　③33.3　　　　　④75

16. 防止混凝土中钢筋锈蚀的主要措施是（　　）。
①钢筋表面刷油漆　　　　　　　②钢筋表面用碱处理
③提高混凝土的密实度　　　　　④加入阻锈剂

17. 混凝土中掺用引气剂一般为水泥用量的（　　）。
①1.5%～2.5%　　②1.5‰～2.5‰　　③0.5‰～1.5‰　　④0.05‰～0.15‰

18. 设计混凝土配合比时，选择水灰比的原则是（　　）。
①混凝土强度的要求
②小于最大水灰比

③混凝土强度的要求与最大水灰比的规定

④大于最大水灰比

19. 混凝土强度主要取决于水泥石强度和（　　）。

①石子强度　　　　　　　　②砂子强度

③掺合料强度　　　　　　　④水泥石与骨料表面的粘结强度

20. 普通混凝土干密度为（　　）。

①大于 3000kg/m³　　　　　②2500～3000kg/m³

③2000～2500kg/m³　　　　 ④不大于 1900kg/m³

21. 混凝土配合比设计，对普通混凝土 C25～C30 要考虑混凝土强度标准差，一般计算按（　　）。

①4MPa　　　②5MPa　　　③6MPa　　　④8MPa

22. 试配混凝土强度等级为 C35，其容重为 2450kg/m³，水泥用量为 428kg，用水量 182kg，该混凝土的砂石总量为（　　）。

①1284kg　　②1840kg　　③1498kg　　④1584kg

23. 混凝土中砂石总重量为 1000kg，石子重量为 700kg，砂率为（　　）。

①23.3%　　　②30%　　　③42.8%　　　④70%

24. 采用硅酸盐水泥或矿渣硅酸盐水泥拌制的混凝土浇水养护时间不得少于（　　）d。

①6　　　　　②7　　　　　③8　　　　　④9

25. 防水混凝土达到防水的目的主要方法不包括（　　）。

①改善混凝土组成材料的质量

②掺加适量的外加剂

③合理选择混凝土配合比和骨料级配

④加大构件尺寸，延长渗透路线

26. 用于抢修工程和冬季施工的常用外加剂是（　　）。

①缓凝剂　　　②早强剂　　　③引气剂　　　④防水剂

27. 在保证混凝土质量的前提下，影响混凝土和易性的主要因素之一是（　　）。

①水泥强度等级　②水泥种类　③砂的粗细程度　④水泥浆稠度

28. 混凝土按用途划分的是（　　）。

①沥青混凝土、水泥混凝土、普通混凝土

②造壳混凝土、水下混凝土、碾压混凝土

③防水混凝土、装饰混凝土、补偿收缩混凝土

④重混凝土、装饰混凝土、轻混凝土

29. 引气剂和引气减水剂不宜用于（　　）。

①预应力混凝土　②抗冻混凝土　③轻骨料混凝土　④防渗混凝土

（五）多项选择题（选出二至五个正确的答案）

1. 下列建筑材料属于复合材料的有（　　）。

①素混凝土　　②合成橡胶　　③水玻璃　　④钢纤维混凝土　　⑤玻璃钢

2. 关于普通混凝土骨料，说法正确的是（　　）。

①良好的砂子级配应有较多的中颗粒
②混凝土配合比以天然干砂的重量参与计算
③在规范范围内，石子最大粒径选用较大为宜
④C60混凝土的碎石骨料应进行岩石抗压强检验
⑤合理的骨料级配可有效节约水泥用量。

3. 粗骨料的质量要求包括（　　）。
①最大粒径及级配　　　　②颗粒形状及表面特征
③有害杂质　　　　　　　④强度　　　　⑤耐水性

4. 特种混凝土包括（　　）。
①轻骨料混凝土　　　　　②防水混凝土
③碾压混凝土　　　　　　④高强混凝土
⑤热拌混凝土

5. 决定混凝土强度的主要因素是（　　）。
①砂率　　②骨料的性质　③水灰比　　④外加剂　　⑤水泥强度等级

6. 在水泥用量不变的情况下，提高混凝土强度的措施有（　　）。
①采用高强度等级水泥　　②降低水灰比
③提高浇筑速度　　　　　④提高养护温度　　⑤掺入缓凝剂

7. 配制混凝土掺入的早强剂有（　　）。
①M型木钙粉　②氯化钙　　③硫酸钠　　④氯化钠　　⑤氢氧化铝

8. 依据提供资料，普通混凝土配合比设计步骤有（　　）。
①计算混凝土试配强度　　②计算水灰比　③选用单位用水量
④确定养护条件、方式　　⑤选定合理砂率，确定砂、石单位用量

9. 混凝土的耐久性通常包括（　　）。
①抗冻性　　②抗渗性　　③抗老化性　　④抗侵蚀性　　⑤抗碳化性

10. 钢筋混凝土结构，除对钢筋要求有较高的强度外，还应具有一定的（　　）。
①弹性　　②塑性　　③韧性　　④冷弯性　　⑤可焊性

11. 混凝土配筋的防锈措施，施工中可考虑（　　）。
①限制水灰比和水泥用量　　②保证混凝土的密实性　　③加大保护层厚度
④加大配筋量　　　　　　　⑤钢筋表面刷防锈漆

12. 混凝土经碳化作用后，性能变化有（　　）。
①可能产生微细裂缝　　　②抗压强度提高　　　③弹性模量增大
④可能导致钢筋锈蚀　　　⑤抗拉强度降低

（六）问答题

1. 普通混凝土作为结构材料的主要优缺点是什么？
2. 石子的粒形对混凝土的性质有哪些影响？
3. 用数理统计法控制混凝土质量可用哪些参数？
4. 为什么要限制砂中有机质的含量？
5. 什么叫砂的级配？它的意义是什么？
6. 何谓混凝土的碳化？碳化对混凝土的性质有哪些影响？

7．试述温度变形对混凝土结构的危害。有哪些有效的防止措施？

8．为什么在配制混凝土时一般不采用细砂或特细砂？

9．现场浇灌混凝土时，禁止施工人员随意向混凝土拌合物中加水，试从理论上分析加水对混凝土质量的危害，它与成型后的洒水养护有无矛盾？为什么？

10．为什么不宜用高强度等级水泥配制低强度等级的混凝土？

11．何谓碱—骨料反应？混凝土发生碱—骨料反应的必要条件是什么？防止措施怎样？

12．什么是混凝土材料的标准养护、自然养护、蒸汽养护、压蒸养护？

13．混凝土在下列情况下，均能导致其产生裂缝，试解释裂缝产生的原因，并指出主要防止措施。

（1）水泥水化热大；

（2）水泥安定性不良；

（3）大气温度变化较大；

（4）碱—骨料反应；

（5）混凝土碳化；

（6）混凝土早期受冻；

（7）混凝土养护时缺水；

（8）混凝土遭到硫酸盐侵蚀。

14．提高混凝土强度的主要措施有哪些？

15．混凝土有哪几种变形？

16．为什么掺引气剂可提高混凝土的抗渗性和抗冻性？

17．混凝土拌合物出现下列情况，应如何调整？

（1）黏聚性好，也无泌水现象，但坍落度太小；

（2）黏聚性尚好，有少量泌水，坍落度太大；

（3）插捣难，黏聚性差，有泌水现象，轻轻敲击便产生崩塌现象；

（4）拌和物色淡，有跑浆现象，黏聚性差，产生崩塌现象。

18．简述粉煤灰的三个效应。

19．简述减水剂的作用机理和种类。

20．为什么要严格控制 W/C？

21．轻骨料混凝土的总用水量由哪几部分组成？

22．聚合物混凝土有哪些特性？

23．制备高强度混凝土可采用哪些措施？

24．混凝土强度发展规律如何？混凝土强度与龄期间的关系式如何？

25．轻骨料混凝土与普通混凝土相比有哪些优缺点？更适宜于哪些建筑或建筑部位？

（七）计算题

1．某混凝土配合比为 1:2.43:4.71，$W/C = 0.62$，设混凝土表观密度为 2400kg/m^3，求各材料用量。

2．混凝土原材料的表观密度和堆积密度数据如下：$\rho_c = 3.10\text{kg/m}^3$，$\rho_s = 2.60\text{kg/m}^3$，$\rho'_s = 1420\text{kg/m}^3$，$\rho_g = 2.60\text{kg/m}^3$，$\rho'_g = 1450\text{kg/m}^3$，设 $W/C = 0.60$，$\beta_s = 0.29$，计算混凝

土中水泥浆正好充满砂、石空隙时的最小水泥用量。

3. 某混凝土配合比为：1:2.20:4.20，$W/C = 0.60$，已知水泥、砂、石表观密度（kg/m³）分别为 3.10，2.60 和 2.50，试计算每立方米拌合物所需各材料用量。

4. 某混凝土工程，所用配合比为 C:S:G = 1:1.98:3.90，$W/C = 0.64$。已知混凝土拌合物的表观密度为 2400kg/m³，试计算 1m³ 混凝土各材料的用量。

5. 假设混凝土强度随龄期对数而直线增长，已知 1d 强度不等于 0，7d 强度为 21.0MPa，14d 强度为 26.0MPa，求 28d 强度为多少？

6. 某混凝土配合比为 1:2.45:4.68，$W/C = 0.60$，水泥用量为 280kg/m³，若砂含水 2%，石子含水 1%，求此混凝土的施工材料用量？

5 金属材料

5.1 学习指导

建筑工程中主要使用的金属材料是建筑钢材,其次是铸铁、铝合金等。本章重点介绍建筑钢材。

5.1.1 钢材的基本知识

钢材是指以铁为主要元素,含碳量在2%以下,常用钢材一般含碳量为0.06%~0.6%,并含有其他元素的材料。

钢材具有品质均匀、强度高,塑性和韧性好,可以承受冲击和振动荷载,能够切割、焊接、铆接,便于装配等优点。因此,被广泛用于工业与民用建筑中,是主要的建筑结构材料之一。

建筑钢材是指用于钢结构的各种型钢(如角钢、工字钢、槽钢、钢管等)、钢板和用于钢筋混凝土结构中的各种钢筋、钢丝和钢绞线。按不同的分类方法钢材有下列分类:

(1) 按冶炼方法分类

炼钢的过程是把熔融的生铁进行氧化,使碳的含量降低到预定的范围,其他杂质降低到允许范围。在炼钢的过程中,采用的炼钢方法不同,除掉杂质的程度就不同,所得钢的质量也有差别。炼钢方法很多,主要分转炉炼钢法、电炉炼钢法和精炼炉炼钢法三类。建筑钢材一般是氧气顶吹转炉钢。

(2) 按脱氧方法分类

钢在熔炼过程中不可避免地产生部分氧化铁并残留在钢水中,降低了钢的质量,因此,在铸锭之前要进行脱氧处理。脱氧程度不同,钢材的性能就不同,因此,钢材又可分为沸腾钢、镇静钢、半镇静钢和特殊镇静钢。

1) 沸腾钢 仅用弱脱氧剂锰铁进行脱氧,脱氧不完全的钢。其组织不够致密,有气泡夹杂,所以,质量较差,但成品率高,成本低。

2) 镇静钢 用必要数量的硅、锰和铝等脱氧剂进行彻底脱氧。其组织致密,化学成分均匀,性能稳定,是质量较好的钢种。由于产率较低,因此成本较高,适用于承受振动冲击荷载或重要的焊接钢结构中。

3) 半镇静钢 半镇静钢脱氧程度、质量及成本均介于沸腾钢和镇静钢之间。

4) 特殊镇静钢 特殊镇静钢质量和性能均高于镇静钢,成本也高于镇静钢。

(3) 按化学成分分类

按合金元素含量将钢材分为非合金钢、合金钢。

1) 非合金钢又称碳素钢 碳素钢按含碳量的不同又分为:低碳钢(碳含量<0.25%),中碳钢(碳含量为0.25%~0.6%)和高碳钢(碳含量>0.6%)。

2) 合金钢 合金钢是在碳素钢中加入一定量的某些合金元素（如：锰、硅、钒、钛等）用于改善钢的性能或使其获得某些特殊性能。按合金元素含量不同分为：低合金钢（合金元素含量约3%~5%），中合金钢（合金元素含量5%~10%），高合金钢（合金元素含量大于10%）。

(4) 按质量等级分类

根据钢材中硫、磷的含量，将钢材分为：普通质量钢、优质钢、特殊质量钢。

(5) 按钢的用途分类

按主要用途将钢材分为：结构钢（钢结构用钢和混凝土结构用钢）、工具钢（制作刀具、量具、模具等）、特殊钢（不锈钢、耐酸钢、耐热钢、磁钢等）。

5.1.2 建筑钢材的主要技术性质

抗拉性能和冲击韧性是建筑钢材的主要力学性能，冷弯性能和焊接性能是建筑钢材的主要工艺性能。

(1) 抗拉性能

抗拉性能是建筑钢材的重要性能。这一性能可以通过受拉后钢材的应力与应变曲线反映出来。图5-1（a）为建筑工程中常用的低碳钢受拉后的应力—应变（$\sigma - \varepsilon$）曲线。图中的屈服点（σ_s）、抗拉强度（σ_b）和伸长率（δ）是钢材的重要技术指标。

1) 屈服点（屈服强度 σ_s）是结构设计取值的依据，使钢材基本上是在弹性状态下正常工作，该阶段为弹性阶段。应力与应变的比值为常数，该常数为弹性模量 E（$E = \sigma/\varepsilon$）。

当对试件的拉伸应力超过 A 点后，应力应变不再成正比关系，开始出现塑性变形进入屈服阶段 AB，屈服下限 $B_下$ 点所对应的应力值为屈服强度。

2) 抗拉强度（σ_b）试件在屈服阶段以后，其抵抗塑性变形的能力又重新提高，这一阶段称为强化阶段。对应于最高点 C 的应力值称为极限抗拉强度，简称抗拉强度。

屈强比（σ_s/σ_b）即屈服强度与抗拉强度之比，反映了钢材的利用率和使用中安全程度。屈强比不宜过大或过小，应在保证安全工作的情况下有高的利用率。比较适宜的屈强比应在 0.6~0.75 之间。

3) 伸长率（δ）表示钢材被拉断时的塑性变形值（$l_1 - l_0$）与原长（l_0）之比即 $\delta = (l_1 - l_0)/l_0 \times 100\%$，反映钢材的塑性变形能力，是钢材的重要技术指标。建筑钢材在正常工作中，结构内含缺陷处会因为应力集中而超过屈服点，具有一定塑性变形能力的钢材，会使应力重分布而避免了钢材在应力集中作用下的过早破坏。由于钢试件在颈缩部位的变形最大，使得原长（l_0）与原直径（d_0）之比为5倍的伸长率（δ_5）大于同一材质的 l_0/d_0 为10倍的伸长率（δ_{10}）。此外，还可以用截面收缩率（ψ），即颈缩处断面积值（$A_0 - A$）与原面积（A_0）之比，来表示钢的塑性变形能力。

图5-1（b）表示高碳钢受拉时的应力—应变曲线。与低碳钢的 $\sigma - \varepsilon$ 曲线比，高碳钢 $\sigma - \varepsilon$ 曲线的特点是：抗拉强度高、塑性变形小和没有明显的屈服点。其结构设计取值是人为规定的条件屈服点（$\sigma_{0.2}$），即将钢件拉伸至塑性变形达到原长的0.2%时的应力值。

(2) 冲击韧性

冲击韧性是指钢材受冲击荷载作用时，吸收能量、抵抗破坏的能力。以冲断试件时单位面积所消耗的功（α_k）来表示。α_k 值越大，钢材的冲击韧性越好。

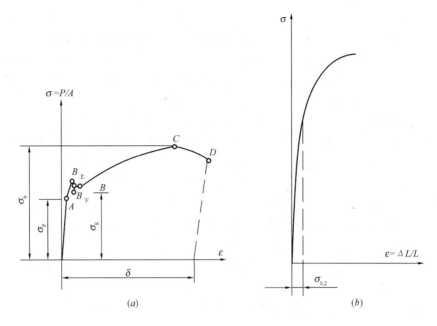

图 5-1 低碳钢受拉后的应力-应变（$\sigma-\varepsilon$）曲线
（a）低碳钢拉伸时 $\sigma-\varepsilon$ 曲线；（b）高碳钢受拉时的 $\sigma-\varepsilon$ 曲线

影响冲击韧性的因素有钢的化学组成、晶体结构及表面状态和轧制质量，以及温度和时效作用等。随环境温度降低，钢的冲击韧性亦降低，当达到某一负温时，钢的冲击韧性值（α_k）突然发生明显降低，此为钢的低温冷脆性（见图5-2），此刻温度称为脆性临界温度。其数值越低，说明钢材的低温冲击性能越好。所以在负温下使用钢材时，要选用脆性临界温度低于环境温度的钢材。

随时间的推移，钢的强度会提高，而塑性和韧性降低，此现象称为时效。因时效而使性能改变的程度为钢材的时效敏感性。钢材受到振动、冲击或随加工发生体积变形，可加速完成时效。对于承受动荷载的重要结构，应选用时效敏感性小的钢材。

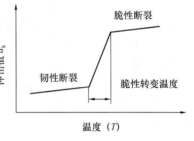

图 5-2 温度对冲击韧性的影响

(3) 硬度

钢材的硬度是指其表面抵抗重物压入产生塑性变形的能力。测定硬度的方法有布氏法和洛氏法，较常用的方法是布氏法，其硬度指标为布氏硬度值（HB）。

布氏法是利用直径为 D（mm）的淬火钢球，以一定的荷载 F_P（N）将其压入试件表面，得到直径为 d（mm）的压痕，以压痕表面积 S 除荷载 F_P，所得的应力值即为试件的布氏硬度值 HB，以不带单位的数字表示。

(4) 耐疲劳性

钢材承受交变荷载反复作用时，可能在最大应力远低于屈服强度的情况下突然破坏，这种破坏称为疲劳破坏。钢材的疲劳破坏指标用疲劳强度或疲劳极限来表示，它是指疲劳试验中试件在交变应力作用下，在规定的周期内不发生疲劳破坏所能承受的最大应力值。

(5) 冷弯性能

冷弯性能是指钢材在常温下承受弯曲变形的能力，是建筑钢材的重要工艺性能。规范规定用弯曲角度和弯心直径与试件厚度（或直径）的比值来表示。冷弯性能实质反映了钢材在不均匀变形下的塑性，在一定程度上比伸长率更能反映钢的内部组织状态及内应力、杂质等缺陷，因此可以用冷弯的方法来检验钢的质量。

(6) 焊接性能

绝大多数钢结构、钢筋骨架、接头、埋件及连接等都采取焊接方式。焊接质量除与焊接工艺有关外，还与钢材的可焊性有关。当含碳量超过 0.3% 后，钢的可焊性变差。硫能使钢的焊接处产生热裂纹而硬脆。锰可克服硫引起的热脆性。沸腾钢的可焊性较差。其他杂质含量增多，也会降低钢的可焊性。

5.1.3 钢的晶体组织与化学成分对钢性能的影响

钢的性质是钢的晶体组织和结构的宏观表现。而化学组成是决定钢组织与结构的内在因素。为深入了解钢的性质，并进一步掌握利用某些加工手段，来稳定或改善钢的某些性能，必须了解钢的晶体组织和化学成分及其对钢性能的影响。

(1) 钢的基本组织及其对钢的影响

1) 钢的基本组织

非合金钢的主要化学成分是铁和碳。碳原子与铁原子之间的结合有三种基本形式：固溶体、化合物和二者的机械混合物。

①固溶体　以铁为溶剂，碳为溶质，固溶后形成的"固态溶液"，称其为固溶体。碳原子较小，常溶于铁原子规则排列的"晶格"（常温下为体心立方体晶格称 $\alpha-Fe$）间隙中，碳的溶入造成原晶格歪扭（或畸变），从而使固溶体得到强化。

②化合物　铁和碳的化合物（Fe_3C）。其晶格与纯铁的晶格不同，Fe_3C 性质硬、脆。

③机械混合物　上述两种组成物的晶格及性质不改变，而按一定比例机械混合而成。它往往比单一固溶体有更高的强度和硬度，但塑性等性能不如单一固溶体。

钢的晶体组织就是由上述的单一或多种结合形式所构成的具有一定形态的集合体。钢的晶体组织及含量是受碳含量和结晶时的温度条件所决定的。在极缓慢冷却条件（称标准条件）下，钢的基本组织有三种，如表 5-1 所列为常温下存在的三种晶体组织及特征。

钢的基本组织及其特征　　　　　　　　　表 5-1

名称	组织特征	抗拉强度（MPa）	伸长率（%）	布氏硬度（HB）
铁素体	在 910℃ 以下，在 $\alpha-Fe$ 中的固溶体、晶格间隙小，溶碳能力低，常温下溶碳 0.006%，有较多滑移面。	约 250	40~50	80
渗碳体	碳、铁化合物（Fe_3C）。晶体结构复杂，硬脆，无延性。碳含量占 6.67%	约 30	≈0	600~800
珠光体	铁素体与渗碳体按比例混合的致密层状组织，碳含量为 0.8%	750~850	10~25	200

在缓慢降温至 1390~910℃ 时，碳溶入面心立方体晶格的 $\gamma-Fe$ 中的固溶体称为奥氏体。溶碳能力强，存在较多滑移面，便于热加工。当温度低于 910℃ 时，奥氏体分解出珠光体和铁素体（或渗碳体），723℃ 全部分解完。

2) 晶体组织对钢性能的影响

①含碳量与钢的晶体组织及性能的关系

随含碳量增加钢的基本组织中铁素体逐渐减少,珠光体逐渐增加。至碳含量达0.8%时,全由珠光体组成。此时的钢称为共析钢。随碳含量继续增加,珠光体减少,渗碳体增加。随含碳量增加,塑性和韧性降低,硬度增加,抗拉强度提高,但当C含量超过1%之后,受渗碳体硬脆性大的影响,抗拉强度开始降低。

②温度变化时,晶体组织的变化与钢的力学性能间关系

将常温下的钢,加热到一定温度后,再以适当速度冷却至室温,以改变钢的晶体组织,从而得到所需性能钢的工艺过程,叫做热处理。热处理的方法有几种。建筑工程中使用的调质钢就是经淬火(将加热至910℃以上的钢冷却生成马氏体晶体)后再经回火(常采用加热到500~650℃称高温回火,再缓慢降温),使其保持淬火时已获得的提高强度的效果,同时消除内应力,使塑性和韧性得到改善的热处理钢。

低温下使用的某些钢材,由于碳、磷含量高,且偏析较严重,出现韧性显著降低、脆性增加,称为冷脆性。若遇高温时,如超过723℃,钢的机械强度显著降低,塑性变形增大,因此建筑钢材是不耐火的。

③晶体结构中的缺陷对钢性能的影响

在实际生产中,达不到"极缓慢冷却"条件,因此,钢的晶体结构中存在着许许多多的缺陷,造成钢组织的不均质性,使钢的性能不仅受到晶体基本组织及其含量的影响,同时还受到各种缺陷的影响。一般情况下,在钢材受力初始时,在缺陷(如位错)处产生较大的塑性变形,当变形达到一定程度时,缺陷数量增多(畸变加剧),对变形的阻碍作用增强,钢材塑性变形开始减小,强度提高,在宏观上,表现出受拉钢材由屈服阶段过渡到强化阶段。

(2) 化学成分对钢性能有影响

1) 碳 碳是决定钢材性质的主要元素。当含碳量低于0.8%时,随着含碳量的增加,钢的抗拉强度和硬度提高,而塑性、断面收缩率及韧性降低。同时还使钢的冷弯、焊接及抗腐蚀等性能降低,并增加钢的冷脆性和时效敏感性。

2) 磷、硫 磷使钢强度、硬度提高,塑性和韧性降低,尤其增加钢的冷脆性,此外,还降低钢的其他性能。硫使钢的焊接性能降低,焊接时易产生脆裂现象,称热脆性;硫的存在还使钢的冲击韧性、疲劳强度、可焊性及耐蚀性降低。

3) 氧、氮 氧、氮也是钢中的有害元素,氮使钢强度增加,但显著降低钢的塑性和韧性,以及冷弯性和可焊接性,增加时效敏感性;氧使钢的强度、塑性均降低,增加热脆性和时效敏感性。

4) 合金元素 掺入合金元素锰和硅会提高钢的强度,锰还可以克服由硫、氧引起的热脆性;钒(V)、钛(Ti)、铌(Nb)都是有益的合金元素。能细化晶粒,使钢强度、韧性提高,而塑性和加工性稍有降低。若考虑到不同元素对钢性质的影响,并加以利用,则可以生产出多种低合金钢和合金钢。

5.1.4 钢材的冷加工及热处理

5.1.4.1 钢筋的冷拉强化和时效处理

冷加工是指钢材在常温下进行的加工,常见的冷加工方式有:冷拉、冷拔、冷轧、冷扭、刻痕等。钢材经冷加工产生塑性变形,从而提高其屈服强度,这一过程称为冷加工强

化处理。

实际工程中，往往按工程要求，所选的钢筋塑性偏大，强度偏低，或者利用Q215号钢时，可以通过冷拉及时效处理来调整其性质，并达到节省钢材的目的。这是建筑工地和混凝土构件厂经常采用的措施。

冷拉是冷加工的一种，是将钢筋在常温下拉伸，使其产生塑性变形，从而达到提高其屈服强度和节省钢材的目的（见图5-3）。

从图5-3可明显看出，冷拉并时效处理后的曲线$O_1K_1C_1D_1$与未冷拉的曲线比，屈服点明显提高、抗拉强度也有提高，塑性降低。一般认为，冷拉强化的原因是：钢筋受拉产生变形后，在变形区域内的晶粒相对滑移，导致滑移面处的晶格歪扭，

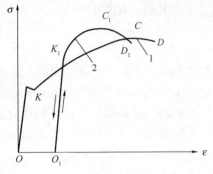

图5-3 钢筋冷拉曲线

畸变加剧，阻碍了进一步滑移，提高了抵抗外力的能力，因而屈服点提高，塑性降低，脆性增加。冷拉后的钢材，时效速度加快，常温下15至20天可完成时效（称自然时效）。若加热钢筋则可以在更短的时间内完成时效（称人工时效）。时效期间，溶于$\alpha-Fe$中的氮、碳原子，有向滑移面等缺陷处移动、富集的倾向，使晶格歪扭和畸变加剧，因而进一步提高了屈服强度，同时使抗拉强度有所提高，但使塑性和韧性进一步降低。时效处理可使冷拉损失的弹性模量基本恢复。

冷拉并时效处理后的钢筋在冷拉同时已被调直和清除锈皮。在冷加工时，要严格控制冷拉应力，使冷拉后钢筋性能符合GBJ 10—83对冷拉钢筋力学性能的规定。

5.1.4.2 钢筋的热处理

热处理是将钢材按一定规则加热、保温和冷却，以获得需要性能的一种工艺过程。热处理的方法有：退火、正火、淬火和回火。建筑工程所用钢材一般只在生产厂进行热处理，并以热处理状态供应。在施工现场，有时需对焊接钢材进行热处理。

5.1.5 建筑钢材的技术标准及应用

5.1.5.1 碳素结构钢

（1）碳素结构钢的牌号

按国家标准《碳素结构钢》GB 700—88中规定，结构钢的牌号以屈服点的符号（Q）、屈服点值（195、215、235、255和275MPa）和质量等级（A、B、C、D）、脱氧程度（F、b、Z、TZ）构成。其中A、B为普通质量钢（即旧标准中甲类和特类钢），C、D级钢为磷、硫杂质控制较严格的优质钢；脱氧程度以F代表沸腾钢，b代表半镇静钢，Z和TZ代表镇静钢和特殊镇静钢。Z和TZ在牌号中可省略。

目前许多教材中以及工程中仍沿用GB 700—79标准，尤其《钢结构设计及施工验收规范》尚未修改，为此，有必要将新旧标准中两者牌号关系对照列入表5-2。

碳素结构钢牌号的新旧标准对照　　　　　表5-2

GB 700—88	GB 700—79
Q195 不分等级，化学成分和力学性能（σ、δ和冷弯）均须保证。但盘条和轧制薄钢板之类产品的力学性能的保证项目，根据产品特点、使用要求另行规定。	1号钢 Q195的化学成分与B1（乙1号钢）相同。力学性能与A1（甲类1号钢）相同。1号钢没有特类钢。

续表

GB 700—88	GB 700—79
Q215 A级 B级（做常温V型冲击试验）	A2（甲类2号镇静钢） C2（特类2号镇静钢）
Q235 A级（不做冲击试验） B级（做常温V型冲击试验） C级 D级 }（作为重要焊接结构用）	A3（附加保证常温U型冲击试验） C3（附加保证常温或-20℃冲击试验，U型缺口） — —
Q255 A级 B级（做常温冲击试验V型）	A4 C4（附加保证U型冲击试验）
Q275 不分等级，化学成分、力学性能均须保证	C5

（2）碳素结构钢的技术标准

表5-3和表5-4分别为《碳素结构钢》（GB 700—88）中对化学成分及力学性能的规定。

从表5-3和表5-4可以看出，随着碳素钢的含碳量增加，钢号增大，其机械强度提高、塑性和可焊性降低。比较各钢号，Q235号钢综合性能适合建筑工程的要求，因此得到广泛应用。Q215号钢强度低、塑性好，在轧制、焊接加工或受冲击、偶然超载等情况下，能保证安全使用。因此，常用Q215和Q235级钢轧制各种型钢、钢板、钢管，以及制作铆钉、螺栓、钢丝等。

（3）碳素结构钢的选用

选用钢材，主要根据工程结构的重要性、荷载类型、焊接要求及使用环境温度等条件。一般结构工程往往要求钢材的机械强度较高，韧性、塑性及可加工性能适宜，而且质量稳定、成本较低。

碳素结构钢的力学性能（GB 700—88）　　　　表5-3

牌号	等级	拉 伸 试 验												冲击试验	
		屈服点 σ_s（N/mm²）					抗拉试验 σ_b $\left(\dfrac{N}{mm^2}\right)$	伸长率 δ_5（％）						V型冲击功（纵向）（J）	
		钢材厚度或直径（mm）						钢材厚度或直径（mm）						温度（℃）	
		≤16	>16~40	>40~60	>60~100	>100~150	>150		≤16	>16~40	>40~60	>60~100	>100~150	>150		
		不小于							不小于							不小于
Q195	—	(195)	(185)	—	—	—	—	315~390	33	32	—	—	—	—	—	—
Q215	A	215	205	195	185	175	165	335~410	31	30	29	28	27	26	—	—
	B														20	27
Q235	A	235	225	215	205	195	185	375~460	26	25	24	23	22	21	—	27
	B														20	
	C														0	
	D														-20	
Q255	A	255	245	235	225	215	205	410~510	24	23	22	21	20	19	—	27
	B														20	
Q275	—	275	265	255	245	235	225	490~610	20	19	18	17	16	15	—	—

碳素结构钢的化学成分（GB 700—88） 表 5-4

牌号	等级	化学成分 %					脱氧方式
		C	Mn	Si	S	P	
					不大于		
Q195	—	0.06~0.12	0.25~0.50	0.30	0.050	0.045	F、b、Z
Q215	A	0.09~0.15	0.25~0.55	0.30	0.050	0.045	F、b、Z
	B				0.045		
Q235	A	0.14~0.22	0.30~0.65 *	0.30	0.050	0.045	F、b、Z
	B	0.12~0.20	0.30~0.70 *	0.30	0.045		
	C	≤0.18	0.35~0.80		0.040	0.040	Z
	D	≤0.17			0.035	0.035	TZ
Q255	A	0.18~0.28	0.40~0.70	0.30	0.050	0.045	Z
	B				0.045		
Q275	—	0.28~0.38	0.50~0.80	0.35	0.050	0.045	Z

*：Q235A、B级沸腾钢锰含量上限为 0.60%。

等级为 A、B 的各牌号钢属于"普通质量非合金钢"（见 GB/T 13304—91《钢分类》）。其中 B 级钢是生产时保证机械性能和某些化学成分的钢，质量好（旧标准中称特类钢），适用于焊接结构。

等级为 C 和 D 的 Q235 号钢，属于优质钢，适合用于重要焊接结构中，尤其适用于低温条件下，受冲击荷载作用的焊接结构。

Q275 号钢可轧制钢筋或螺栓配件等，现已被 20MnSi 等低合金钢代替。

沸腾钢质量较差，时效敏感性大，钢材性能不够稳定，限于一般结构工程使用。其限制使用条件是：动荷载焊接钢结构；动荷载非焊接钢结构，但计算温度低于或等于 −20℃ 时；静荷载及受间接动荷载作用而计算温度等于或低于 −30℃ 的焊接钢结构。

5.1.5.2 低合金结构钢

(1) 低合金结构钢的牌号

根据国家标准《低合金高强度结构钢》GB 1591—94 中规定，共有 5 个牌号。所加元素主要有锰、硅、钒、铌、铬、镍及稀土元素。其牌号的表示方法由屈服点的符号（Q）、屈服点数值（295、345、390、420 和 460MPa）和质量等级（A、B、C、D、E）构成。

(2) 低合金结构钢的技术标准与选用

低合金高强度结构钢的化学成分、力学性能见表 5-5、表 5-6。

低合金高强度结构钢的化学成分（GB 1591—1994） 表 5-5

牌号	质量等级	化学成分（%）									
		C≤	Mn	Si≤	P≤	S≤	V	Nb	Ti	Al≥	Cr≤	Ni≤
Q295	A	0.16	0.80~1.50	0.55	0.045	0.045	0.02~0.15	0.015~0.060	0.02~0.20	—		
	B	0.16	0.80~1.50	0.55	0.045	0.045	0.02~0.15	0.015~0.060	0.02~0.20	—		

续表

牌号	质量等级	化学成分 (%)										
		C≤	Mn	Si≤	P≤	S≤	V	Nb	Ti	Al≥	Cr≤	Ni≤
Q345	A	0.20	1.00~1.60	0.55	0.045	0.045	0.02~0.15	0.015~0.060	0.02~0.20	—		
	B	0.20	1.00~1.60	0.55	0.040	0.040	0.02~0.15	0.015~0.060	0.02~0.20	—		
	C	0.20	1.00~1.60	0.55	0.035	0.035	0.02~0.15	0.015~0.060	0.02~0.20	0.015		
	D	0.18	1.00~1.60	0.55	0.030	0.030	0.02~0.15	0.015~0.060	0.02~0.20	0.015		
	E	0.18	1.00~1.60	0.55	0.025	0.025	0.02~0.15	0.015~0.060	0.02~0.20	0.015		
Q390	A	0.20	1.00~1.60	0.55	0.045	0.045	0.02~0.20	0.015~0.060	0.02~0.20	—	0.30	0.70
	B	0.20	1.00~1.60	0.55	0.040	0.040	0.02~0.20	0.015~0.060	0.02~0.20	—	0.30	0.70
	C	0.20	1.00~1.60	0.55	0.035	0.035	0.02~0.20	0.015~0.060	0.02~0.20	0.015	0.30	0.70
	D	0.20	1.00~1.60	0.55	0.030	0.030	0.02~0.20	0.015~0.060	0.02~0.20	0.015	0.30	0.70
	E	0.20	1.00~1.60	0.55	0.025	0.025	0.02~0.20	0.015~0.060	0.02~0.20	0.015	0.30	0.70
Q420	A	0.20	1.00~1.70	0.55	0.045	0.045	0.02~0.20	0.015~0.060	0.02~0.20	—	0.40	0.70
	B	0.20	1.00~1.70	0.55	0.040	0.040	0.02~0.20	0.015~0.060	0.02~0.20	—	0.40	0.70
	C	0.20	1.00~1.70	0.55	0.035	0.035	0.02~0.20	0.015~0.060	0.02~0.20	0.015	0.40	0.70
	D	0.20	1.00~1.70	0.55	0.030	0.030	0.02~0.20	0.015~0.060	0.02~0.20	0.015	0.40	0.70
	E	0.20	1.00~1.70	0.55	0.025	0.025	0.02~0.20	0.015~0.060	0.02~0.20	0.015	0.40	0.70
Q460	C	0.20	1.00~1.70	0.55	0.035	0.035	0.02~0.20	0.015~0.060	0.02~0.20	0.015	0.70	0.70
	D	0.20	1.00~1.70	0.55	0.030	0.030	0.02~0.20	0.015~0.060	0.02~0.20	0.015	0.70	0.70
	E	0.20	1.00~1.70	0.55	0.025	0.025	0.02~0.20	0.015~0.060	0.02~0.20	0.015	0.70	0.70

低合金高强度结构钢的力学性能（GB 1591—94）　　表 5-6

牌号	质量等级	屈服点 σ_S (MPa) 厚度（直径）、边长）(mm)				抗拉强度 σ_b (MPa)	伸长率 δ_5 (%)	V型冲击功 (A_{kv}) (纵向)(J)				180°弯曲试验 d—弯心直径 a—试件厚度（直径） 钢材厚度（直径）(mm)	
		≤16	>16~35	>35~50	>50~100			+20℃	0℃	-20℃	-40℃	≤16	>16~100
		≥						≥					
Q295	A	295	275	255	235	390~570	23					$d=2a$	$d=3a$
	B	295	275	255	235	390~570	23	34				$d=2a$	$d=3a$
Q345	A	345	325	295	275	470~630	21					$d=2a$	$d=3a$
	B	345	325	295	275	470~630	21	34				$d=2a$	$d=3a$
	C	345	325	295	275	470~630	22		34			$d=2a$	$d=3a$
	D	345	325	295	275	470~630	22			34		$d=2a$	$d=3a$
	E	345	325	295	275	470~630	22				27	$d=2a$	$d=3a$
Q390	A	390	370	350	330	490~650	19					$d=2a$	$d=3a$
	B	390	370	350	330	490~650	19	34				$d=2a$	$d=3a$
	C	390	370	350	330	490~650	20		34			$d=2a$	$d=3a$
	D	390	370	350	330	490~650	20			34		$d=2a$	$d=3a$
	E	390	370	350	330	490~650	20				27	$d=2a$	$d=3a$
Q420	A	420	400	380	360	520~680	18					$d=2a$	$d=3a$
	B	420	400	380	360	520~680	18	34				$d=2a$	$d=3a$
	C	420	400	380	360	520~680	19		34			$d=2a$	$d=3a$
	D	420	400	380	360	520~680	19			34		$d=2a$	$d=3a$
	E	420	400	380	360	520~680	19				27	$d=2a$	$d=3a$
Q460	C	460	440	420	400	550~720	17		34			$d=2a$	$d=3a$
	D	460	440	420	400	550~720	17			34		$d=2a$	$d=3a$
	E	460	440	420	400	550~720	17				27	$d=2a$	$d=3a$

在钢结构中常采用低合金高强度结构钢轧制型钢、钢板，来建筑桥梁、高层及大跨度建筑。在重要的钢筋混凝土结构或预应力混凝土结构中，主要应用低合金钢加工成的热轧带肋钢筋。

5.1.5.3 钢结构用型钢

(1) 热轧型钢 热轧型钢有角钢（等边和不等边）、工字钢、槽钢、T型钢、H型钢、L型钢等。其标记由一组符号组成，包括型钢名称、横断面主要尺寸，型钢标准号及钢牌号与钢种标准等。例如，用碳素钢 Q235—A 轧制的，尺寸为 160mm×160mm×16mm 的等边角钢，应标示为：

热轧等边角钢： $\dfrac{160 \times 160 \times 16 - （GB\ 9787—1988）}{Q235 - A\ （GB\ 700—1988）}$

(2) 冷弯薄壁型钢 通常是用 2~6mm 厚薄钢板冷弯或模压而成，有角钢、槽钢等开口薄壁型钢及方形、矩形等空心薄壁型钢。其标示方法与热轧型钢相同。

(3) 钢板、压型钢板 用光面轧辊轧制而成的扁平钢材，以平板状态供货的称钢板，以卷状供货的称钢带。按轧制温度不同，分为热轧和冷轧两种；热轧钢板按厚度分为厚板（厚度大于4mm）和薄板（厚度为 0.35~4mm）两种；冷轧钢板只有薄板（厚度 0.2~4mm）一种。

5.1.5.4 钢筋混凝土结构用钢筋和钢丝

钢筋混凝土结构用钢筋和钢丝，是由碳素结构钢和低合金结构钢加工的，主要品种有热轧钢筋、冷拔低碳钢丝、碳素钢丝、钢铰线和热处理钢筋等。

(1) 热轧钢筋

用加热钢坯轧成的条型成品钢筋，称为热轧钢筋。按其轧制外形分为：热轧光圆钢筋和热轧带肋钢筋。带肋钢筋按肋纹的形状分为月牙肋和等高肋。标示用 H、R、B 分别表示热轧、带肋、钢筋，其性能见表 5-7。

热轧钢筋技术性质（GB 13013—1991、GB 1499—1998） 表 5-7

强度等级代号	外形	钢种	公称直径 a (mm)	屈服强度 (MPa) 不小于	抗拉强度 (MPa) 不小于	伸长率 δ_5 (%) 不小于	冷弯试验 角度	冷弯试验 弯心直径
HPB235	光圆	低碳钢	8~20	235	370	25	180°	$d = a$
HRB335	月牙肋	低碳钢合金钢	6~25	335	490	16	180°	$d = 3a$
			28~50				180°	$d = 4a$
HRB400			6~25	400	570	14	180°	$d = 4a$
			28~50				180°	$d = 5a$
HRB500	等高肋	中碳钢合金钢	6~25	500	630	12	180°	$d = 6a$
			28~50				180°	$d = 7a$

HPB235 级钢筋，是用 Q235 碳素钢轧制而成的光圆钢筋。它的强度较低，但具有塑性好，伸长率高，便于弯曲成型，容易焊接等特点。可作为冷轧带肋钢筋的原材料。

HRB335、HRB400 级钢筋，是用低合金镇静钢和半镇静钢轧制而成的，以硅、锰作为主要固溶强化元素。其强度较高，塑性和可焊接性能较好。广泛用于大、中型钢筋混凝土结构的主筋。冷拉后也可作预应力筋。

HRB500 级钢筋，是用中碳低合金镇静钢轧制而成，其中以硅、锰为主要合金元素，使之在提高强度的同时保证其塑性和韧性。它是房屋建筑的主要预应力钢筋。

(2) 冷轧带肋钢筋

热轧盘条钢筋经冷轧后,在其表面带有沿长度方向均匀分布的三面或两面横肋,即成为冷轧带肋钢筋。根据 GB 13788—2000 规定,冷轧带肋钢筋按抗拉强度分为 5 个牌号,分别为 CRB550、CRB650、CRB800、CRB970、CRB1170。C、R、B 分别为冷轧、带肋、钢筋三个词的英文首位字母。其性能见表 5-8。

冷轧带肋钢筋技术性质（GB 13788—2000） 表 5-8

牌号	σ_b (MPa) ≥	伸长率（%）≥		弯曲试验 (180°)	反复试验次数	松弛率(初始应力,$\sigma_{con} = 0.7\sigma_b$)	
		δ_{10}	δ_{100}			(1000h, %) ≤	(10h, %) ≤
CRB550	550	8.0	—	$d = 3a$	—	—	—
CRB650	650	—	4.0		3	8	5
CRB800	800	—	4.0		3	8	5
CRB970	970	—	4.0		3	8	5
CRB1170	1170	—	4.0		3	8	5

(3) 冷拔低碳钢丝和碳素钢丝

1) 冷拔低碳钢丝 将直径为 6～8mm 的 Q195、Q215 或 Q235 热轧圆条经冷拔而成,冷拔使钢筋受到更强烈拉伸和挤压的作用,塑性变形更大,其屈服点可以提高 40%～60%,塑性和韧性降低更大,使其具有硬钢的性质。

用于非预应力混凝土的冷拔低碳钢丝直径为 3～5mm。用于预应力混凝土的冷拔低碳钢丝规格为 $\phi3$、$\phi4$ 和 $\phi5$mm 三种,其强度更高。对其伸长率要求不低于 1.0%～2.5%。用户自行拔制的冷拔低碳钢丝适合用于中小型预应力混凝土构件。

2) 碳素钢丝 将含碳量较高的优质碳素钢盘条筋,经酸洗、拔制或者回火处理而制成。具有强度高（$\phi3$～$\phi5$,$\delta_s \nless 1100$～1255MPa）、柔性好、无接头、施工方便、安全可靠等特点,适用于大跨度屋架、吊车梁等大型构件及 V 型折板配筋。碳素钢丝由钢厂供货,成本较高。

碳素钢丝可按冷拉和矫直回火两种方式供货。还可以将其压成痕轧制成刻痕钢丝并经低温回火后成盘供应,用于预应力混凝土结构中。

若将 7 根 $\phi2.5$～5mm 的碳素钢丝绞捻后,消除内应力制成钢绞线,可用于大型屋架、薄腹梁、大跨桥梁等大承载力的预应力重型或大跨结构中。钢绞线强度高、柔性好、无接头、质量稳定。

5.1.6 建筑钢材的防锈

钢的锈蚀,主要是受电化学腐蚀作用的结果。由于钢表面上晶体组织不同、杂质分布不均、以及受力变形、表面不平整等内在原因,若遇潮湿环境,就构成许多"微电池",尤其在有充足空气条件下,就造成较严重的电化学腐蚀。而混凝土中的钢筋和钢丝是在水泥石碱性环境中,钢表面能形成致密的钝化膜,对钢材起保护作用。含碳量高,经冷加工的钢筋(丝)容易产生应力锈蚀。混凝土碱度低、不致密、保护层易受碳化、或使用氯化物外加剂的混凝土中,钢筋(丝)易锈蚀。

防止钢的锈蚀,在钢结构中,一方面选择质量好、表面缺陷少的钢材;同时,最根本的方法是防止潮湿和隔绝空气。目前经常采用表面涂漆的隔离方法,也可以采取镀锌、涂塑料涂层等方法；对于重要钢结构可以采取阴极保护的措施，即使锌、镁等低电位的金属与钢结构相联作为阴极，使其受到腐蚀的同时，保护了作为阳极的钢材。

在钢筋混凝土中，尤其是对预应力承重结构的防锈，首先也是严格控制钢筋、钢丝质量；其次是采取提高混凝土密实度，适当加大保护层厚度，以及控制氯盐掺量，或者掺加亚硝酸盐等阻锈剂等措施，来防止钢筋锈蚀。

5.1.7 铸铁

含碳量大于 2.0% 的铁碳合金称为生铁。根据生铁中碳的存在形态的不同又分为白口铁和灰口铁。由于白口铁中碳以 Fe_3C 状态存在，质硬脆而冷却后收缩大，铸造、切削加工都困难，故常作为炼钢原料。而断口呈暗灰色的灰口铁中，碳大部分以石墨状态游离存在，使灰口铁质软、强度低，冷却时收缩小，适宜于直接铸造成铸件，或铸后切削加工，故称其为铸铁。

灰口铸铁含碳量多在 2.8%～3.6% 范围内。铸件中还含有硅和硫、磷、锰等成分。随碳和硅含量降低，铸铁的抗拉强度提高。$\phi30$ 铸铁试件抗拉强度为 120～300MPa，抗压强度为抗拉强度的 3～4 倍，弹性模量为 $0.9～1.5\times10^5$MPa，无塑性变形，质硬脆。

建筑工程中，主要用以铸造上、下水管、连接件、窨井和排水沟盖、散热器片及水暖零件，以及制作栅栏，建筑小品等装修材料。

5.1.8 铝及铝合金

建筑用非铁金属中，铝及铝合金是用量最多的。近十几年来铝及铝合金的应用发展迅速。工业发达国家已开始将铝合金用在建筑结构中代替或部分代替钢材，构成轻型结构。我国近年来在室内外装修、建筑中小五金、门、窗框、栅栏、扶手、吊顶龙骨、玻璃幕墙框架等处大量使用铝及铝合金。随着国家建筑业发展，铝及铝合金的应用会有较快的发展。

5.1.8.1 铝

纯铝为银白色轻金属，其强度低（σ_b 为 80～100MPa）、硬度低（HB 为 17～44）、塑性好（伸长率 σ_{10} 达 40%）、延展性好，耐蚀性好。仅适用于门窗、百叶、小五金及铝箔等非承重材料。铝粉（俗称银粉）可调制成装饰涂料和防锈涂料。

5.1.8.2 铝合金

(1) 铝合金的种类

纯铝中加入镁、锰等元素，成为铝合金，在建筑工程中得到广泛应用。按加工方法将铝合金分为铸造铝合金（LZ）和变形铝合金。变形铝合金是通过辊轧、冲压、弯曲等工艺，使铝的组织和形状发生变化的铝合金。又分为防锈铝（LF）（热处理非强化型）和硬铝（LY）、超硬铝（LC）、锻铝（LD）（可以热处理强化的铝合金）。

(2) 铝合金的性能及其在建筑中的应用

建筑工程中应用最为广泛的是锻铝，即 Al–Mg–Si 铝合金（LD31），其屈服强度（$\sigma_{0.2}$）为 110～170MPa，抗拉强度（σ_b）为 155～205MPa，伸长率（δ）为 8%，弹性模量为 0.69×10^5MPa，密度为 2.69 g/cm³。其性能接近低碳钢，密度只是低碳钢的 1/3。是高层、大跨度建筑的理想结构材料。硬铝和超硬铝可通过铸造、轧制成板材，挤压加工成门、窗框、屋架、活动墙等铝合金构件和产品。

5.2 思考题与习题

（一）名词解释

1. 钢材的时效
2. 疲劳破坏
3. 屈服强度
4. 抗拉强度
5. 伸长率
6. 临界温度
7. 硬度
8. 淬火

（二）是非判断题（对的划√，不对的划×）

1. 钢材的屈服强度是以屈服下限 $B_下$ 点所对应的应力值来表示的。（   ）
2. 钢材中含磷则影响钢材的热脆性。而含硫则影响钢材的冷脆性。（   ）
3. 在工程上，对重要结构应选用时效敏感性小的钢材使用。（   ）
4. 钢材冷拉是指在常温下将钢材拉断，以伸长率作为性能指标。（   ）
5. 中碳钢和高碳钢在进行拉伸试验时，没有明显的屈服现象。（   ）
6. 钢材的硬度可用布氏硬度和洛氏硬度表示，较常用的是布氏硬度法，是以压头压入试件深度来表示硬度值的。（   ）
7. 某厂生产钢筋混凝土梁，配筋需用冷拉钢筋，但现有冷拉钢筋不够长，因此将此筋对接焊接加长使用。（   ）
8. 增加钢材中碳的含量，虽能降低钢材的塑性和韧性，但可提高钢材的强度和硬度。（   ）
9. 钢材的腐蚀主要是化学腐蚀，其结果是钢材表面生成氧化铁等而失去金属光泽。（   ）
10. 钢材的屈强比越大，反应结构的安全性越高，但钢材的有效利用率低。（   ）
11. 钢材的回火处理总是紧接着退火处理进行的。（   ）
12. 建筑钢材的基本组织主要是珠光体和渗碳体，其间随着含碳质量分数的提高，则珠光体增加，渗碳体减少。（   ）
13. 钢材的伸长率表明钢材的塑性变形能力，伸长率越大，钢材的塑性越好。（   ）
14. 碳素结构钢的牌号中的质量等级 A、B、C、D，其磷、硫的含量是依次增加的。（   ）
15. 钢材在焊接时产生裂纹，原因之一是钢材中含磷较高所致。（   ）

（三）填空题

1. 随着钢材中含碳量的增加，则硬度_____、塑性_____、焊接性能_____。
2. 钢的基本组织主要有_____、_____ 和 _____ 三种。
3. 冷弯性能是指钢材在常温下承受_____变形的能力。
4. 建筑钢材的主要基本组织是_____和_____。

5. 对冷加工后的钢筋进行时效处理，可用_____时效和_____时效两种方法。

6. 经冷加工时效处理后的钢筋，其_____进一步提高，_____、_____有所降低。

7. 按标准（GB 700—88）规定，碳素结构钢分_____种牌号，即_____、_____、_____、和_____、_____。各牌号又按其硫和磷含量由多至少分_____种质量等级。

8. Q235 - A·F 钢叫做_____，Q235 表示_____，A 表示_____，F 表示_____。

9. 钢材在发生冷脆时的温度称为_____，其数值愈_____，说明钢材的低温冲击性能愈_____，所以在负温下使用的结构，应当选用脆性临界温度较工作温度_____的钢材。

10. 碳素结构钢随着牌号的_____，其含碳量_____，强度_____，塑性和韧性_____，冷弯性逐渐_____。

11. 钢材的技术性质主要有两个方面，其力学性能包括：_____、_____、_____和_____；工艺性能包括：_____和_____。

12. 炼钢过程中，由脱氧程度不同，钢可分_____钢、_____钢和_____钢三种。其中_____钢脱氧完全，_____钢脱氧很不完全。

13. 建筑工地或混凝土预制构件厂，对钢筋的冷加工方法有_____及_____，钢筋冷加工后_____提高，故可达到_____目的。

14. 钢材的淬火是将钢材加热至_____温度以上，经保温，_____冷的过程。

15. 一般情况下在动荷载状态、焊接结构或严寒低温下使用的结构，往往限制使用_____钢。

16. 根据国家标准《低合金高强度结构钢》GB 1591—94 的规定，低合金高强度结构钢共_____个牌号，低合金高强度结构钢的牌号由_____、_____和_____三个要素组成。

17. 根据锈蚀作用的机理，钢材锈蚀可分_____和_____两种。

18. 铝合金由于延伸性_____，硬度_____，_____于加工等特点。因此，目前被广泛用于各类房屋建筑中。

19. 钢材当含碳质量分数提高时，可焊性_____；含_____元素较多时可焊性变差；钢中杂质量多时对可焊性_____。

（四）单项选择题

1. 抗拉性能是建筑钢材最重要的性能。设计时，强度取值的依据一般为_____。
①强度极限　　②屈服极限　　③弹性极限　　④比例极限

2. 钢结构设计时，碳素结构钢以（　　）强度作为设计计算取值的依据。
①σ_s　　②σ_b　　③$\sigma_{0.2}$　　④σ_p

3. 钢材随着碳含量的增加，则钢板的_____提高。
①硬度　　②可焊性　　③韧性　　④塑性

4. 随着钢材含碳质量分数的提高（　　）。
①强度、硬度、塑性都提高　　②强度提高，塑性降低
③强度降低，塑性提高　　④强度、塑性都降低

5. 热轧钢筋的级别高，则其_____。
①屈服强度、抗拉强度高、且塑性好

②屈服强度、抗拉强度高、且塑性差
③屈服强度、抗拉强度低、但塑性好
④屈服强度、抗拉强度低、且塑性差

6. 预应力混凝土用热处理钢筋是用（　　）经淬火和回火等调质处理而成的。
①热轧带肋钢筋　②冷轧带肋钢筋　③热轧光圆钢筋

7. 钢与铁以含碳质量分数（　　）%为界，含碳质量分数小于这个值时为钢，大于这个值时为铁。
① 0.25　　　② 0.60　　　③ 0.80　　　④ 2.0

8. 吊车梁和桥梁钢，要注意选用（　　）较大，且时效敏感性小的钢材。
①塑性　　　②韧性　　　③脆性

9. 钢结构设计时，对直接承受动荷载的结构应选用（　　）。
①氧气转炉镇静钢　　　②沸腾钢　　　③氧气转炉半镇静钢

10. 钢材中硅的含量较低时，增加含硅量可提高钢材的强度，但若含量超过（　　）时，会增加钢材的冷脆性，降低可焊性。
① 0.55　　　② 0.80　　　③ 1.00　　　④ 2.0

11. 伸长率表征了钢材的塑性变形能力，不同的长径比的钢材的伸长率不同，δ_5（　　）δ_{10}。
①大于　　　②小于　　　③等于　　　④大于或等于

12. HRB500级钢筋是用（　　）轧制而成的。
①中碳钢　　　②低合金钢　　　③中碳镇静钢　　　④中碳低合金镇静钢

13. 预应力混凝土热处理钢筋，其条件屈服强度为不小于1325MPa，抗拉强度不小于1470MPa，伸长率不小于（　　），1000h应力松弛不大于3.5%。
①6%　　　②8%　　　③10%　　　④12%

14. 冷拔低碳钢丝是由直径为6~8mm的（　　）热轧圆条经冷拔而成。
①Q195　　　②Q215　　　③Q235　　　④Q195、Q215或Q235

15. 白口铁中碳以（　　）状态存在，其质硬脆而冷却后收缩大，铸造、加工都困难，故常做为炼钢原料。
①FeC　　　②Fe_2C　　　③Fe_3C　　　④C

16. 钢材的时效处理是将经过冷拉的钢筋于常温下存放15~20d，或加热到100~200℃并保持（　　）左右。
①1h　　　②2h　　　③3h　　　④4h

17. 建筑结构钢合理的屈强比一般为（　　）。
①0.50~0.65　　　②0.60~0.75　　　③0.70~0.85　　　④0.80~0.95

18. 碳素钢中的低碳钢的含碳量为（　　）。
①小于0.25%　　　②小于0.60%　　　③大于0.25%　　　④大于0.60%

19. 从便于加工、塑性和焊接性好的角度出发，应选择（　　）。
①Ⅰ级钢筋　　　②Ⅱ级钢筋　　　③Ⅲ级钢筋　　　④Ⅳ级钢筋

20. 钢材试件拉断后的伸长率，表明钢材的（　　）。
①弹性　　　②塑性　　　③韧性　　　④冷弯性

21．钢材冷加工目的是（　　）。
①提高材料的抗拉强度　　　　　　②提高材料的塑性
③改善材料的弹性性能　　　　　　④改善材料的焊接性能
22．钢材中硫是有害元素，它会引起（　　）。
①冷脆性　　②热脆性　　③焊接性能的提高　④腐蚀性能提高
23．在负温下直接承受动荷载的结构钢材，要求低温冲击韧性，其判断指标为（　　）。
①屈服点　　　②弹性模量　　③脆性临界温度　④布氏硬度
24．铝合金门窗的缺点是（　　）。
①质轻　　　　②密封性好　　③导热性好　　　④强度高
25．普通低合金结构钢比普通碳素钢的（　　）。
①强度低　　　②强度高　　　③抗冲击性差　　④加工难度大

（五）多项选择题（选出二至五个正确的答案）
1．钢筋经冷拉及时效处理后，其性质将产生变化的是（　　）。
①屈服强度提高　②塑性提高　　③冲击韧性降低
④抗拉强度提高　⑤塑性降低
2．预应力混凝土用钢绞线主要用于（　　）。
①大跨度屋架及薄腹梁　　　　　　②大跨度吊车梁
③桥梁　　　　④电杆　　　　　　⑤轨枕
3．钢材的表面防火方法有（　　）。
①刷红丹　　　②刷醇酸磁漆　③热浸镀锌
④刷 STI—A 涂料　⑤刷 LG 涂料
4．低合金结构钢具有（　　）等性能。
①较高的强度　②较好的塑性　③可焊性
④较好的抗冲击韧性　⑤较好的冷弯性
5．钢筋混凝土结构，除对钢筋要求有较高的强度外，还应具有一定的（　　）。
①弹性　　　　②塑性　　　　③韧性
④冷弯性　　　⑤可焊接性
6．建筑钢材中可直接用作预应力钢筋的有（　　）。
①冷拔低碳钢丝　②冷拉钢筋　　③热轧Ⅰ级钢筋
④碳素钢丝　　⑤钢绞线
7．仓储中钢材锈蚀的防止措施有（　　）。
①创造有利保管环境　　　　　　②表面涂一层防锈剂
③加强检查　　④经常维护　　　⑤保护好防护与包装
8．影响钢材冲击韧性的重要因素有（　　）。
①钢材的化学成分　　　　　　　②所承受荷载的大小
③钢材内在缺陷　　　　　　　　④环境温度　⑤钢材组织状态
9．混凝土配筋的防锈措施有（　　）。
①提高混凝土的密实度　　　　　②增加保护层的厚度

③使用防锈剂　　④钢材表面涂油　⑤限制氯盐外加剂的掺用量

10. Q255、Q275号钢，具有（　　）的性能。
①强度较高　　②塑性、韧性较差　　③可焊性差
④易冷加工　　⑤多用于制造机械零件

11. HRB235级钢筋是用Q235碳素结构钢轧制而成的光圆钢筋，具有（　　）性质。
①强度较高　　②塑性好　　　　③伸长率高
④便于弯折成型　　　　　　⑤容易焊接

12. 冷轧带肋钢筋与冷拔低碳钢丝相比较有（　　）的性能。
①强度高　　　②塑性好　　　③与混凝土粘结牢固
④节约钢材　　⑤质量稳定

13. 铝为银白色轻金属，并有（　　）性能。
①强度高　　　②可焊性能好　　③塑性好
④导热性能强　⑤延展性好

（六）问答题

1. 什么是钢材的屈强比？它在建筑设计中有何实际意义？
2. 简述钢材的化学成分对钢材性能的影响。
3. 何谓钢材的冷加工和时效？钢材经冷加工和时效处理后性能有何变化？
4. 试述低合金高强度结构钢的优点。
5. 钢筋混凝土用热轧带肋钢筋有几个牌号？各牌号钢筋的应用范围如何？
6. 简述铝合金的分类。建筑工程中常用的铝合金制品有哪些？
7. 铝合金型材为什么必须进行表面处理？
8. 解释下列钢牌号的含义
①Q235-A；②Q255-B·b；③Q420-D；④Q460-C。
9. 评价钢材技术性质的主要指标有哪些？
10. 伸长率表示钢材的什么性质？如何计算？同一种钢材，δ_5和δ_{10}哪个值大？为什么？
11. 什么是钢材的冷弯性能？应如何进行评价？
12. 建筑钢材的锈蚀原因有哪些？如何防护？

（七）计算题

1. 直径16mm的钢筋，截取两根试样作拉伸试验，达到屈服点的荷载分为72.3kN和72.2kN，拉断时荷载分别104.5kN和108.5kN。试件标距长度80mm，拉断时的标距长度为96mm和94.4mm。问该钢筋属何牌号？

2. 从新进货的一批热轧钢筋中抽样，截取两根做拉伸试验，测得结果如下：屈服下限荷载分别为42.4kN和41.5kN；抗拉极限荷载分别为62.0kN和61.6kN，钢筋公称直径为12mm，标距为60mm，拉断时长度分别为71.1mm和71.5mm。试判断该钢筋为何牌号？其强度利用率和结构安全度如何？

6 墙 体 材 料

6.1 学 习 指 导

墙体材料是建筑工程中十分重要的材料，目前用于墙体的材料总体可归纳为砌墙砖、砌块和板材三大类。

6.1.1 砌墙砖

砌墙砖系指以黏土、工业废料或其他地方资源为主要原料，以不同工艺制造的、用于砌筑承重和非承重墙体的墙砖。

砌墙砖按照生产工艺分为烧结砖和非烧结砖。经焙烧制成的砖为烧结砖；经碳化或蒸汽（压）养护硬化而成的砖属于非烧结砖。按照孔洞率（砖上孔洞和槽的体积总和与按外阔尺寸算出的体积之比的百分率）的大小，砌墙砖分为实心砖、多孔砖和空心砖。实心砖是没有孔洞或孔洞率小于15%的砖；孔洞率等于或大于15%，孔的尺寸小而数量多的砖称为多孔砖；而孔洞率等于或大于15%，孔的尺寸大而数量少的砖称为空心砖。

6.1.1.1 烧结砖

（1）烧结普通砖

烧结普通砖是以黏土、页岩、煤矸石、粉煤灰为主要原料，经焙烧而成的普通砖。按主要原料分为烧结黏土砖（符号为N）、烧结页岩砖（符号为Y）、烧结煤矸石砖（符号为M）和烧结粉煤灰砖（符号为F）。

砖的焙烧温度要适当，以免出现欠火砖和过火砖。在焙烧温度范围内生产的砖称为正火砖，未达到焙烧温度范围生产的砖称为欠火砖，而超过焙烧温度范围生产的砖称为过火砖。欠火砖颜色浅、敲击时声音哑、孔隙率高、强度低、耐久性差，工程中不得使用欠火砖。过火砖颜色深、敲击声响亮、强度高，但往往变形大，变形不大的过火砖可用于基础等部位。

1）烧结普通砖的主要技术性能指标

根据《烧结普通砖》GB 5101—2003规定，强度、抗风化性能和放射性物质合格的砖，根据尺寸偏差、外观质量、泛霜和石灰爆裂分为优等品（A）、一等品（B）和合格品（C）三个质量等级，见表6-1。

烧结普通砖的公称尺寸是240mm×115mm×53mm，如图6-1所示。通常将240mm×115mm面称为大面，240mm×53mm面称为条面，115mm×53mm面称为顶面。

在新砌筑的砖砌体表面，有时会出现一层白色的粉状物，这种现象称为泛霜。出现泛霜的原因是由于砖内含有较多可溶性盐类，这些盐类在砌筑施工时溶解于进入砖内的水中，当水分蒸发时在砖的表面结晶成霜状。这些结晶的粉状物有损于建筑物的外观，而且结晶膨胀也会引起砖表层的疏松甚至剥落。

石灰爆裂是指烧结砖的原料中夹杂着石灰石,焙烧时石灰石被烧成生石灰块,在使用过程中生石灰吸水熟化为熟石灰,体积膨胀而引起砖裂缝,严重时使砖砌体强度降低,直至破坏。

烧结普通砖根据抗压强度分为 MU30、MU25、MU20、MU15、MU10 五个强度等级,各强度等级应符合表 6-2 的规定。

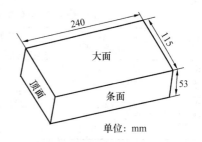

图 6-1 砖的尺寸及平面名称

烧结普通砖的质量等级划分 (GB/T 5101—2003)   表 6-1

项 目			优等品		一等品		合格品	
			样本平均偏差	样本极差≤	样本平均偏差	样本极差≤	样本平均偏差	样本极差≤
尺寸偏差	(1) 长度 (mm)		±2.0	6	±2.5	7	±3.0	8
	(2) 宽度 (mm)		±1.5	5	±2.0	6	±2.5	7
	(3) 高度 (mm)		±1.5	4	±1.6	5	±2.0	6
外观质量	(1) 两条面高度差,不大于 (mm)		2		3		4	
	(2) 弯曲,不大于 (mm)		2		3		4	
	(3) 杂质凸出高度,不大于 (mm)		2		3		4	
	(4) 缺棱掉角的三个破坏尺寸,不得同时大于 (mm)		5		20		30	
	(5) 裂纹长度,不大于 (mm)	a. 大面上宽度方向及其延伸至条面的长度	30		60		80	
		b. 大面上长度方向及其延伸至顶面的长度或条顶面上水平裂纹的长度	50		80		100	
	(6) 完整面不得少于		二条面和二顶面		一条面和一顶面		—	
	(7) 颜色		基本一致					
泛霜			无泛霜		不允许出现中等泛霜		不允许出现严重泛霜	
石灰爆裂			不允许出现最大破坏尺寸大于 2mm 的爆裂区域		a. 最大破坏尺寸大于 2mm 且小于等于 10mm 的爆裂区域,每组砖样不得多于 15 处。 b. 不允许出现最大破坏尺寸大于 10mm 的爆裂区域		a. 最大破坏尺寸大于 2mm 且小于等于 15mm 的爆裂区域,每组砖样不得多于 15 处。其中大于 10mm 的不得多于 7 处 b. 不允许出现最大破坏尺寸大于 15mm 的爆裂区域	

注:凡有下列缺陷之一者,不得称为完整面。
  a) 缺损在条面或顶面上造成的破坏面尺寸同时大于 10mm×10mm。
  b) 条面或顶面上裂纹宽度大于 1mm,其长度超过 30mm。
  c) 压陷、粘底、焦花在条面或顶面上的凹陷或凸出超过 2mm,区域尺寸同时大于 10mm×10mm。
  d) 为装饰面而施加的色差、凹凸纹、拉毛、压花等不算作缺陷。

烧结普通砖的强度等级（GB/T 5101—2003）　　　　表6-2

强度等级	抗压强度平均值 $\bar{f} \geq$（MPa）	变异系数 $\delta \leq 0.21$ 强度标准值 $f_k \geq$（MPa）	变异系数 $\delta > 0.21$ 单块最小抗压强度值 $f_{min} \geq$（MPa）
MU30	30.0	22.0	25.0
MU25	25.0	18.0	22.0
MU20	20.0	14.0	16.0
MU15	15.0	10.0	12.0
MU10	10.0	6.5	7.5

评定烧结普通砖的强度等级时，抽取试样10块，分别测其抗压强度，试验后计算出以下指标：

$$\delta = \frac{s}{\bar{f}} \tag{6-1}$$

$$s = \sqrt{\frac{1}{9}\sum_{i=1}^{10}(f_i - \bar{f})^2} \tag{6-2}$$

式中　δ——砖强度变异系数，精确至0.01；

　　　s——10块试样的抗压强度标准差，精确至0.01MPa；

　　　$\bar{f}$——10块试样的抗压强度平均值，精确至0.1MPa；

　　　f_i——单块试样抗压强度测定值，精确至0.01MPa。

结果评定采用以下两种方法。

①平均值–标准值方法

当变异系数 $\delta \leq 0.21$ 时，按表中抗压强度平均值 $\bar{f}$ 和强度标准值 f_k 评定砖的强度等级。样本量 $n=10$ 时的强度标准值按下式计算：

$$f_k = \bar{f} - 1.8s \tag{6-3}$$

式中　f_k——强度标准值，精确至0.1MPa。

②平均值–最小值方法

当变异系数 $\delta > 0.21$ 时，按表中抗压强度平均值 $\bar{f}$ 和单块最小抗压强度值 f_{min} 评定砖的强度等级，单块最小抗压强度值精确至0.1MPa。

抗风化性能是指在干湿变化、温度变化、冻融变化等物理因素作用下，材料不破坏并长期保持原有性质的能力。它是材料耐久性的重要内容之一。

砖的放射性物质应符合《建筑材料放射性核素限量》（GB 6566—2001）的规定。

2）烧结普通砖的优缺点及应用

烧结普通砖具有较高的强度、较好的绝热性、隔声性、耐久性及价格低廉等优点，加之原料广泛、工艺简单，所以是应用历史最久，应用范围最为广泛的墙体材料。另外，烧结普通砖也可用来砌筑柱、拱、烟囱、地面及基础等，还可与轻骨料混凝土、加气混凝土、岩棉等复合砌筑成各种轻质墙体，在砌体中配置适当的钢筋或钢丝网也可制作柱、过梁等，代替钢筋混凝土柱、过梁使用。

烧结普通砖的缺点是生产能耗高、砖的自重大、尺寸小、施工效率低、抗震性能差等，尤其是黏土实心砖大量毁坏土地、破坏生态。从节约黏土资源及利用工业废渣等方面考虑，提倡大力发展非黏土砖。所以，我国正大力推广墙体材料改革，以空心砖、工业废渣砖、砌块及轻质板材等新型墙体材料代替黏土实心砖，已成为不可逆转的势头。

(2) 烧结多孔砖和烧结空心砖

烧结多孔砖、烧结空心砖与烧结普通砖相比，具有一系列优点。使用这些砖可使建筑物自重减轻 1/3 左右，节约黏土 20%～30%，节省燃料 10%～20%，且烧成率高，造价降低 20%，施工效率提高 40%，并能改善砖的绝热和隔声性能，在相同的热工性能要求下，用空心砖砌筑的墙体厚度可减薄半砖左右。

1）烧结多孔砖

烧结多孔砖是以黏土、页岩、煤矸石、粉煤灰为主要原料，经焙烧而成的孔洞率 ≥ 15%，孔的尺寸小而数量多的砖。按主要原料分为黏土砖（N）、页岩砖（Y）、煤矸石砖（M）和粉煤灰砖（F）。烧结多孔砖的孔洞垂直于大面，砌筑时要求孔洞方向垂直于承压面。因为它的强度较高，主要用于六层以下建筑物的承重部位。

根据《烧结多孔砖》（GB 13544—2000）的规定，强度和抗风化性能合格的烧结多孔砖，根据尺寸偏差、外观质量、孔型及孔洞排列、泛霜、石灰爆裂分为优等品（A）、一等品（B）和合格品（C）三个质量等级。

烧结多孔砖为直角六面体，如图 6-2 所示。根据抗压强度分为 MU30、MU25、MU20、MU15、MU10 五个强度等级。

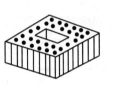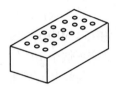

图 6-2 烧结多孔砖的外形

2）烧结空心砖

烧结空心砖是以黏土、页岩、煤矸石、粉煤灰为主要原料，经焙烧而成的孔洞率 ≥ 15%，孔的尺寸大而数量少的砖。其孔洞垂直于顶面，砌筑时要求孔洞方向与承压面平行。因为它的孔洞大，强度低，主要用于砌筑非承重墙体或框架结构的填充墙。

根据《烧结空心砖和空心砌块》GB 13545—2003 的规定，强度、密度、抗风化性能和放射性物质合格的砖，根据尺寸偏差、外观质量、孔洞排列及其结构、泛霜、石灰爆裂、吸水率分为优等品（A）、一等品（B）和合格品（C）三个质量等级。

烧结空心砖的外形为直角六体面，如图 6-3，其尺寸有 290mm×190mm×90mm 和 240mm×180mm×115mm 两种。烧结空心砖根据抗压强度分为 MU10.0、MU7.5、MU5.0、MU3.5、MU2.5 五个强度等级，根据表观密度分为 800、900、1000、1100 四个密度等级。

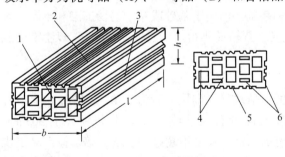

图 6-3 烧结空心砖的外形

1—顶面；2—大面；3—条面；4—肋；5—凹线槽；
6—外壁；l—长度；b—宽度；h—高度

6.1.1.2 蒸养（压）砖

(1) 蒸压灰砂砖

蒸压灰砂砖是用磨细生石灰和天然砂，经混合搅拌、陈伏、轮碾、加压成型、蒸压养护（175～191℃，0.8～1.2MPa 的饱和蒸汽）而成。蒸压灰砂砖有彩色的（Co）和本色的（N）两类，本色为灰白色，若掺入耐碱颜料，可制成彩色砖。

按照《蒸压灰砂砖》GB 11945—1999 的规定，蒸压灰砂砖根据尺寸偏差、外观质量、强度及抗冻性分为优等品（A）、一等品（B）和合格品（C）三个质量等级。

蒸压灰砂砖的外形为直角六面体，公称尺寸为240mm×115mm×53mm。根据抗压强度和抗折强度分为MU25、MU20、MU15、MU10四个强度等级。

蒸压灰砂砖材质均匀密实，尺寸偏差小，外形光洁整齐，表观密度为1800～1900kg/m³，导热系数约为0.61W/(m·K)。MU15及其以上的灰砂砖可用于基础及其他建筑部位；MU10的灰砂砖仅可用于防潮层以上的建筑部位。由于灰砂砖中的某些水化产物（氢氧化钙、碳酸钙等）不耐酸，也不耐热，因此不得用于长期受热200℃以上、受急冷急热和有酸性介质侵蚀的建筑部位，也不宜用于有流水冲刷的部位。

(2) 粉煤灰砖

蒸压(养)粉煤灰砖是以粉煤灰和石灰为主要原料,掺入适量的石膏和骨料,经坯料制备、压制成型、高压或常压蒸汽养护而制成。其颜色呈深灰色，表观密度约为1500kg/m³。

根据《粉煤灰砖》JC 239—2001的规定，粉煤灰砖根据尺寸偏差、外观质量、强度、抗冻性和干燥收缩分为优等品（A）、一等品（B）和合格品（C）三个产品等级。

粉煤灰砖的公称尺寸为240mm×115mm×53mm。按照抗压强度和抗折强度分为MU20、MU15、MU10、MU7.5四个强度级别，优等品的强度级别应不低于15级，一等品的强度级别应不低于10级。

粉煤灰砖可用于工业与民用建筑的墙体和基础，但用于基础或易受冻融和干湿交替作用的建筑部位时，必须使用一等品和优等品。粉煤灰砖不得用于长期受热200℃以上、受急冷急热和有酸性介质侵蚀的建筑部位。为避免或减少收缩裂缝的产生，用粉煤灰砖砌筑的建筑物，应适当增设圈梁及伸缩缝。

(3) 煤渣砖

煤渣砖是以煤渣为主要原料，加入适量石灰、石膏等材料，经混合、压制成型、蒸汽或蒸压养护而制成的实心砖，颜色呈黑灰色。

根据《煤渣砖》JC 525—1993的规定，煤渣砖的公称尺寸为240mm×115mm×53mm，按其抗压强度和抗折强度分为MU20、MU15、MU10、MU7.5四个强度级别。

煤渣砖可用于工业与民用建筑的墙体和基础，但用于基础或用于易受冻融和干湿交替作用的建筑部位必须使用15级及其以上的砖。煤渣砖不得用于长期受热200℃以上、受急冷急热和有酸性介质侵蚀的建筑部位。

6.1.2 建筑砌块

砌块是用于砌筑的，形体大于砌墙砖的人造块材。砌块一般为直角六面体，也有各种异形的。砌块系列中主规格的长度、宽度或高度有一项或一项以上分别大于365mm、240mm或115mm，但高度不大于长度或宽度的六倍，长度不超过高度的三倍。按产品主规格的尺寸可分为大型砌块（高度大于980mm）、中型砌块（高度为380～980mm）和小型砌块（高度为115～380mm）。

砌块是一种新型墙体材料，可以充分利用地方资源和工业废渣，并可节省黏土资源和改善环境。其具有生产工艺简单，原料来源广，适应性强，制作及使用方便灵活，可改善墙体功能等特点，因此发展较快。

6.1.2.1 普通混凝土小型空心砌块

普通混凝土小型空心砌块主要是以普通混凝土拌合物为原料，经成型、养护而成的空心块体墙材。有承重砌块和非承重砌块两类。为减轻自重，非承重砌块也可用炉渣或其他轻质骨料配制。

普通混凝土小型空心砌块的主规格尺寸为 390mm×190mm×190mm，其他规格尺寸可由供需双方协商。砌块各部位的名称如图6-4所示。最小外壁厚应不小于 30mm，最小肋厚应不小于 25mm。空心率应不小于 25%。

根据《普通混凝土小型空心砌块》GB 8239—1997 的规定，砌块按尺寸偏差和外观质量分为优等品（A）、一等品（B）和合格品（C）三个质量等级。按抗压强度分为 MU3.5、MU5.0、MU7.5、MU10.0、MU15.0、MU20.0 六个强度等级，砌块的抗压强度是用砌块受压面的毛面积除破坏荷载求得的。

普通混凝土小型空心砌块适用于地震设计烈度为8度及8度以下地区的一般民用与工业建筑物的墙体。对用于承重墙和外墙的砌块，要求其干缩值小于 0.5mm/m，非承重或内墙用的砌块，其干缩值应小于 0.6mm/m。

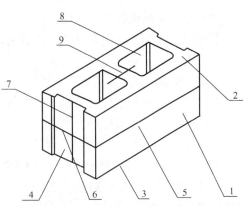

图6-4 小型空心砌块各部位的名称
1—条面；2—坐浆面（肋厚较小的面）；
3—铺浆面（肋厚较大的面）；4—顶面；
5—长度；6—宽度；7—高度；8—壁；9—肋

6.1.2.2 粉煤灰砌块

粉煤灰砌块属硅酸盐类制品，是以粉煤灰、石灰、石膏和骨料（炉渣、矿渣）等为原料，经配料、加水搅拌、振动成型、蒸汽养护而制成的密实砌块。

根据《粉煤灰砌块》JC 238—1991（1996）的规定，粉煤灰砌块的主规格尺寸有 880mm×380mm×240mm 和 880mm×430mm×240mm 两种。按立方体试件的抗压强度，粉煤灰砌块分为10级和13级两个强度等级；按外观质量、尺寸偏差和干缩性能分为一等品（B）和合格品（C）两个质量等级。粉煤灰砌块的立方体抗压强度、碳化后强度、抗冻性和密度应符合表6-3的要求。

粉煤灰砌块的立方体抗压强度、碳化后强度、抗冻性能和密度　　表6-3

项　目	指　标	
	10级	13级
抗压强度	3块试件平均值不小于 10.0MPa，单块最小值不小于 8.0MPa	3块试件平均值不小于 13.0MPa，单块最小值不小于 10.5MPa
人工碳化后强度	不小于 6.0MPa	不小于 7.5MPa
抗冻性	冻融循环结束后，外观无明显疏松、剥落或裂缝，强度损失不大于20%	
密　度	不超过设计密度10%	

粉煤灰砌块的干缩值比水泥混凝土大，弹性模量低于同强度的水泥混凝土制品。粉煤灰砌块适用于一般工业与民用建筑的墙体和基础，但不宜用于长期受高温（如炼钢车间）和经常受潮湿的承重墙，也不宜用于有酸性介质侵蚀的建筑部位。

6.1.2.3 蒸压加气混凝土砌块

蒸压加气混凝土砌块是以钙质材料（水泥、石灰等）、硅质材料（砂、矿渣、粉煤灰等）以及加气剂（铝粉）等，经配料、搅拌、浇注、发气、切割和蒸压养护而成的多孔硅酸盐砌块。

根据《蒸压加气混凝土砌块》GB/T 11968—1997 的规定，砌块按尺寸偏差、外观质量、体积密度和抗压强度分为优等品（A）、一等品（B）和合格品（C）三个质量等级。

蒸压加气混凝土砌块质量轻，表观密度约为黏土砖的 1/3，具有保温、隔热、隔声性能好、抗震性强、耐火性好、易于加工、施工方便等特点，是应用较多的轻质墙体材料之一。适用于低层建筑的承重墙、多层建筑的间隔墙和高层框架结构的填充墙，也可用于一般工业建筑的围护墙，作为保温隔热材料也可用于复合墙板和屋面结构中。在无可靠的防护措施时，该类砌块不得用于水中、高湿度和有侵蚀介质的环境中，也不得用于建筑物的基础和温度长期高于 80℃的建筑部位。

6.1.2.4 轻骨料混凝土小型空心砌块

轻骨料混凝土小型空心砌块是由水泥、砂（轻砂或普砂）、轻粗骨料、水等经搅拌、成型而得。所用轻粗骨料有粉煤灰陶粒、黏土陶粒、页岩陶粒、膨胀珍珠岩、自然煤矸石轻骨料、煤渣等。其主规格尺寸为 390mm×190mm×190mm，其他规格尺寸可由供需双方商定。

根据《轻骨料混凝土小型空心砌块》GB/T 15229—2002 的规定，轻骨料混凝土小型空心砌块按孔的排数分为五类：实心（0）、单排孔（1）、双排孔（2）、三排孔（3）和四排孔（4）。按砌块密度等级分为八级：500、600、700、800、900、1000、1200、1400。按砌块强度等级分为六级：1.5、2.5、3.5、5.0、7.5、10.0。按砌块尺寸允许偏差和外观质量，分为两个等级：一等品（B）和合格品（C）。砌块的吸水率不应大于 20%，干缩率、相对含水率、抗冻性应符合标准规定。

强度等级为 3.5 级以下的砌块主要用于保温墙体或非承重墙体，强度等级为 3.5 级及其以上的砌块主要用于承重保温墙体。

6.1.3 墙用板材

以板材为围护墙体的建筑体系具有质轻、节能、施工方便快捷、使用面积大、开间布置灵活等特点，因此，墙用板材具有良好的发展前景。

6.1.3.1 水泥类墙用板材

水泥类墙用板材具有较好的力学性能和耐久性，生产技术成熟，产品质量可靠。可用于承重墙、外墙和复合墙板的外层面。其主要缺点是表观密度大，抗拉强度低，生产中可制作预应力空心板，以减轻自重和改善隔声隔热性能，也可制作以纤维等增强的薄型板，还可在水泥类板材上制作具有装饰效果的表面层。

（1）预应力混凝土空心墙板

预应力混凝土空心墙板构造如图 6-5 所示。使用时可按要

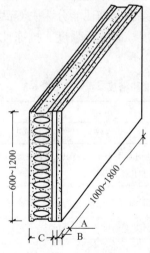

图 6-5 预应力空心
墙板示意图
A—外饰面层；B—保温层；
C—预应力混凝土空心板

求配以保温层、外饰面层和防水层等。可用于承重或非承重外墙板、内墙板、楼板、屋面板和阳台板等。

(2) 玻璃纤维增强水泥轻质多孔隔墙条板

玻璃纤维增强水泥（简称 GRC）轻质多孔隔墙条板是以低碱水泥为胶结料，耐碱玻璃纤维或其网格布为增强材料，膨胀珍珠岩为轻骨料（也可用炉渣、粉煤灰等），并配以发泡剂和防水剂等，经配料、搅拌、浇注、振动成型、脱水、养护而成。如图 6-6 所示，该板可采用不同的企口和开孔形式。

GRC 轻质多孔隔墙条板的优点是质轻、强度高、隔热、隔声、不燃、加工方便等。可用于工业与民用建筑的内隔墙及复合墙体的外墙面。

(3) 纤维增强低碱度水泥建筑平板

纤维增强低碱度水泥建筑平板（以下简称"平板"）是以温石棉、抗碱玻璃纤维等为增强材料，以低碱水泥为胶结材料，加水混合成浆，经制坯、压制、蒸养而成的薄型平板。

平板质量轻、强度高、防潮、防火、不易变形，可加工性好。适用于各类建筑物室内的非承重内隔墙和吊顶平板等。

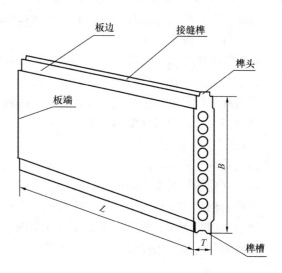

图 6-6　GRC 轻质多孔隔墙条板外形示意图

(4) 水泥木屑板

水泥木屑板是以普通水泥或矿渣水泥为胶凝材料，木屑为主要填料，木丝或木刨花为加筋材料，加入水和外加剂，经平压成型、养护、调湿处理等制成的建筑板材。

水泥木屑板具有自重小、强度高、防火、防水、防蛀、保温、隔声等性能，可进行锯、钻、钉、装饰等加工。主要用作建筑物的顶棚板、非承重内、外墙板、壁橱板和地面板等。

6.1.3.2　石膏类墙用板材

(1) 纸面石膏板

纸面石膏板是以石膏芯材与护面纸组成，按其用途分为普通纸面石膏板、耐水纸面石膏板和耐火纸面石膏板三种。普通纸面石膏板是以建筑石膏为主要原料，掺入适量轻骨料、纤维增强材料和外加剂构成芯材，并与具有一定强度的护面纸牢固地粘结在一起的建筑板材；若在芯材配料中加入耐水外加剂，并与耐水护面纸牢固地粘结在一起，即可制成耐水纸面石膏板；若在芯材配料中加入无机耐火纤维和阻燃剂等，并与护面纸牢固地粘结在一起，即可制成耐火纸面石膏板。

纸面石膏板表面平整、尺寸稳定，具有自重轻、保温隔热、隔声、防火、抗震、可调节室内湿度、加工性好、施工简便等优点，但用纸量较大、成本较高。

普通纸面石膏板可作为室内隔墙板、复合外墙板的内壁板、顶棚板等；耐水纸面石膏板可用于相对湿度较大（≥75%）的环境，如厕所、盥洗室等；耐火纸面石膏板主要用于对防火要求较高的房屋建筑中。

(2) 石膏空心条板

石膏空心条板外形与生产方式类似于玻璃纤维增强水泥轻质多孔隔墙条板。它是以建筑石膏为胶凝材料，适量加入各种轻质骨料（如膨胀珍珠岩、膨胀蛭石等）和无机纤维增强材料，经搅拌、振动成型、抽芯模、干燥而成。

石膏空心条板具有质轻、比强度高、隔热、隔声、防火、可加工性好等优点，且安装墙体时不用龙骨，简单方便。适用于各类建筑的非承重内墙，但若用于相对湿度大于75%的环境中，则板材表面应作防水等相应处理。

(3) 石膏纤维板

石膏纤维板是以纤维增强石膏为基材的无面纸石膏板。常用无机纤维或有机纤维为增强材料，与建筑石膏、缓凝剂等经打浆、铺装、脱水、成型、烘干而制成。

石膏纤维板可节省护面纸，具有质轻、高强、耐火、隔声、韧性高、可加工性好的性能。其规格尺寸和用途与纸面石膏板相同。

6.1.3.3 植物纤维类板材

(1) 稻草（麦秸）板

稻草（麦秸）板生产的主要原料是稻草或麦秸、板纸和脲醛树脂胶料等。其生产方法是将干燥的稻草或麦秸热压成密实的板芯，在板芯两面及四个侧边用胶贴上一层完整的面纸，经加热固化而成。板芯内不加任何胶粘剂，只利用稻草或麦秸之间的缠绞拧编与压合而形成密实并有相当刚度的板材。其生产工艺简单，生产能耗低，仅为纸面石膏板生产能耗的 1/3~1/4。

稻草（麦秸）板质轻，保温隔热性能好，隔声好，具有足够的强度和刚度，可以单板使用而不需要龙骨支撑，且便于锯、钉、打孔、粘结和油漆，施工很便捷。其缺点是耐水性差、可燃。稻草（麦秸）板适用于作非承重的内隔墙、顶棚、厂房望板及复合外墙的内壁板。

(2) 稻壳板

稻壳板是以稻壳与合成树脂为原料，经配料、混合、铺装、热压而成的中密度平板，表面可涂刷酚醛清漆或用薄木贴面加以装饰。稻壳板可作为内隔墙及室内各种隔断板、壁橱（柜）隔板等。

(3) 蔗渣板

蔗渣板是以甘蔗渣为原料，经加工、混合、铺装、热压成型而成的平板。该板生产时可不用胶而利用蔗渣本身含有的物质热压时转化成呋喃系树脂而起胶结作用，也可用合成树脂胶结成有胶蔗渣板。

蔗渣板具有质轻、吸声、易加工（可钉、锯、刨、钻）和可装饰等特点。可用作内隔墙、顶棚、门心板、室内隔断板和装饰板等。

6.1.3.4 复合墙板

将两种或两种以上不同功能的材料组合而成的墙板，称为复合墙板。其优点在于充分发挥所用材料各自的特长，提高使用功能。常用的复合墙板主要由承受外力的结构层（多为普通混凝土或金属板）、保温层（矿棉、泡沫塑料、加气混凝土等）及面层（各类具有可装饰性的轻质薄板）组成。

(1) 混凝土夹心板

混凝土夹心板是以 20~30mm 厚的钢筋混凝土作内外表面层，中间填以矿渣毡、岩棉毡或泡沫混凝土等保温材料，内外两层面板以钢筋件连结，用于内外墙。

(2) 泰柏板

泰柏板是以钢丝焊接成的三维钢丝网骨架与高热阻自熄性聚苯乙烯泡沫塑料组成的芯材板，两面喷（抹）涂水泥砂浆而成，如图 6-7 所示。

泰柏板轻质高强、隔热、隔声、防火、防潮、防震、耐久性好、易加工、施工方便。适用于自承重外墙、内隔墙、屋面板、3m 跨内的楼板等。

(3) 轻型夹心板

轻型夹心板是用轻质高强的薄板为面层，中间以轻质的保温隔热材料为芯材组成的复合板。用于面层的薄板有不锈钢板、彩色涂层钢板、铝合金板、纤维增强水泥薄板等。芯材有岩棉毡、玻璃棉毡、矿渣棉毡、阻燃型发泡聚苯乙烯、阻燃型发泡硬质聚氨酯等。该类复合墙板的性能及适用范围与泰柏板基本相同。

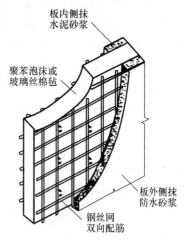

图 6-7 泰柏墙板的示意图

6.1.4 墙体保温和复合墙体

我国资源和能源缺乏，而建筑耗能的情况又相当严重，中国要走可持续发展道路，发展绿色节能建筑刻不容缓。改革传统的墙体提高其保温性能，是降低我国采暖建筑能耗的重要措施。为了较大幅度地提高外墙的保温性能，采用黏土空心砖、各种混凝土空心砌块、加气混凝土砌块或条板等单一墙体材料已难满足节能 50% 的要求。大幅度地提高外墙保温性能的有效途径是采用复合墙体。复合墙体是指用承重材料墙体（如砖或砌块）与高效保温材料（如聚苯板、岩棉板或玻璃棉板等）进行复合而成的墙体。在复合墙体中，根据保温材料所处的相对位置不同，又分为外保温复合墙体、内保温复合墙体以及夹芯保温复合墙体。

(1) 内保温做法，即在外墙内侧（室内一侧）增加保温措施。常用的做法有贴保温板、粉刷石膏（即在墙上粘贴聚苯板，然后用粉刷石膏做面层）、聚苯颗粒胶粉等。内保温做法的问题是，对外墙某些部位如内外墙交接处难以处理，从而形成"热桥"，同时，保温层直接做在室内，一旦出现问题，维修时对住户影响较大。因此，必须注意保证工程质量，避免出现开裂、脱落等现象。

(2) 夹芯保温做法，即把保温材料（聚苯、岩棉、玻璃棉等）放在墙体中间，形成夹芯墙。这种做法，墙体结构和保温层同时完成，对保温材料的保护较为有利。但由于保温材料把墙体分为内外"两层皮"，因此在内外层墙皮之间必须采取可靠的拉结措施，有抗震要求的地区更要认真做好。

(3) 外保温做法，即在墙体外侧（室外一侧）增加保温措施。保温材料可选用聚苯板或岩棉板，采取粘结及锚固件与墙体连接，面层做聚合物砂浆用玻纤网格布增强；对现浇钢筋混凝土外墙，可采取模板内置保温板的复合浇筑方法，使结构与保温同时完成；也可采取聚苯颗粒胶粉在现场喷、抹，形成保温层的方法；还可以在工厂制成带饰面层的复合保温板，到现场安装，用锚固件固定在外墙上。与内保温做法比较，外保温的热工效率较高，不占用室内空间，对保护主体结构有利，不仅适用于新建房屋，也适用于既有建筑的节能改造。因此，外保温复合墙体已成为墙体保温方式的发展方向。但由于保温层处于室外环境，因而对外保温的材料性能和施工质量有更为严格的要求，以保证工程质量。

6.1.5 新型墙体材料的发展

墙体材料的改革是一个重要而难度大的问题，很久以来，我国大部分地区所采用的墙体材料主要为实心黏土砖，对耕地破坏很严重。我国人均耕地面积小，烧砖毁田，问题更突出，且烧砖污染环境，能耗大。根据国务院办公厅《关于进一步推进墙体材料革新和推广节能建筑的通知》，到2010年底，所有城市城区禁止使用实心黏土砖，全国实心黏土砖产量控制在4000亿块以下。

墙体材料的改革是关系子孙后代的大事，但墙体改革却遇到重重困难，其中较为突出的是：①观念问题；②产业政策问题；③新型墙体材料本身的价格、质量、工艺技术等问题。发展新型墙体材料不仅是取代实心黏土砖的问题，首先是保护环境、节约资源、能源，要有利于工业废弃物的综合利用，注重轻质、保温隔热等性能，实现建筑节能50%的目标；另外是满足建筑结构体系的发展，包括抗震以及多种功能；还有就是给传统建筑行业带来变革性新工艺，摆脱人海式施工，采用工厂化、现代化、集约化施工。

新型墙体材料正朝着大型化、轻质化、节能化、利废化、复合化、装饰化以及集约化等方面发展。

6.2 思考题与习题

（一）名词解释

1. 烧结砖
2. 非烧结砖
3. 空心砖
4. 多孔砖
5. 烧结普通砖
6. 欠火砖
7. 过火砖
8. 正火砖
9. 泛霜
10. 石灰爆裂
11. 抗风化性能
12. 蒸压灰砂砖
13. 粉煤灰砖
14. 砌块
15. 蒸压加气混凝土砌块
16. 粉煤灰砌块

17. 复合墙板
18. 复合墙体

（二）是非判断题（对的划√，不对的划×）

1. 从室外取来质量为 m_1 的普通黏土砖，其浸水饱和后质量为 m_2，再将其烘干至恒重为 m_3，则砖的质量吸水率为 $\dfrac{m_2-m_1}{m_2}\times 100\%$。（　　）
2. 根据变异系数大小的不同，烧结普通砖强度等级确定的方法有两种：一是平均值—标准值方法，二是平均值—最小值方法。（　　）
3. 欠火砖色浅，吸水率大，强度低，不宜用于建筑物，尤其是地基。（　　）
4. 过火砖色浅疏松，无弯曲变形，导热系数低。（　　）
5. 灰砂砖宜于酸性环境下使用。（　　）
6. 烧结黏土砖生产成本低，性能好，可大力发展。（　　）
7. 烧结多孔砖的强度等级是根据5块砖抗压强度的平均值、单块最小值和5块砖抗折荷重的平均值、单块最小值来确定的。（　　）
8. 多孔砖和空心砖都具有自重较小、绝热性能较好的优点，故它们均适合用来砌筑建筑物的各种墙体。（　　）
9. 蒸压加气混凝土砌块多孔，故水极易渗入。（　　）

（三）填空题

1. 目前所用的墙体材料有＿＿＿＿，＿＿＿＿和＿＿＿＿三大类。
2. 根据生产工艺不同砌墙砖分为＿＿＿＿和＿＿＿＿。
3. 增大烧结普通砖的孔隙率，会使砖的表观密度＿＿＿＿，吸水性＿＿＿＿，导热性＿＿＿＿，抗冻性＿＿＿＿，强度＿＿＿＿。
4. 过火砖即使外观合格，也不宜用于保温墙体中，这主要是因为它的＿＿＿＿性能不理想。
5. 烧结黏土砖的外形尺寸是＿＿＿＿ mm × ＿＿＿＿ mm × ＿＿＿＿ mm。
6. 烧结普通砖按抗压强度分为＿＿＿＿个强度等级。
7. 在评定烧结普通砖的强度等级时，当变异系数 $\delta \le 0.21$ 时，应采用＿＿＿＿方法，且强度标准值的计算公式为＿＿＿＿。当 $\delta > 0.21$ 时，采用＿＿＿＿方法。
8. 烧结普通砖具有＿＿＿＿，＿＿＿＿，＿＿＿＿，＿＿＿＿和＿＿＿＿等缺点。
9. 烧结多孔砖主要用于六层以下建筑物的＿＿＿＿。烧结空心砖一般用于砌筑＿＿＿＿。
10. 复合墙板的优点是＿＿＿＿＿＿＿＿＿＿＿＿＿＿＿＿＿＿＿＿＿＿＿＿＿＿＿＿。
11. 复合墙板一般是由结构层、＿＿＿＿层和＿＿＿＿层组成。
12. 复合墙体根据保温材料所处的相对位置不同，可分为＿＿＿＿复合墙体、＿＿＿＿复合墙体以及＿＿＿＿复合墙体。

（四）单项选择题

1. 鉴别过火砖和欠火砖的常用方法是（　　）根据。

A. 砖的强度　　　　B. 砖的颜色深浅及打击声音　　　C. 砖的外形尺寸

2. 黏土砖在砌筑墙体前一定要经过浇水润湿，其目的是为了（　　）。

A. 把砖冲洗干净　　　　　B. 保证砌筑砂浆的稠度　　　　C. 增加砂浆对砖的胶结力

3. 烧结普通砖的质量等级评价依据不包括（　　）。

A. 尺寸偏差　　　　　B. 砖的外观质量　　　　C. 泛霜　　　　D. 自重

4. 检验烧结普通砖的强度等级，需取（　　）块试样进行试验。

A. 1　　　　　B. 5　　　　　C. 10　　　　　D. 15

5. 评定砖的强度等级时，单块砖的抗压强度 f_i =（　　），10 块砖的抗压强度平均值 $\bar{f}$ =（　　），10 块砖的抗压强度标准差 s =（　　），砖的强度变异系数 δ =（　　），强度标准值 f_k =（　　）。

A. $\frac{1}{10}\sum_{i=1}^{10} f_i$　　　　B. $\frac{F}{A}$　　　　C. $\frac{s}{\bar{f}}$　　　　D. $\bar{f} - 1.8s$

E. $\sqrt{\frac{1}{9}\sum_{i=1}^{10}(\bar{f_i}-)^2}$

6. 关于烧结普通砖中的黏土砖，正确的理解是（　　）。

A. 保护耕地，限制或淘汰，发展新型墙材

B. 生产成本低，需着重发展

C. 生产工艺简单，需大力发展

7. 灰砂砖不得用于的建筑部位是（　　）的部位。

A. 长期受热 200℃以上，受急冷急热和有酸性介质侵蚀

B. 长期受热 200℃以上，受急冷急热和有碱性介质侵蚀

C. 长期受热 100℃以上，受急冷急热和有酸性介质侵蚀

8. MU10 灰砂砖的应用范围是（　　）。

A. 可用于基础

B. 仅可用于防潮层以上的建筑

C. 可用于受急冷急热的建筑部位

9. 下面哪项不是加气混凝土砌块的特点（　　）。

A. 轻质　　　　　B. 保温隔热

C. 加工性能好　　　　D. 韧性好

10. 对墙用板材的基本要求错误的是（　　）。

A. 有较好的物理性能和耐久性　　　　B. 施工便利可不作要求

C. 便于大规模生产

11. 在以下复合墙体中，（　　）是墙体保温方式的发展方向。

A. 内保温复合墙体　　　　B. 夹芯保温复合墙体　　　　C. 外保温复合墙体

（五）多项选择题

1. 烧结普通砖按其所用原材料不同，可以分为（　　）。

A. 烧结页岩砖　　　　　B. 烧结黏土砖

C. 烧结煤矸石砖　　　　D. 烧结粉煤灰砖

2. 强度、抗风化性能和放射性物质合格的烧结普通砖，根据（　　）分为优等品、一等品、合格品三个质量等级。

A. 尺寸偏差　　　　　B. 外观质量

C. 泛霜 D. 石灰爆裂

3. 评定烧结普通砖的强度等级需要计算的指标包括（   ）。

A. 单块砖的抗压强度 B. 抗压强度平均值

C. 抗压强度标准差 D. 砖强度变异系数

E. 强度标准值

4. 蒸压灰砂砖的原料主要有（   ）。

A. 石灰 B. 煤矸石

C. 砂子 D. 粉煤灰

5. 以下材料属于墙用砌块的（   ）。

A. 蒸压加气混凝土砌块 B. 粉煤灰砌块

C. 普通混凝土小型空心砌块 D. 轻骨料混凝土小型空心砌块

6. 利用煤矸石和粉煤灰等工业废渣烧砖，可以（   ）。

A. 减少环境污染 B. 节约大片良田黏土

C. 节省大量燃料煤 D. 大幅提高产量

（六）问答题

1. 用哪些简易方法可以鉴别欠火砖和过火砖？欠火砖和过火砖能否用于工程中？

2. 某工地备用红砖 10 万块，尚未砌筑使用，但储存两个月后，发现有部分砖自裂成碎块，断面处可见白色小块状物质。请解释这是何原因所致。

3. 烧结黏土砖在砌筑施工前为什么一定要浇水湿润？浇水过多或过少为什么不好？

4. 简述多孔砖、空心砖与实心砖相比的优点。

5. 多孔砖与空心砖有何异同点？

6. 建筑工程中常用的非烧结砖有哪些？常用的墙用砌块有哪些？常用的墙用板材有哪些？

7. 在墙用板材中有哪些不宜用于长期处于潮湿的环境中？有哪些不宜用于长期处于高热（>200℃）的环境？

8. 为何要限制烧结黏土砖？简述改革墙体材料的重大意义及发展方向。你所在的地区采用了哪些新型墙体材料？它们与烧结普通黏土砖相比有何优越性？

（七）计算题

1. 一块烧结普通黏土砖，其尺寸符合标准尺寸，烘干恒定质量为 2500g，吸水饱和质量为 2900g，再将该砖磨细，过筛烘干后取 50g，用密度瓶测定其体积为 18.5cm^3。试求该砖的质量吸水率、密度、表观密度及孔隙率。

2. 某批烧结普通砖的强度测定值如下表所列，试确定这批砖的强度等级。

砖编号	1	2	3	4	5	6	7	8	9	10
抗压强度（MPa）	16.6	18.2	9.2	17.6	15.5	20.1	19.8	21.0	18.9	19.2

（八）综合应用题

墙体材料的选择

广东某城镇住宅小区欲建一批 12 层的框架结构住宅，请你对其墙体材料予以选择。该地区能供应的墙体材料有以下几种：

A. 灰砂砖

B. 烧结实心黏土砖

C. 加气混凝土砌块

D. 轻集料小型空心砌块

E. 纸面石膏板

（1）请选择优先选用的墙体材料并说明理由。

（2）请选择外墙材料并说明理由。

（3）请选择内墙材料并说明理由。

7 建筑砂浆

建筑砂浆是由胶结料、细骨料、掺加料和水配制而成的建筑工程材料,在建筑工程中起粘结、衬垫和传递应力的作用。建筑砂浆实为无粗骨料的混凝土。在建筑工程中是一项用量大、用途广泛的建筑材料。在砌体结构中,砂浆可以把砖、石块、砌块胶结成砌体。墙面、地面及钢筋混凝土梁、柱等结构表面需要用砂浆抹面,起到保护结构和装饰作用。镶贴大理石、水磨石、陶瓷面砖、陶瓷锦砖以及制作钢丝网水泥制品等都要使用砂浆。

根据用途,建筑砂浆分为砌筑砂浆、抹面砂浆(如普通抹面砂浆、特种砂浆、装饰砂浆等)。根据胶结材料不同,可分为水泥砂浆(由水泥、细骨料和水配制而成的砂浆)、水泥混合砂浆(由水泥、细骨料、掺加料和水配制的砂浆)、石灰砂浆等。

按产品形式、砂浆可分预拌砂浆(有时称湿砂浆)和干粉砂浆。预拌砂浆是按设定的配合比在工厂集中生产,然后通过专用搅拌车运送到建筑工地直接使用,其生产工艺过程类似于商品混凝土,湿砂浆一般适用于品种少、使用量大而集中的工程。干粉砂浆是由经烘干筛分处理的细集料与无机胶结料、矿物掺和料、保水增稠材料和填加剂按一定比例混合而成的一种颗粒状或粉状混合物,它可由专用罐车运输至工地加水拌和使用,也可采用包装形式运到工地拆包加水拌和使用。干砂浆具有品种多、用途广、使用方便灵活的特点,在国外特别是欧洲等发达国家得到广泛应用,有力地推动了城市、农村住宅建筑施工水平的发展,受到建筑业的欢迎。

7.1 学习指导

7.1.1 建筑砂浆的组成材料

7.1.1.1 胶凝材料

(1)水泥 可根据工程要求选择砌筑水泥、普通水泥、矿渣水泥、火山灰质水泥、粉煤灰水泥等都可以用来配制砌筑砂浆。砌筑砂浆用水泥的强度等级,应根据设计要求进行选择。水泥砂浆采用的水泥,其强度等级不宜大于32.5级,水泥用量不应小于200kg/m³;水泥混合砂浆采用的水泥,其强度等级不宜大于42.5级,砂浆中水泥和掺加料总量宜为300~350kg/m³。为合理利用资源、节约材料,在配制砂浆时要尽量选择低强度等级水泥和砌筑水泥。由于水泥混合砂浆中,石灰膏等掺加料,会降低砂浆强度,因此规定水泥混合砂浆可用强度等级为42.5级的水泥。对于一些特殊用途的砂浆,如修补裂缝、预制构件嵌缝、结构加固等可采用膨胀水泥。装饰砂浆采用白色与彩色水泥等。

水泥强度等级宜为砂浆强度等级的4~5倍,且水泥强度等级宜小于32.5级。

(2)其他胶凝材料与混合材料 当采用较高强度等级水泥配制低强度等级砂浆时,为保证砂浆的和易性应掺入一些廉价的其他胶凝材料,如石灰石、粉煤灰等。

7.1.1.2 砂

砌筑用砂的最大粒径应小于灰缝的 1/4~1/5，对砖砌体应小于 2.5mm 对石砌体应小于 5mm。一般砌筑砂浆应使用级配合格的中砂。既能满足和易性要求，又能节约水泥，因此建议优先选用，其中毛石砌体宜选用粗砂，砂的含泥量不应超过 5%。强度等级为 M2.5 的水泥混合砂浆，砂的含泥量不应超过 10%。砂中含泥量过大，不但会增加砂浆的水泥用量，还可能使砂浆的收缩值增大、耐水性降低，影响砌筑质量。M5 及以上的水泥混合砂浆，如砂子含泥量过大，对强度影响较明显。因此，规定低于 M5 以下的水泥混合砂浆的砂子含泥量才允许放宽，但不应超过 10%。

其他性质的要求同混凝土用砂。对用于面层的抹面砂浆时应采用轻砂，如膨胀珍珠岩砂、火山灰砂等。配制装饰砂浆或混凝土时应采用白色或彩色砂（粒径可放宽到 7~8mm）、或石屑、玻璃或陶瓷碎粒等。

砂子含泥量与掺加黏土膏是不同的两个物理概念。砂子含泥量是包裹在砂子表面的泥；黏土膏是高度分散的土颗粒，并且土颗粒表面有层水膜，可以改善砂浆和易性，填充孔隙。

由于一些地区人工砂、山砂及特细砂资源较多，为合理地利用这些资源，以及避免从外地调运而增加工程成本，因此经试验能满足《砌筑砂浆配合比设计规程》JGJ 98—2000 技术指标后，可参照使用。上述砂均应满足相应的技术要求，不得影响砂浆的强度。

7.1.1.3 掺加料

掺加料是为改善砂浆和易性而加入的无机材料。例如，石灰膏、电石膏（电石消解后，经过滤后的产物）、粉煤灰、黏土膏等。掺加料应符合下列规定：

（1）生石灰熟化成石灰膏时，应用孔径不大于 3mm×3mm 的网过滤，熟化时间不得少于 7d；磨细生石灰粉的熟化时间不得少于 2d。沉淀池中贮存的石灰膏，应采取防止干燥、冻结和污染的措施。严禁使用脱水硬化的石灰膏。

（2）采用黏土或亚黏土制备黏土膏时，宜用搅拌机加水搅拌，通过孔径不小于 3mm×3mm 的网过筛。用比色法鉴定黏土中的有机物含量时应浅于标准色。

（3）制作电石膏的电石渣应用孔径不大于 3mm×3mm 的网过滤，检验时应加热至 70℃并保持 20min，没有乙炔气味后，方可使用。

（4）消石灰粉不得直接用于砌筑砂浆中。

（5）石灰膏、黏土膏和电石膏试配时的稠度，应为 120±5mm。

（6）粉煤灰的品质指标和磨细生石灰的品质指标，应符合国家标准《用于水泥和混凝土中的粉煤灰》（GB 1596—1991）及行业标准《建筑生石灰粉》（JC/T480—92）的要求。

7.1.1.4 水

配制砂浆用水应符合现行行业标准《混凝土拌合用水标准》（JGJ 63—89）的规定。质量要求与混凝土用水相同。

7.1.1.5 外加剂

外加剂是在拌制砂浆过程中掺入，用以改善砂浆性能的物质。砌筑砂浆中掺入砂浆外加剂，应具有法定检测机构出具的该产品砌体强度型式检验报告，并经砂浆性能试验合格后，方可使用。

在水泥砂浆中，可使用减水剂或防水剂、膨胀剂、微沫剂等。微沫剂在其他砂浆中也可以使用，其作用主要是改善砂浆的和易性和替代部分石灰。

7.1.2 砂浆的技术性质

7.1.2.1 和易性

新拌砂浆应具有良好的和易性。硬化后的砂浆应具有所需的强度和对基面的粘结力，而且其变形不能过大。和易性良好的砂浆容易在粗糙的砖石基面上铺抹成均匀的薄层。而且能够和底面紧密粘结。既便于施工操作，提高生产效率，又能保证工程质量。砂浆的和易性包括流动性和保水性两个方面。

（1）流动性（稠度）　砂浆的流动性是指在自重力或外力作用下的流动能力。流动性大的砂浆便于泵送或铺抹。流动性过大、过小都对施工和施工质量有不利影响。砂浆的流动性用沉入度（mm）来表示。可用砂浆稠度仪测定其稠度值（即沉入度）。砂浆的流动性与胶凝材料的品种和用量、用水量、砂的粗细、粒形和级配、搅拌时间等有关。

砌筑砂浆的稠度应按表 7-1 的规定选用。

砌筑砂浆的稠度　　　　　　　　　　　　　　　　　表 7-1

砌 体 种 类	砂浆稠度（mm）
烧结普通砖砌体	70～90
轻骨料混凝土小型空心砌块砌体	60～90
烧结多孔砖，空心砖砌体	60～80
烧结普通砖平拱式过梁空斗墙，筒拱 普通混凝土小型空心砌块砌体加气混凝土砌块砌体	50～70
石砌体	30～50

（2）保水性　砂浆的保水性是指砂浆保持水分及保持整体均匀一致的能力。保水性好则可以保证砂浆在运输、放置、使用（铺抹、浇筑等）过程中不发生较大的分层、离析和泌水，从而保证砂浆的铺抹和浇灌质量。砂浆的保水性用分层度（mm）表示。分层度越大则保水性越差，普通砂浆一般在 10～20mm 为宜，但不得大于 30mm。分层度过大，表示砂浆易产生分层离析，不利于施工及水泥硬化。分层度值接近于零的砂浆，容易产生干缩裂缝。且胶凝材料用量多，不经济。砂浆的保水性主要和胶凝材料的品种和用量及是否掺有微沫剂有关。为保证砂浆的和易性，砂浆中胶凝材料总用量应足够。

7.1.2.2 砂浆的强度等级及密度

砂浆的强度等级是以 70.7mm×70.7mm×70.7mm 的立方体，在标准养护条件（水泥混合砂浆为 20±3℃，相对湿度为 60%～80%；水泥砂浆和微沫砂浆为 20±3℃，相对湿度为 90%以上）下，用标准试验方法测得 28 天龄期的抗压强度的平均值。砂浆的强度等级共分 M2.5、M5、M7.5、M10、M15、M20 共六个等级。砌筑砂浆强度等级为 M10 及 M10 以下宜采用水泥混合砂浆。

水泥砂浆拌合物的密度不宜小于 1900kg/m³；水泥混合砂浆拌合物的密度不宜小于 1800kg/m³。

用于砌筑不吸水材料（密实材料，如普通天然岩石）的砂浆，其强度主要决定于水泥强度等级和水灰比，可用下式表示。

$$f_{28} = 0.29 f_{ce} \left(\frac{C}{W} - 0.4 \right) \tag{7-1}$$

式中　f_{28}——砂浆的 28d 抗压强度，MPa

f_{ce}——水泥28d的实测强度,MPa

C/W——砂浆的灰水比。

用于砌筑吸水性强的材料(多孔材料,如烧结普通砖)的砂浆,因砂浆具有一定的保水性,拌合时用水量在一定范围波动时,经被砌材料吸水后,保留在砂浆内部的水量基本相同,即砂浆强度与拌合用水量或拌合水灰比无关,而主要取决于水泥强度等级和水泥用量,可用下式表示。

$$f_{28} = \alpha f_{ce} Q_c / 1000 + \beta \tag{7-2}$$

式中 Q_c——每立方米砂浆的水泥用量,kg/m³;

α、β——砂浆的特征系数,其中 $\alpha = 3.03$,$\beta = -15.09$。

7.1.2.3 变形性能

砂浆在承受荷载、温度变化或湿度变化时,均会产生变形,如果变形过大或不均匀,都会引起沉陷或裂缝,降低砌体质量。掺太多轻骨料或掺加料配制的砂浆,其收缩变形比普通砂浆大。应采取措施防止砂浆开裂。如在抹面砂浆中,为防止产生干裂可掺入一定量的麻刀、纸筋等纤维材料。

7.1.2.4 砂浆的粘结力

砖石砌体是靠砂浆把块状的砖石材料粘结成为坚固的整体。因此,为保证砌体的强度、耐久性及抗震性等,要求砂浆与基层材料之间应有足够的粘结力。一般情况下,砂浆的抗压强度越高,它与基层的粘结力也越大。此外,砖石表面状态、清洁程度、湿润状况,以及施工养护条件等都直接影响砂浆的粘结力。粗糙的、洁净的、湿润的表面与良好的养护的砂浆,其粘结力强。

7.1.3 砌筑砂浆

在砌体结构中,将砖、石、砌块等粘结成为砌体的砂浆称为砌筑砂浆。它起着粘结砌块、传递荷载的作用,是砌体的重要组成部分。

7.1.3.1 砌筑砂浆的基本要求

砌筑砂浆是用来砌筑砂、石等材料的砂浆,起着传递荷载的作用,有时还起到保温等其他作用。对砌筑砂浆的基本要求有和易性和强度,此外还应具有较高的粘结强度和较小的变形。对保温砌筑砂浆还应有保温性能等要求。砌筑砂浆稠度、分层度、试配抗压强度必须同时符合要求。

7.1.3.2 普通砌筑砂浆的配合比设计

砌筑砂浆要根据工程类别及砌体部位的设计要求,选择其强度等级,再按砂浆强度等级来确定其配合比。

确定砂浆配合比,一般情况可查阅有关手册或资料来选择。重要工程用砂浆或无参考资料时,可根据《砌筑砂浆配合比设计规程》JGJ 98—2000,按下列步骤计算。

(1) 水泥混合砂浆配合比计算

1) 确定砂浆的试配强度 ($f_{m,o}$)

砂浆的试配强度应按下式计算:

$$f_{m,o} = f_2 + 0.645\sigma \tag{7-3}$$

式中 $f_{m,o}$——砂浆的试配强度,精确至 0.1MPa;

f_2——砂浆抗压强度平均值,精确至 0.1MPa;

σ——砂浆现场强度标准差,精确至 0.1MPa;

砌筑砂浆现场强度标准差的确定应符合下列规定:

① 当有统计资料时,应按下式计算:

$$\sigma = \sqrt{\frac{\sum_{i=1}^{n} f_{m,i}^2 - m\mu_{fm}^2}{n-1}} \quad (7\text{-}4)$$

式中 $f_{m,i}$——统计周期内同一品种砂浆第 i 组试件的强度,MPa;

μ_{fm}——统计周期内同一品种砂浆 n 组试件强度的平均值,MPa;

n——统计周期内同一品种砂浆试件的总组数,$n \geqslant 25$。

② 当不具有近期统计资料时,砂浆现场强度标准差 σ 可按表7-2取用。

砂浆强度标准差 σ 选用值(MPa)　　　　表7-2

施工水平 \ 砂浆强度等级	M2.5	M5.0	M7.5	M10	M15	M20
优 良	0.50	1.00	1.50	2.00	3.00	4.00
一 般	0.62	1.25	1.88	2.50	3.75	5.00
较 差	0.75	1.50	2.55	3.00	4.50	6.00

2)水泥用量计算

水泥用量的计算应符合下列规定:

① 每立方米砂浆中的水泥用量,应按下式计算:

$$Q_C = \frac{1000(f_{m,o} - \beta)}{\alpha \cdot f_{ce}} \quad (7\text{-}5)$$

式中 Q_c——每立方米砂浆的水泥用量,精确至 1kg/m^3;

$f_{m,o}$——砂浆的试配强度,精确至 0.1MPa;

f_{ce}——水泥的实测强度,精确至 0.1MPa;

α、β——砂浆的特征系数,其中 $\alpha = 3.03$　$\beta = -15.09$。

注:各地区可用本地区试验资料确定 α、β 值,统计用的试验组数不得少于 30 组。

② 在无法取得水泥的实测强度值时,可按下式计算 f_{ce}:

$$f_{ce} = \gamma_c \cdot f_{ce,k} \quad (7\text{-}6)$$

式中 $f_{ce,k}$——水泥强度等级对应的强度值;

γ_c——水泥强度等级值的富余系数,该值应按实际统计资料确定。无统计资料时 γ_c 可取 1.0。

3)掺加料用量计算

水泥混合砂浆的掺加料用量,应按下式计算:

$$Q_D = Q_A - Q_C \quad (7\text{-}7)$$

式中 Q_D——每立方米砂浆的掺加料用量,精确至1kg/m^3(石灰膏、黏土膏使用时的稠度为 $120 \pm 5\text{mm}$);

Q_C——每立方米砂浆的水泥用量,精确至 1kg/m^3;

Q_A——每立方米砂浆中水泥和掺合料的总量,精确至 1kg(宜在 $300\sim350\text{kg/m}^3$ 之间)。

4）砂用量计算

每立方米砂浆中的砂子用量，应按干燥状态（含水率小于0.5%）的堆积密度值作为计算值（kg/m³）。

5）用水量计算

每立方米砂浆中的用水量，根据砂浆稠度等要求可选用240~310kg/m³。混合砂浆中的用水量，不包括石灰膏或黏土膏中的水；当采用细砂或粗砂时，用水量分别取上限或下限；稠度小于70mm时，用水量可小于下限；施工现场气候炎热或干燥季节，可酌量增加用水量。

（2）水泥砂浆配合比选用

水泥砂浆材料用量　　　　　　　表7-3

强度等级	每立方米砂浆水泥用量（kg/m³）	每立方米砂子用量（kg/m³）	每立方米砂浆用水量（kg/m³）
M2.5~M5	200~230	砂子堆积密度值	270~330
M7.5~M10	220~280		
M15	280~340		
M20	340~400		

水泥砂浆材料用量可按表7-3选用。表7-3中水泥强度等级为32.5级，大于32.5级水泥用量宜取下限；根据施工水平合理选择水泥用量；当采用细砂或粗砂时，用水时分别取上限或下限；稠度小于70mm时，用水量可小于下限；施工现场气候炎热或干燥季节，可酌量增加用水量；试配强度应按式（7-3）计算。

（3）配合比试配、调整与确定

1）试配时应采用工程中实际使用的材料；砂浆试配时应采用机械搅拌。搅拌时间，应自投料结束算起，对水泥砂浆和水泥混合砂浆，不得少于120s；对掺用粉煤灰和外加剂的砂浆，不得少于180s。

2）按计算或查表所得配合比进行试拌时，应测定其拌合物的稠度和分层度，当不能满足要求时，应调整材料用量，直到符合要求为止。然后确定为试配时的砂浆基准配合比。

3）试配时至少应采用三个不同的配合比，其中一个为按上述2）条规定得出的基准配合比，其他配合比的水泥用量应按基准配合比分别增加及减少10%。在保证稠度、分层度合格的条件下，可将用水量或掺加料用量作相应调整。

4）对三个不同的配合比进行调整后，应按现行行业标准《建筑砂浆基本性能试验方法》（JGJ70）的规定成型试件，测定砂浆强度；并选用符合试配强度要求的且水泥用量最低的配合比作为砂浆配合比。

7.1.4 抹面砂浆

抹面砂浆是指涂抹在建筑物或建筑构件表面的砂浆。对抹面砂浆的基本要求是具有良好的和易性、较高的粘结强度。处于潮湿环境或易受外力作用时（如地面、墙裙等），还应具有较高的强度等。凡涂抹在建筑物或建筑构件表面的砂浆，统称为抹面砂浆（也称抹灰砂浆）。

对抹面砂浆，要求具有良好的和易性，容易抹成均匀平整的薄层，便于施工；有较好的粘结力，能与基层粘结牢固，长期使用不会开裂或脱落。

抹面砂浆的组成材料与砌筑砂浆基本相同。但为了防止砂浆层开裂，有时需要加入一些纤维材料（如纸筋、麻刀等），有时为了使其具有某些功能而需加入特殊骨料或掺合料。

7.1.4.1 普通抹面砂浆

普通抹面砂浆为建筑工程中用量最大的抹面砂浆。抹面砂浆一般分为二层或三层施工，每层砂浆的组成也不相同。

常用的有石灰砂浆、水泥砂浆、混合砂浆等。

普通抹面砂浆

普通抹面砂浆是建筑工程中普遍使用的砂浆。它可以保护建筑物不受风、雨、雪、大气等有害介质的侵蚀，提高建筑物的耐久性，同时使表面平整美观。

抹面砂浆通常分为两层或三层进行施工，各层抹灰要求不同，所以各层选用的砂浆也不同。底层抹灰的作用，是使砂浆与底面能牢固地粘结，因此要求砂浆具有良好的和易性和粘结力，基层面也要求粗糙，以提高与砂浆的粘结力。中层抹灰主要是为了抹平，有时可省去。面层抹灰要求平整光洁，达到规定的饰面要求。

底层及中层多用水泥混合砂浆。面层多用水泥混合砂浆或掺麻刀、纸筋的石灰砂浆。在潮湿的房间或地下建筑及容易碰撞的部位，应采用水泥砂浆。普通抹面砂浆的流动性及骨料最大粒径参见表7-4，其配合比及应用范围可参见表7-5。

抹面砂浆流动性及骨料最大粒径 表7-4

抹面层	沉入度（人工抹面）(mm)	砂的最大粒径 (mm)
底 层	100~200	2.5
中 层	70~90	2.5
面 层	70~80	1.2

常用抹面砂浆配合比及应用范围 表7-5

材　料	配合比（体积比）	应　用　范　围
石灰:砂	(1:2)~(1:4)	用于砖石墙面（檐口、勒脚、女儿墙及潮湿房间的墙除外）
石灰:粘土:砂	(1:1:4)~(1:1:8)	干燥环境墙表面
石灰:石膏:砂	(1:0.4:2)~(1:1:3)	用于不潮湿房间的墙及顶棚
石灰:石膏:砂	(1:2:2)~(1:2:4)	用于不潮湿房间的线脚及其他装饰工程
石灰:水泥:砂	(1:0.5:4.5)~(1:1:5)	用于檐口、勒脚、女儿墙，以及比较潮湿的部位
水泥:砂	(1:3)~(1:2.5)	用于浴室、潮湿车间等墙裙、勒脚或地面基层
水泥:砂	(1:2)~(1:1.5)	用于地面、顶棚或墙面面层
水泥:砂	(1:0.5)~(1:1)	用于混凝土地面随时压光
石灰:石膏:砂:锯末	1:1:3:5	用于吸声粉刷
水泥:白石子	(1:2)~(1:1)	用于水磨石（打底用1:2.5水泥砂浆）
水泥:白石子	1:1.5	用于斩假石[打底用(1:2)~(1:2.5)水泥砂浆]
白灰:麻刀	100:2.5（质量比）	用于板条顶棚底层
石灰膏:麻刀	100:1.3（质量比）	用于板条顶棚面层（或100kg石灰膏加3.8kg纸筋）
纸筋:白灰浆	灰膏0.1m³，纸筋0.36kg	较高级墙板、顶棚

7.1.4.2 特种砂浆

(1) 防水砂浆

防水砂浆是一种制作防水层用的抗渗性高的砂浆。砂浆防水层又称刚性防水层,适用于不受振动和具有一定刚度的混凝土或砖石砌体工程中,如水塔、水池、地下工程等的防水。

防水砂浆可用普通水泥砂浆制作,也可以在水泥砂浆中掺入防水剂制得。水泥砂浆宜选用强度等级为 32.5 以上的普通硅酸盐水泥和级配良好的中砂。砂浆配合比中,水泥与砂的质量比不宜大于 1∶2.5,水灰比宜控制在 0.5~0.6,稠度不应大于 80mm。

在水泥砂浆中掺入防水剂,可促使砂浆结构密实,堵塞毛细孔,提高砂浆的抗渗能力,这是目前最常用的方法。常用的防水剂有氯化物金属盐类防水剂、金属皂类防水剂和水玻璃防水剂。

防水砂浆应分 4~5 层分层涂抹在基面上,每层涂抹厚度约 5mm,总厚度 20~30mm。每层在初凝前压实一遍,最后一遍要压光,并精心养护,以减少砂浆层内部连通的毛细孔通道,提高密实度和抗渗性。防水砂浆还可以用膨胀水泥或无收缩水泥来配制。属于刚性防水层。

广泛用于地下建筑和蓄水池等。防水砂浆分为四层或五层施工,每层 4~5mm。

防水砂浆通常采用 1∶2.5~3 的水泥砂浆,水灰比为 0.5~0.55。也可加入防水剂或减水剂等。

(2) 绝热砂浆

采用水泥、石灰、石膏等胶凝材料与膨胀珍珠岩、膨胀蛭石或陶粒砂等轻质多孔骨料,按一定比例配制的砂浆,称为绝热砂浆。绝热砂浆具有轻质和良好的绝热性能,其导热系数为 $0.07~0.1W/(m·K)$。绝热砂浆可用于屋面、墙壁或供热管道的绝热保护。

(3) 吸声砂浆

一般绝热砂浆因由轻质多孔骨料制成,所以都具有吸声性能。同时,还可以用水泥、石膏、砂、锯末(体积比为 1∶1∶3∶5)配制吸声砂浆,或在石灰、石膏砂浆中掺入玻璃纤维、矿物棉等松软纤维材料。吸声砂浆用于室内墙壁和吊顶的吸声处理。

7.1.4.3 装饰砂浆

直接施工于建筑物内外表面,以提高建筑物装饰艺术性为主要目的的抹面砂浆,称为装饰砂浆。是常用的装饰手段之一。

获得装饰效果的主要方法是:①采用白水泥、彩色水泥,或浅色的其他硅酸盐水泥,以及石膏、石灰等胶凝材料,采用彩色砂、石(如大理石、花岗石等色石渣及玻璃、陶瓷等碎粒等等)为细骨料,以达到改变色彩的目的;②采取不同施工手法(如喷涂、滚涂、拉毛以及水刷、干粘、水磨、剁斧、拉条等)使抹面砂浆表面层获得设计的线条、图案、花纹等和不同的质感。

常见到的有地面、窗台、墙裙等处用的水磨石,外墙用的水刷石、剁斧石(斩假石)、干石、假面砖等属石渣类饰面砂浆。装饰抹面类砂浆多采用底层和中层与普通抹面砂浆相同,而只改变面层的处理方法,装饰效果好、施工方便、经济适用,得到广泛应用。

(1) 装饰砂浆的种类

装饰砂浆按其制作的方法不同可分为两类:

一类是通过水泥砂浆的着色或水泥砂浆表面形态的艺术加工,获得一定的色彩、线条、纹理质感而达到装饰的目的。这类装饰砂浆称为灰浆类饰面。它的主要特点是材料来源广泛,施工操作方便,造价比较低廉,而且可以通过不同的工艺方法,形成不同的装饰效果,如搓毛、拉毛、喷毛以及仿面砖、仿毛石等饰面。

另一类是在水泥中掺入各种彩色石渣,制得水泥石碴浆抹于墙体基层表面,然后用水洗、斧剁、水磨等手段除去表面水泥浆皮,露出石渣的颜色、质感。用这种方法做成的饰面称为石渣类饰面。石渣类饰面的特点是色泽比较明亮,质感相对地丰富,并且不易褪色,但石渣类饰面相对于砂浆而言工效较低,造价较高。

(2) 装饰砂浆的组成材料

1) 胶凝材料

装饰砂浆所采用的胶凝材料有普通水泥、矿渣水泥、火山灰水泥和白水泥、彩色水泥,或是在水泥中掺加耐碱矿物颜料配制而成的彩色水泥以及石灰、石膏等。

2) 骨料

装饰砂浆所用的骨料除普通砂外,还常使用石英砂、彩釉砂和着色砂,以及石渣、石屑、砾石及彩色瓷粒和玻璃珠等。

①石英砂:分为天然石英砂和人工石英砂两种。人工石英砂是将石英岩或较纯净砂岩加以焙烧,经人工或机械破碎筛分而成。他们比天然石英砂纯净,质量好。除用于装饰工程外,石英砂可用于配制耐腐蚀砂浆。

②彩釉砂和着色砂:彩釉砂是由各种不同粒径的石英砂或白云石粒加颜料焙烧后,再经化学处理而制得的。特点是在 -20~80℃温度范围内不变色,且具有防酸、耐碱性能。

A. 彩釉砂产品有:深黄、浅黄、象牙黄、珍珠黄、桔黄、浅绿、草绿、玉绿、雅绿、碧绿、浅草表、赤红、西赤、咖啡、钴蓝等30多种颜色。

B. 着色砂:是在石英砂或白云石细粒表面进行人工着色而制得。着色多采用矿物颜料。人工着色的砂粒色彩鲜艳,耐久性好。

③石渣:也称为石粒、石米等,是由天然大理石、白云石、方解石、花岗石破碎而成。具有多种色泽(包括白色),是石渣类装饰砂浆的主要原料,也是预制人造大理石、水磨石的原料。其规格、品种及质量要求见表7-6。

彩色石渣规格、品种及质量要求　　　　表7-6

规格与粒径的关系		常 用 品 种	质 量 要 求
规 格	粒径(mm)		
大二分	约20	东北红、东北绿、丹东绿、盖平红、粉黛绿、玉泉绿、旺青、晚霞、白云石、云彩绿、红玉花、奶油白、苏州黑、黄花玉、南京红、雪浪、松香石、墨玉、汉白玉、曲阳红等	1. 颗粒坚韧有棱角、洁净,不得含有风化石粒 2. 使用时应冲洗干净
一分半	15		
大八厘	8		
中八厘	6		
小八厘	4		
米粒石	0.3~1.2		

④石屑:是比石粒更小的细骨料,主要用于配制外墙喷涂饰面用聚合物砂浆。常用的有松香石屑、白云石屑等。

其他具有色彩的陶瓷、玻璃碎粒也可以用于檐口、腰线、外墙面、门头线、窗套等的砂浆饰面。

3）颜料

在普通砂浆中掺入颜料可制成彩色砂浆，用于室外抹灰工程中，如假大理石、假面砖、喷涂、弹涂、辊涂和彩色砂浆抹面。由于这些装饰面长期处于室外，易受到周围环境介质的侵蚀和污染，因此选择合适的颜料是保证饰面质量、避免褪色和变色、延长使用年限的关键。

选择颜料品种要考虑其价格、砂浆种类、建筑物所处环境和设计要求等因素。建筑物处于受酸侵蚀的环境中时，要选用耐酸性好的颜料；受日光曝晒的部位，要选用耐光性好的颜料；碱度高的砂浆，要选用耐碱性的颜料；设计要求鲜艳颜色，可选用色彩鲜艳的有机颜料。

装饰砂浆中常用颜料的品种及性质见表7-7。

装饰砂浆常用颜料品种及性质　　　　　表7-7

颜 色	颜料名称	性　　质
红 色	氧化铁红	有天然和人造两种。遮盖力较强，有优越的耐光、耐高温、耐污浊气体及耐碱性，是较好、较经济的红色颜料之一
	甲苯胺红	为鲜艳红色粉末，遮盖力、着色力较高，耐光、耐热、耐酸碱，在大气中无敏感性，一般用于高级装饰工程
黄 色	氧化铁黄	遮盖力比其他黄色颜料都高，着色力几乎与铅铬相等，耐光性、耐大气影响、耐污浊气体以及耐碱性都比较强，是装饰工程中既好又经济的黄色颜料之一
	铬 黄	铬黄系含有铬酸铅的黄色颜料，着色力高、遮盖力强，较氧化铁黄鲜艳，但不耐强碱
绿 色	铬 绿	是铅铬黄和普鲁士蓝的混合物，配色变动较大，决定于两种成分含量的比例。遮盖力强，耐气候、耐光、耐风、耐热性均好，但不耐酸碱
蓝 色	群 青	为半透明鲜艳的蓝色颜料，耐光、耐风雨，但不耐酸，是既经济又好的蓝色颜料之一
	钴蓝与酞青蓝	为带绿光的蓝色颜料，耐光、耐热、耐酸碱性较好
棕 色	氧化铁棕	是氧化铁红和氧化铁黑的机械混合物，有的产品还掺有少量氧化铁黄
紫 色	氧化铁紫	可用氧化铁红和群青配制
黑 色	氧化铁黑	遮盖力、着色力强，耐光，耐一切碱类，对大气作用也稳定，是一种既好又经济的黑色颜料之一
	炭 黑	根据制造方法不同分为槽黑和炉黑两种。装饰工程常用炉黑，性能与氧化铁黑基本相同，密度仅比氧化铁黑较小，不易操作
	锰 黑	遮盖力颇强
	松 烟	使用松材、松根、松枝等在室内进行不完全燃烧而熏得的黑色烟碳，遮盖力及着色力均好

(3) 灰浆类砂浆饰面

1）拉毛

在水泥砂浆或水泥混合砂浆抹灰中层上，抹上水泥混合砂浆、纸筋石灰或水泥石灰等，并利用拉毛工具将砂浆拉出波纹和斑点的毛头，做成装饰面层。一般适用以有声学要求的礼堂、剧场等室内墙面，也常用于外墙面、阳台栏板或围墙等外饰面。

2）拉条

拉条抹灰是采用专用模具把面层做出竖向线条的装饰做法。拉条抹灰有细条形、粗条形、半圆形、波形、梯形、方形等多种形式，是一种较新的抹灰做法。一般细条形抹灰可以采用同一种砂浆配比，多次加浆抹灰拉模而成；粗条形抹灰则采用底、面层两种不同配合比的砂浆，多次加浆抹灰拉模而成。砂浆不得过干，也不得过稀以能拉动可塑为宜。它具有美观大方、不易积灰、成本低等优点，并有良好音响效果。

3）喷涂

喷涂多用于外墙面，它是用挤压式砂浆泵或喷斗，将聚合物水泥砂浆喷涂在墙面基层或底灰上，形成饰面层，最后在表面再喷一层甲基硅醇钠或甲基硅树脂疏水剂，以提高饰面层的耐久性和减少墙面污染。

4）弹涂

弹涂是在墙体表面刷一道聚合物水泥浆后，用弹涂器分几遍将不同色彩的聚合物水泥砂浆弹在已涂刷的基层上，形成 3~5mm 的扁圆形花点，再喷一层甲基硅树脂。适用于建筑物内外墙面，也可用于顶棚饰面。

5）假面砖

假面砖是采用掺氧化铁系颜料的水泥砂浆，通过手工操作达到模拟面砖装饰效果的饰面做法。适合于房屋建筑外墙抹灰饰面。

6）假大理石

假大理石是用掺适当颜料的石膏色浆和素石膏浆按 1:10 比例配合，用手工操作，做成具有大理石表面特征的装饰抹灰。这种装饰工艺，对操作技术要求较高，但如果做得好，无论在颜色、花纹和光洁度等方面，都接近天然大理石。

(4) 石渣类砂浆饰面

1）水刷石

水刷石是用水泥和细小的石渣（约5mm）按比例配合并拌制成水泥石渣浆，在墙面上抹灰，在其水泥浆初凝时，用硬毛刷蘸水刷洗，或用喷水冲刷表面，使石碴半露而不脱落，达到装饰目的。多用于建筑物的外墙。

水刷石具有石料饰面的质感，自然朴实。结合不同的分格、分色、凹凸线条等艺术处理，可使饰面获得明快庄重、淡雅秀丽的艺术效果。水刷石的不足之处是操作技术要求较高，费工费料，湿作业量大，劳动强度大，逐渐被干粘石取代。

2）拉假石

拉假石是用刻锯条或 5~6mm 厚的铁皮加工成锯齿形，钉在木板上构成抓耙，用抓耙挠刮去除表层水泥浆皮露出石渣，并形成条纹效果。这种工艺实质上是斩假石工艺的演变，与斩假石相比，其施工速度快，劳动强度低，装饰效果类似斩假石，可大面积使用。

3）水磨石

水磨石是用普通水泥、白色水泥或彩色水泥拌合各种色彩的大理石渣做面层，硬化后用机械磨平抛光表面。水磨石多用于地面装饰，可事先设计图案和色彩，抛光后更具艺术效果。除可用做地面之外，还可预制做成楼梯踏步、窗台板、柱面、踢脚板和地面板等多种建筑构件。水磨石一般用于室内。

4）干粘石

是将彩色石粒直接粘在砂浆层上。这种做法与水刷石相比，既节约水泥、石粒等原材料,又能减少湿作业和提高工效。

5) 斩假石

又称剁斧石,是在水泥砂浆基层上涂抹水泥石粒浆,待硬化后,用剁斧、齿斧及各种凿子等工具剁出有规律的石纹,使其形成天然花岗石粗犷的效果,主要用于室外柱面、勒脚、栏杆、踏步等处的装饰。

7.1.5 干混砂浆

7.1.5.1 干混砂浆的简介

干混砂浆又称干粉砂浆、干拌砂浆、干砂浆。是将水泥、砂、矿物掺合料和功能性外加剂按一定比例,在专业生产厂于干燥状态下均匀拌制,形成的一种混合物,然后以干粉包装或散装的形式运至工地,按规定比例加水拌合后即可直接使用的干混材料。干混砂浆的生产与应用,是建筑业和建材业的一次新技术革命,是未来材料发展的一个主要方向。

(1) 干混砂浆的特性

相对于我国在施工现场配制砂浆的传统工艺,干混砂浆具有以下特点:

1) 品质稳定

目前施工现场配制的砂浆,质量不稳定,强度达不到要求,甚至质量低劣,导致开裂、渗漏、空鼓、脱落等一系列问题,已成为建筑质量通病。而干混砂浆采用工业化生产,可以对原材料和配合比进行严格控制,确保砂浆质量的稳定、可靠。尤其是大量使用的干拌砂浆,可通过大体积容器运输到工地的形式来代替以袋装形式输送。干粉砂浆的自动机械式混料和喷涂保证了产品的输送及涂敷的一致性,消除了加水不足或过量,或者砂浆组成成分不均匀等的可能性,此优点对于我国工人较为缺少经验及素质不一的实际情况格外重要。

2) 工效提高

大规模的商品化生产,节约现场拌料的时间,性能亦同时得到提高。干混砂浆如同商品混凝土,不仅提高了生产效率,施工效率也得到了很大的提高。用筒仓或者容器运输干粉砂浆,采用自动混料、泵送和机械喷涂系统,进一步提高了生产效率。以墙体抹灰为例,传统的施工效率为100%,采用干粉砂浆效率为250%,干粉砂浆+机械装置为400%,再结合料仓+输送泵则为500%。

3) 质量优异

干混砂浆解决了传统工艺配制砂浆配比难以把握导致影响质量的问题,计量十分准确,质量可靠。因为不同用途砂浆对材料的抗收缩、抗龟裂、保温、防潮等特性的要求不同,且施工要求的和易性、保水性、凝固时间也不同。配合相应的功能性砂浆,达到更完美的质量要求。完善建筑节点、部位的专用产品的质量要求。

4) 品种齐全

干混砂浆包括的产品范围很广,根据建筑施工的不同要求,开发了许多产品和规格。单就产品来分,就有适应各类建筑需求的砌筑砂浆、抹面砂浆、地坪砂浆、修补砂浆、瓷砖黏结砂浆、自流平砂浆、内外墙腻子、防水砂浆、堵漏砂浆等等。

5) 施工性能良好

产品各种性能的提高,使施工更为便捷,劳动强度大为降低。如提高和易性,使产品易涂刮,提高保水性,可免去基材预湿和后期淋水养护等工序,保证砂浆对基材的附着力；提高抗流挂性，使砂浆在施工中不下垂、不流挂；提高流动性，使砂浆在施工中能自动找平地面，降低劳动强度等。

6) 使用方便

就像食用方便面一样，随取随用，加水15%左右，搅拌5~6分钟即可，余下的干粉作备用，有3个月的保质期，但试验中放置了6个月，强度也没有明显变化。便于运输和存放，随时随地可以定量供货，用多少，混合多少，无损失浪费，既节约了原材料，又方便了施工管理；施工现场避免堆积大量的各种原材料，减少对周围环境的影响，尤其在大中城市的建筑翻新改造工程中，可以解决因交通拥挤、现场狭窄造成的许多问题。

7) 降低成本

大规模集中生产干粉料，不仅原材料损耗低浪费少（材料消耗降低50%~70%），而且部分产品可利用如粉煤灰等工业废料，变废为宝，成为一定意义上的"绿色建材"。干混砂浆的定量包装便于运输与存放，施工单位可根据需要定量采购，既节约了原材料，又方便了施工管理。尤其在大中城市，交通拥挤、现场狭窄，干粉砂浆可以解决许多问题。同时，由于商品化的生产规模，使得固定成本的摊销大幅度降低，在保证质量的前提下实现了最低的成本。

(2) 干混砂浆的发展及应用

目前，在欧、美、日等发达国家和地区干混砂浆技术得到广泛应用，已基本取代了传统技术。欧洲最大干粉砂浆生产企业——德国 maxlt 干混凝土公司在欧洲的年销量达500多万吨，年产10万吨以上的工厂有200余家。又如法国、意大利、澳大利亚、新西兰、美国、日本等发达国家，干混砂浆已经成为建筑业不可缺少的材料。我国干混砂浆技术正在逐步推广，国内陆续建成几条示范生产线。上海已率先推广建筑砂浆商品化，并颁布执行了《预拌砂浆生产和应用技术规程》和《干粉砂浆生产和应用技术规程》。北京也有多家企业研究和生产干粉砂浆，天津舒布洛克水泥砌块有限公司的干粉砂浆销售情况看好，南京大学开发的粉煤灰砂浆技术已通过有关部门组织的鉴定，研究生产和使用干粉砂浆是大势所趋。《混凝土小型空心砌块砌筑砂浆》标准、(JC 860—2000)《砌筑砂浆配合比设计规程》修订标准 JGJ 98—2000 和《蒸压加气混凝土用砌筑砂浆与抹面砂浆》标准颁布实施，所有这些说明我国干粉砂浆的生产使用与管理已逐步规范化，促进了产业技术进步。

干混砂浆在欧洲应用很普遍。德国、奥地利、芬兰等国家早已采用干混砂浆作为砂浆的主要材料。在德国，平均每50万人口就有一个干混砂浆的生产厂。在东南亚的发展也很快。新加坡从1984年建设了第一个干混砂浆生产厂，迄今产量超过30t/h的厂已有5家。马来西亚在1987年也投产了一条干混砂浆生产线生产抹面砂浆。在韩国、日本、台湾、泰国等许多亚洲国家和地区，都有大规模专业干混砂浆生产厂。在香港，一条50t/h的干混砂浆生产厂也已投产，目前主要是生产抹面砂浆。

我国在最近几年，随着对商品混凝土的研究和推广带动了商品砂浆的研究和使用。在防水砂浆、保温砂浆、修补砂浆方面，我国进行了许多研究开发。生产厂的年产量从几百吨到上千吨不等。其中发展较快的有干混瓷砖粘结剂，个别厂的产量已达数万吨。从政策方面来看，推广的工作已经启动。1999年9月，国家建材局在《新型建材及制品发展导向目录》中新型墙体材料中的第15项就列出了"聚合物干混砂浆"这种产品。2000年2月，上海市建筑业管理办公室发布了《关于上海市建设工程推行试用商品砂浆的通知》。"从

2000年7月1日起,在该市内环线范围内的新开工建设工程推行使用商品砂浆",并发布了《预拌砂浆生产与运用技术规程》和《干粉砂浆生产与运用技术规程》两个规范性的文件作为依据。北京市政府也在干混砂浆商品化方面进行了大量的推广工作。不难预见,在我国形成新的干混砂浆市场势在必行。

干混砂浆的出现填补了建筑材料的一项空白,完成了对建筑工业的一项重大革新。许多房地产开发商和建材生产企业对该项目表示出很大的兴趣。从国内京、沪、粤等地的推广使用状况来看,各级政府都非常重视。同时,干混砂浆在现阶段产量依然很小,以兰州地区为例,1999年的总建筑量就达到170万 m^2,对砂浆的使用量简单做一估算,抹面砂浆和砌筑砂浆总使用量在85万t以上。假如我们建一条年产5万t的干混砂浆生产线,全部产量仅为市场需求量的6%,因此市场需求不成问题。

7.1.5.2 干混砂浆生产

(1) 干混砂浆的原料

干混砂浆按胶料可分为水泥砂浆和混合砂浆,生产干混砂浆应尽量利用当地矿产资源和工业废渣,其组成主要有胶粘剂、填料、分散性有机聚合物和化学添加剂。黏结剂主要有普通水泥和特种水泥、天然石膏、无水石膏、人造石膏、石灰等;填料品种有石英砂、石灰石、白云石、高岭土、珍珠岩、硅石粉、炉渣、粉煤灰、纤维、陶粒、发泡蛭石、膨胀珍珠岩、浮石等。砌块砌筑干粉砂浆通常选用的原材料包括水泥、消石灰粉、砂、专用外加剂和添加剂。

1) 无机胶结材料

无机胶结材料本身具有水硬活性,是对砂浆强度和施工性能有贡献的材料。干混砂浆常用的胶结料有:硅酸盐水泥、普通硅酸盐水泥、高铝水泥、天然石膏、石灰以及由这些材料组成的混合体。硅酸盐水泥或白色硅酸盐水泥都是主要的胶结料。地坪砂浆中通常还需要用一些特殊的水泥。胶结料的用量占干混料产品质量的20%~40%。水泥是最主要的无机胶结材料,也是干粉砂浆的重要组成部分。它直接影响砂浆的流动性、硬化性质、强度、干缩率等。

2) 填料

干混砂浆的主要填料有:黄砂、石英砂、石灰石、白云石、膨胀珍珠岩等。这些填料经过破碎、烘干,再筛分成粗、中、细三类,颗粒尺寸为:粗填料100mm以上、中填料100~4mm、细填料在4~0.4mm。生产质量满足要求的干混砂浆,关键在于原料粒度的掌握以及投料配比的准确,而这是在干混砂浆自动生产中实现的。填料级配和细度模数会影响砂浆的性能:包括浆体的塑性性能及其硬化体的力学性能等。填料颗粒的形状和结构也能影响工作性。颗粒越接近球状,砂浆越容易操作。

3) 矿物掺合料

干混砂浆的矿物掺合料主要是:工业副产品、工业废料及部分天然矿石等,如:矿渣、粉煤灰、火山灰、细硅石粉等,这些掺合料可溶于水,具有很高的活性和水硬性。最常用的矿物掺合料是工业副产品或工业废料,如粉煤灰。通常粉煤灰颗粒非常细,呈细小的球形,故粉煤灰可以改善砂浆的工作性而不会过分增加需水量,补偿砂浆中因缺乏细粉料而产生的离析和泌水。通常粉煤灰的价格低于水泥,用粉煤灰部分替代水泥既可降低砂浆成本,又可改善砂浆性能,故在砂浆生产中广泛使用。

4）保水增稠材料

保水增稠材料。干混砂浆常用砂浆稠化粉作为保水增稠材料，它通过对水分子的物理吸附作用，达到使砂浆增稠、保水的目的，具有安全、无毒、无放射性和腐蚀等特性。

干混砂浆中采用的保水增稠材料要求是水溶性的，一般为有机聚合物粉末，它在水中形成乳胶液，对各类物质具有很好的胶粘性，但它的胶黏机理与无机胶凝材料（如水泥）的粘结机理有根本的区别。加入有机聚合物，使砂浆具有以下优点：

①增稠作用，使砂浆与基材有良好的黏结性；

②保水作用，使砂浆不松散离析，砂浆中的水分不会很快渗入到基体中或蒸发；

③使砂浆具有良好的抗裂、抗冻性能，避免收缩裂缝；

④具有引气效应，给予砂浆可压缩性，比较容易操作；

⑤有利于砂浆的薄层作业，易于快速施工。

这主要是由于在砂浆颗粒表面形成聚合物膜，聚合物膜抗拉强度比普通砂浆抗拉强度要大10倍以上，所以加入聚合物使砂浆的抗拉强度得到改善。采用保水增稠材料能给予干粉砂浆适宜的稠度和流动性，能够避免砂浆在硬化以前产生沉淀和水分蒸发，也能改善砂浆最终产物的性能。

5）添加剂

添加剂是干混砂浆的关键环节，添加剂的种类和数量以及外加剂之间的适应性关系到干混砂浆的质量和性能。为了增加干混砂浆的和易性和粘结力，提高砂浆的抗裂性，降低渗透性，使砂浆不易泌水分离，从而提高干混砂浆的施工性能，降低生产成本。

化学添加剂从功能上可分为以下几种：减水剂、调凝剂、引气剂、增塑剂等。减水剂掺入拌合物中以后，能够在保持砂浆工作性相同的情况下，显著地降低砂浆的用水，从而使硬化体各方面性能（强度、抗渗性、耐久性等）得到改善。

为了提高干混砂浆的使用性能，生产时常掺加复合添加剂。国外经验表明，采用不同功能化学添加剂，可以产生不同用途的干混砂浆。选择适宜的化学添加剂，不但可提高干混砂浆的使用性能和施工性能，而且还可以降低成本。

(2) 干混砂浆的生产工艺

干混砂浆的生产工艺过程包括原配料准备、石英砂干燥、筛分以及石灰石可能需要的粉碎、研磨。水泥和填充料进原料筒仓一般采用气动方式，添加剂可通过提升机人工投到小原料仓或罐中。目前的生产形式大多都是垂直的"塔"状。在新型的干混砂浆生产厂里，采用了独特的粉料流动技术加料，改变了原有的水平加料设备，具有容量大、精度高、灵活性好的特点。

1）干混砂浆生产流程

干混砂浆是将水泥、砂、石膏、添加剂等在干燥状态下按一定比例混和包装的砂浆，材料的混合和计量是生产工艺中的关键环节，一个典型的干粉砂浆生产工艺流程如图7-1所示。

2）干混砂浆生产设备结构组成

干混砂浆生产按要求及市场不同有不同方案。常用的是塔式工艺布局，将所有预处理好的原料提升到原料筒仓顶部，原材料依靠自身的重力从料仓中流出，经电脑配料、螺旋输送计量、混合再到包装机包装成袋或散装入散装车或入成品仓储存等工序后成为最终产

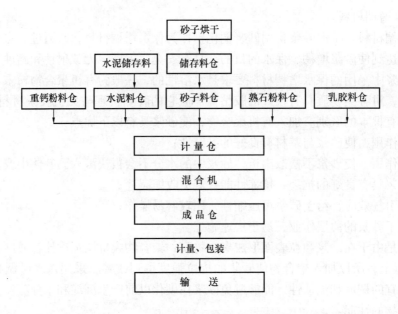

图 7-1 干混砂浆生产工艺流程方框图

品，全部生产由中央电脑控制系统操作，配料精度高、使用灵活、采用密闭的生产系统设备使得现场清洁、无粉尘污染，保证了工人的健康，模块式的设备结构便于扩展，使生产容量能和市场的发展相衔接。

7.1.5.3 干混砂浆性能

(1) 干混砂浆的质量要求

目前上海市颁发的干粉砂浆生产与应用技术规程以及广州市和北京市的相关规程，是对于砂浆的强度、稠度、分层度和抗渗等级等技术要求，这从一定程度上反应了砂浆的性能，但考虑到在此体系下后续产品的使用，例如涂料体系、保温体系，以及某些场合的防水及修补体系产品的应用，一些相关的质量要求是至关重要的。而正是体系化的产品概念，也促使我们在对包括砌筑、抹灰以及地坪等普通类砂浆的生产的使用方面应给予足够的重视。

1) 技术参数

以砌筑砂浆为例，作为砌筑砂浆，以下参数是必须被给定的：

① 砌筑砂浆的种类：这里主要是指普通砂浆、薄层砌筑砂浆或者轻质砂浆等；

② 可施工时间（开放时间）：由生产商给定，仅检测是否达到或超过此数值，低于给定的数值为不合格；

③ 氯离子含量：不得超过干状态重量比的 0.1%；

④ 气含量：由生产厂家给定；

⑤ 简单配合比（用于说明砂浆的抗压强度值或抗压强度等级）；

⑥ 砂浆的抗压强度数值或抗压强度等级；

⑦ 粘结强度：普通或轻质砂浆应大于 $0.15N/mm^2$；

⑧ 薄层黏结砂浆应大于 $0.3N/mm^2$；

⑨ 吸水率：由厂家给定；

⑩ 水蒸气渗透系数：根据 EN1745 确定；
⑪ 干密度：轻质砂浆干密度不大于 $1300kg/m^3$；
⑫ 导热系数：根据 EN1745 确定；
⑬ 耐候性：根据冻融试验测定；
⑭ 最大骨料粒径：由厂家给定，薄层砌筑胶最大粒径不大于 2 毫米；
⑮ 可调整时间：由厂家给定并根据不同气候条件测定；
⑯ 阻燃等级：根据阻燃测试给定阻燃等级。

简单提及以上参数的目的在于，在我们筹划产品体系的前提下有必要时，相应的生产工艺最优化。并可以据此前提作出前瞻性的规划，以避免不必要的投资和重复投资。表 7-8 是通常所标明的干混砂浆的原材料清单；表 7-9 为干混砂浆配料方案。

干混砂浆生产用部分原材料品种清单　　　表 7-8

胶凝材料	骨料	添加剂
水泥类	普通粒径组（0~8mm）	甲基纤维素
普通硅酸盐水泥	石英砂、河砂，石灰石破碎	再分散胶粉
普通硅酸盐矿渣水泥	砂	防水剂粉
TS 水泥	白云石砂	微末剂粉
石灰类	装饰粒径组（1~8mm）	无机盐料粉
消石灰粉（80目以上）	石灰质圆石，大理石	速凝剂粉
高消化石灰粉（80目以上）	侏罗纪石灰石	缓凝剂粉
石膏类	云母	增稠剂粉
β—半水石膏（80目以上）	轻质骨料组	聚合物
无水石膏（硬石膏）（80目以上）	珍珠岩，蛭石、矿渣	消泡剂粉
	玻璃泡沫珠，陶粒，浮石等	保水剂粉等

干混砂浆配料方案　　　表 7-9

原料名称	配方一	配方二	配方三
42.5 普硅水泥，kg	15	8	8
细砂（约 0~0.3mm），kg	0	12	27
粗砂（约 0~5mm），kg	75	70	55
石粉（矿粉/粉煤灰/石灰石粉），kg	10	10	10
添加剂 MM-123，kg	0.25	0.12	0.13
加水量（约），%	16	15.5	16.5
砂浆等级	DM10	DM10	DM10

干混砂浆的生产与使用与预拌混凝土一样，是建筑业的一大进步。这是因为：①干混砂浆工厂化生产，配比可以严格控制，计量准确，可以达到预期的设计性能，满足使用要求；②可以根据使用要求，按设计配比，生产满足不同用途的干混砂浆；③与传统砂浆相比，不用现场配制、拌合，减轻了工人的劳动强度，提高了劳动生产率，加快了施工速度；④干混砂浆在工地加水拌合即可使用，省掉了现场拌合工序，减少了工地的扬尘量，有利于改善与保护环境。因此，近几年来干混砂浆与预拌混凝土一样，在我国获得迅速的发展，在加速建筑施工现代化、保证工程建设质量，保护城乡环境方面发挥了积极作用。

2) 中国的砂浆标准

为了保证干混砂浆产品质量，从而保证工程建设质量，我国已制定、发布了如下产品标准：

《混凝土小型空心砌块砌筑砂浆》（JC 860—2000）

《混凝土小型空心砌块灌孔混凝土》（JC 861—2000）
《蒸压加气混凝土用砌筑砂浆与抹面砂浆》（JC 890—2001）
《混凝土地面用水泥基耐磨材料》（JC/T 906—2002）
《混凝土界面处理剂》（JC/T 907—2002）

现将有关的干混砂浆标准简介如下：

①《混凝土小型空心砌块砌筑砂浆》

该标准适用于现场拌制的砌筑砂浆以及干拌砂浆。

干拌砂浆是由水、钙质消石灰、砂、掺合料以及外加剂按一定比例干混合制成的混合物称为干拌砂浆。干拌砂浆在施工现场加水经机械拌合后即成为砌筑砂浆。

混凝土小型空心砌块的砌筑砂浆用 Mb 标记，强度分别为 Mb5.0、Mb7.5、Mb10.0、Mb15.0、Mb20.0、Mb25.0、Mb30.0 七个等级。

产品技术要求：

（A）抗压强度　其强度等级相应于 M5.0、M7.5、M10.0、M15.0、M20.0、M25.0 和 M30.0 等级的一般砌筑砂浆的抗压强度指标。

（B）密度　水泥砂浆不应小于 $1900kg/m^3$，水泥混合砂浆不应小于 $1800kg/m^3$。

（C）稠度　50～80mm。

（D）分层度　10～30mm。

（E）抗冻性　设计有抗冻性要求的砌筑砂浆，经冻融试验，质量损失不应大于 5%，强度损失不应大于 25%。

②《混凝土小型空心砌块灌孔混凝土》

该标准适用于混凝土小型砌块芯柱或其他需要填实孔洞的混凝土。

灌孔混凝土是由水泥、集料、水以及根据需要掺入的掺合料和外加剂等组分，按一定的比例，采用机械搅拌后，用于浇注混凝土小型空心砌块砌体芯柱或其他需要填实部位孔洞的混凝土。

混凝土小型空心砌块灌孔混凝土用 Cb 标记，强度分别为 Cb20、Cb25、Cb30、Cb35、Cb40 五个等级。

产品技术要求：

（A）抗压强度　相应于 C20、C25、C30、C35、C40 混凝土的抗压强度。

（B）坍落度　不宜小于 180mm。

（C）均匀性　混凝土拌合物应均匀，颜色一致，不离析，不泌水。

（D）抗冻性　设计有抗冻性要求的灌孔混凝土，按设计要求经冻融试验，质量损失不应大于 5%，强度损失不应大于 25%。

③《蒸压加气混凝土用砌筑砂浆与抹面砂浆》

该标准适用于蒸压加气混凝土砌筑砂浆与抹面砂浆。

砌筑砂浆是由水泥、砂、掺合料和外加剂制成的用于蒸压加气混凝土的砌筑材料。

抹面砂浆是由水泥或石膏、外加剂和砂制成的用于蒸压加气混凝土的抹面材料。

产品技术要求应符合表 7-10 的规定。

④《混凝土地面用水泥基耐磨材料》

该标准适用于混凝土地面用水泥基耐磨材料。该材料可以是本色或彩色的。

混凝土地面用水泥基耐磨材料是指由硅酸盐水泥或普通硅酸盐水泥、耐磨骨料为基料，加入适量添加剂组成的干混材料。代号为 CH。

该材料分为两种类型：

Ⅰ型　非金属氧化物骨料混凝土地面用水泥基耐磨材料

Ⅱ型　金属氧化物骨料或金属骨料混凝土地面用水泥基耐磨材料。

产品技术要求应符合表 7-11 规定。

⑤《混凝土界面处理剂》

该标准适用于改善砂浆层与水泥混凝土、加气混凝土等材料基面粘结性能的水泥及界面处理剂，对于新老混凝土之间的界面，废旧瓷砖、陶瓷锦砖等表面的处理剂也可参照此标准执行。

（A）按组成分为两种类别：

P 类：由水泥等无机胶凝材料、填料和有机外加剂等组成的干粉状产品。

D 类：含聚合物分散液的产品，分为单组分和多组分界面剂。

（B）按使用的基面分为两种型号。

Ⅰ型：适用于水泥混凝土的界面处理。

Ⅱ型：适用于加气混凝土的界面处理。

（C）产品技术要求：

（a）外观　干粉状产品应均匀一致，不应有结块。液状产品经搅拌后呈均匀状态，不应有块状沉淀。

（b）物理力学性能应符合有关的规定。

砌筑砂浆与抹面砂浆性能指标　　　　　表 7-10

项　目	砌　筑　砂　浆	抹　面　砂　浆
干密度，kg/m^3	≤1800	水泥砂浆≤1800 石膏砂浆≤1500
分层度，mm	≤20	水泥砂浆≤20
凝结时间，h	贯入阻力达到 0.5MPa 时 3～5h	水泥砂浆：贯入阻力达到 0.5MPa 时 3～5h 石膏砂浆：初凝≥1　终凝≤8
导热系数，W/(m·K)	≤1.1	石膏砂浆：≤1.0
抗折强度，MPa	—	石膏砂浆：≥2.0
抗压强度，MPa	2.5　5.0	水泥砂浆：25　5.0 石膏砂浆：≥4.0
粘结强度，MPa	≥2.0	水泥砂浆：≥0.15 石膏砂浆：≥0.30
抗冻性 25 次，%	质量损失≤5 强度损失≤20	水泥砂浆：质量损失≤5% 强度损失≤20%
收缩性能	收缩值≤1.1mm/m	水泥砂浆：收缩值≤1.1mm/m 石膏砂浆：收缩值≤0.06%

注：有抗冻性能和保温性能要求的地区，砂浆性能应符合抗冻性和导热性能的规定。

混凝土地面用水泥基耐磨材料的技术要求　　　　表 7-11

项　目	技　术　指　标	
	Ⅰ型	Ⅱ型
外　观	均匀、无结块	
骨料含量偏差	生产商控制指标的±5%	
抗折强度，28d，MPa ≥	11.5	13.5
抗压强度，28d，MPa ≥	80.0	90.0
耐磨度比，% ≥	300	350
表面硬度（压痕直径），mm ≤	3.30	3.10
颜色（与标准样比）	近似～微	

注 1. 产品的骨料含量应在质保书中明示。
注 2. "近似"表示用肉眼基本看不出色差；"微"表示用肉眼看似乎有点色差。

（2）干混砂浆出厂检验和性能测试
1）砌筑砂浆出厂检验和性能测试
①出厂检验
出厂需检验初凝时间、抗压强度、密度、稠度和收缩率。
②性能测试
（A）稠度：
（B）分层度：
砂浆的保水性用分层度表示。将搅拌均匀的砂浆，先测其沉入量，装入分层度测定仪，静置 30min 后，去掉上部 200mm 厚的砂浆，再测其剩余部分砂浆的沉入量，先后两次沉入量的差值称为分层度。保水性良好的砂浆其分层度是较小的。以往的经验，砂浆的分层度以在 30mm 为宜。分层度大于 30mm 的砂浆，容易产生离析，不便于施工。而分层度接近于零的砂浆，容易发生干缩裂缝。但添加有足量保水性添加剂的干拌砂浆（如纤维素醚），稠度即使为负值，也不会产生干缩开裂。
（C）砂浆的强度：
砂浆强度等级是以边长为 70.7mm×70.7mm×70.7mm 的立方体试块，按标准条件养护至 28d 的抗压强度的平均值并考虑具有 95% 强度保证率而确定的。砂浆的强度等级共有 M2.5、M5、M7.5、M10、M15、M20 等六个等级。一般情况下，干拌的砌筑砂浆宜采用 M10 以上的砂浆。
（D）凝结时间：
（E）流动性：也叫做稠度，是指在自重或外力作用下流动的性能。
（F）保水性：砂浆能够保持水分的能力叫做保水性。保水性也指砂浆中各项组成材料不易分离的性质，以达到保证粘结力、强度，防止过早失水开裂的性能。
（G）干作业：在进行墙体砌筑及抹灰施工前，无需预先润湿砌块及墙体亦可保证质量的施工工法。
（H）砂浆和易性：砂浆的和易性是描述砂浆的使用性能。其和易性包括砂浆的流动性和保水性。
2）抹灰砂浆出厂检验和性能测试
①抹灰砂浆出厂检验
出厂检验包括初凝时间、抗压强度、密度、稠度和收缩率。

②抹灰砂浆性能测试

(A) 材料的标准稠度

干拌砂浆按具体的设计标准用水量加水混合后，按规定方法搅拌均匀。以此判断材料的性能，是否达到设计要求。方法原理是抹灰砂浆的湿砂浆对标准试杆（或试锥）的沉入具有一定阻力，通过试验使砂浆的沉入度，确定砂浆的基本性能是否符合出厂要求。

(B) 砂浆的保水性

砂浆混合物能够保持水分的能力称为保水性。保水性也指砂浆中各项组成材料不易分离的性质。

(C) 分层度

砂浆的保水性是用分层度表示的。搅拌均匀的砂浆静止 30min 后，上下层砂浆沉入量的差值，称为分层度。

(D) 砂浆的流动性

砂浆的流动性也叫稠度，是指在自重或外力作用下流动的性能。施工时，砂浆铺设在粗糙不平的砖石表面上，要能很好地铺成均匀密实的砂浆层，抹面砂浆要能很好地抹成均匀薄层，采用喷涂施工需要泵送砂浆，都要求砂浆具有一定的流动性。砂浆的流动性和许多因素有关，胶凝材料的用量、用水量、砂粒粗细、形状、级配，以及砂浆搅拌时间都会影响砂浆的流动性。干拌砂浆湿砂浆的流动性可在实验室中，用砂浆稠度仪测定其稠度值（即沉入量）来表示砂浆的流动性。对于多孔吸水的砌体材料和干热的天气，则要求砂浆的流动性要大些。相反对于密实不吸水的材料和湿冷的天气，可要求流动性小些。而拥有良好保水性能的干拌砂浆的流动性可基本稳定在一个相对标准的黏度范围。

3）瓷砖粘结剂出厂检验和性能测试

①瓷砖粘结剂出厂检验

出厂检验包括工作性、抗下垂性、开放时间和压剪强度等。

②瓷砖粘结剂性能测试

(A) 挂刀性：模拟施工操作，黏度应适宜，不容易粘刀。

(B) 含气量：指湿砂浆中的气泡含量，可采用含气量测试仪进行测试。

(C) 触变性：是刮抹的阻力，区别于流动性。实验方法可参照触变比的测试：采用 BROOKFIELD-Ⅱ型流变仪测试（4 转子，25℃）。触变比定义的转速为 6r/min 时的黏度与转速为 60r/min 时的黏度的比值。

(D) 流畅性（可涂抹、梳理性）：以纤维水泥板为基材，模拟施工操作，应不挂刀，不打卷。

(E) 放置时间对稠化、增黏的影响：在可使用时间内（初凝前），通过测试不同时间段的稠度变化和施工性的区别，保证产品的使用性能。

(F) 观察有否结膜、泌水；

(G) 抗下垂性；

(H) 开放时间；

(I) 保水性；

滤纸法观察滤纸吸水程度。

(J) 润湿性；

（K）修正时间

即为从胶泥被施工至基材上以后的一段时间内，湿胶泥上所粘的瓷砖位置可以改动而不明显损失粘结强度的时间。

（L）拉伸粘结强度：

测定方法：见 JC/T 547—94。

（M）压剪强度：

测定方法：见 JC/T 547—94。

4）保温板出厂检验和性能测试

①保温板出厂检验

出厂检验包括密度、稠度和初凝时间。

②保温板出厂性能测试

（A）吸水性

采用渗透性测试方法测定。将试件浸水 1h、3h、8h、24h 后称重；要求 10h 最多吸水 $600g/m^2$。

（B）受热应力作用时的性能

热应力性能的测试是指材料耐曝晒和耐温差的稳定性，是保证使用功能的重要标志，可以通过在一定宽度下（如 1000mm）通过曝晒或人工加热，观察试件变形弯曲程度，具体测试的基本条件可根据各企业的材料要求进行调整。

（C）可燃性

参考相关消防等级要求的测试方法。

（D）水蒸气渗透性

在玻璃蒸发器内注入清水，将制作好的干燥的防水材料试件放在玻璃蒸发器上，然后用密封胶泥进行密封，在精确度达到 0.01g 的电子天平中称量其总重量。然后在标准的实验条件下放置 24h，然后再称量其总重量，所得的差值除以蒸发器的面积即可得出其透气性能。

（E）粘结强度

苯板至少标养（实验室标准条件下养护）6 周（或 60°养护 5d 以上；模板 40cm×40cm，空格 5cm×5cm，厚度 0.6mm；将模板覆盖在聚苯板上，拌合胶粘剂，装入模板空格中，及时覆盖塑料袋（距板 3cm），标养 12d，再浸水 48h，测试粘结强度。

（F）抗冲击性

冲击测试仪、玻璃纤维布（3.5cm×3.5cm～5cm×5cm）、放大镜、拌合粘结剂，在苯板上抹 3mm，嵌入玻纤布，抹装饰砂浆（集料厚度），标养 1d，然后 60℃炉中养护 7d，取出标养 5h，测试 4J 开始，然后增加或减少 0.5J 测试，如在 4J 开裂，则第二块和第三块从减少 0.5J 开始测试。

（G）憎水性

滴水观察水滴与试件表面的夹角是否小于 90°。

（H）机械稳定性

测试在外力作用下不同弯曲程度的抗裂性能。

（I）耐候性影响

可采用长时间暴露在户外进行抗日晒雨淋的抗弯曲变形能力，观察其稳定性。

（J）开裂测试

采用劈裂法测试，5mm 厚无裂缝。

5）界面砂浆出厂检验和性能测试

①界面砂浆出厂检验

出厂检验包括工作性、保水性、拉伸强度和压剪强度。

②界面砂浆性能测试

（A）工作性观察

评价施工操作性，刮、涂流畅性。

（B）保水性

滤纸法：观察滤纸吸水程度。

（C）拉伸粘结强度

测定方法：见 JC/T 547—94。

（D）压剪强度

测定方法：见 JC/T 547/94。

7.2 思考题与习题

（一）名词解释

1. 砂浆的和易性

2. 砂浆的强度

3. 砌筑砂浆

4. 抹面砂浆

5. 混合砂浆

6. 防水砂浆

7. 装饰砂浆

8. 干混砂浆

9. 砂浆的粘结力

10. 砂浆配合比

（二）是非判断题（对的划√，不对的划×）

1. 建筑砂浆实为无粗骨料的混凝土。　　　　　　　　　　　　　　　　　（　）

2. 水泥混合砂浆采用的水泥，其强度等级不宜大于 32.5 级，砂浆中水泥和掺加料总量宜为 $300 \sim 350 kg/m^3$。　　　　　　　　　　　　　　　　　　　　　　　　（　）

3. 为合理利用资源、节约材料，在配制砂浆时要尽量选用低强度等级水泥和砌筑水泥。　　　　　　　　　　　　　　　　　　　　　　　　　　　　　　　　（　）

4. 砂浆的分层度越大，说明砂浆的流动性越好。　　　　　　　　　　　　（　）

5. 砌筑砂浆的强度，无论其底面是否吸水，砂浆的强度主要取决于水泥强度及水灰比。　　　　　　　　　　　　　　　　　　　　　　　　　　　　　　　　（　）

6. 砂浆的和易性包括流动性、黏聚性、保水性三方面的含义。　　　　　　（　）

7. 当原料一定，胶凝材料与砂子的比例一定，则砂浆的流动性主要取决于水泥强度及水灰比。   （　）

8. 用于多孔基面的砌筑砂浆，其强度大小主要取决于水泥强度等级和水泥用量，而与水灰比大小无关。   （　）

9. 水泥砂浆采用的水泥，其强度等级不宜大于42.5级，水泥用量不应小于200kg/m³。   （　）

10. 干混砂浆即是预拌砂浆。   （　）

11. 装饰砂浆是直接施工于建筑物内外表面，具有装饰效果的抹面砂浆。（　）

12. 装饰砂浆与普通抹面砂浆所用的细骨料是相同的。   （　）

13. 干混砂浆与传统砂浆相比具有优势，是砂浆的发展趋势。   （　）

（三）填空题

1. 砂浆按所用胶凝材料分＿＿＿＿＿、＿＿＿＿＿和＿＿＿＿＿等。

2. 用于吸水底面的砂浆强度主要取决于＿＿＿＿＿与＿＿＿＿＿，而与＿＿＿＿＿没有关系。

3. 砂浆按用途分有＿＿＿＿＿和＿＿＿＿＿。

4. 为了改善砂浆的和易性和节约水泥，常常在砂浆中掺入适量的＿＿＿＿＿、＿＿＿＿＿和制成混合砂浆。

5. 砂浆按产品形式有＿＿＿＿＿和＿＿＿＿＿。

6. 砂浆的和易性包括＿＿＿＿＿和＿＿＿＿＿，分别用指标＿＿＿＿＿和＿＿＿＿＿表示。

7. 装饰砂浆分＿＿＿＿＿和＿＿＿＿＿。

8. 测定砂浆强度的标准试件是＿＿＿＿mm的立方体试件，在＿＿＿＿条件下养护＿＿＿＿d，测定其＿＿＿＿强度，据此确定砂浆的＿＿＿＿。

9. 防水砂浆常用的防水剂有＿＿＿＿＿、＿＿＿＿＿和＿＿＿＿＿。

10. 砂浆流动性的选择，是根据＿＿＿＿＿和＿＿＿＿＿等条件来决定。夏天砌筑红砖墙体时，砂浆的流动性应选得＿＿＿＿＿些；砌筑毛石时，砂浆的流动性要选得＿＿＿＿＿些。

11. 干混砂浆的原料组成有＿＿＿＿＿、＿＿＿＿＿、＿＿＿＿＿和＿＿＿＿＿。

12. 砌筑砂浆出厂需检验初凝时间、＿＿＿＿＿、＿＿＿＿＿、＿＿＿＿＿和收缩率。

（四）单项选择题

1. 凡涂在建筑物或构件表面的砂浆，可统称为（　）。
①砌筑砂浆　　②抹面砂浆　　③混合砂浆　　④防水砂浆

2. 用于不吸水底面的砂浆强度，主要取决于（　）。
①水灰比及水泥强度　②水泥用量　③水泥及砂用量　④水泥及石灰用量

3. 在抹面砂浆中掺入纤维材料可以改变砂浆的（　）。
①强度　　②抗拉强度　　③保水性　　④分层度

4. 用于吸水底面的砂浆强度主要取决于（　）。
①水灰比及水泥强度等级　　　　②水泥用量和水泥强度等级

③水泥及砂用量　　　　　　　　　④水泥及石灰用量
5．水泥强度等级宜为砂浆强度等级的（　　）倍，且水泥强度等级宜小于32.5级。
①2～3　　　　②3～4　　　　③4～5　　　　④5～6
6．砌筑加气混凝土砌块所用砂浆的稠度为（　　）mm。
①30～40　　　②30～50　　　③50～70　　　④60～80
7．砌筑砂浆适宜分层度一般在（　　）mm。
①10～20　　　②10～30　　　③10～40　　　④10～50
8．防水砂浆通常采用1:2.5～3的水泥砂浆，水灰比为（　　）。
①0.40～0.45　②0.40～0.50　③0.50～0.55　④0.55～0.60
9．一般情况下，干拌的砌筑砂浆宜采用（　　）以上的砂浆。
①M7.5　　　　②M10　　　　③M15　　　　④M20
10．绝热砂浆具有轻质和良好的绝热性能，其导热系数为（　　）W/(m·K)。
①0.07～0.1　②0.1～0.2　　③0.2～0.3　　④0.3～0.4

（五）多项选择题

1．砂浆的和易性包括（　　）。
①流动性　　　②保水性　　　③黏聚性　　　④稠度
2．砂浆的技术性质有（　　）。
①砂浆的和易性　②砂浆的强度　③砂浆的粘结力　④砂浆的变形性能
3．常用的普通抹面砂浆有（　　）等。
①石灰砂浆　　②水泥砂浆　　③混合砂浆　　④砌筑砂浆
4．石碴类砂浆饰面有（　　）。
①拉条　　　②水刷石　　　③水磨石　　　④假面砖　　　⑤拉假石
5．混凝土小型空心砌块用干混砌筑砂浆的技术要求有（　　）。
①抗压强度　②抗冻性　　③密度　　　④稠度　　　⑤分层度
6．干混抹灰砂浆性能测试项目有（　　）。
①砂浆的流动性　②密度　③分层度　④材料的标准稠度　⑤砂浆的保水性
7．（　　）使用时需要进行和易性检测。
①砌筑砂浆　②抹面砂浆　③干混砂浆　④干粉砂浆　⑤装饰砂浆
8．灰浆类砂浆饰面有（　　）。
①拉毛　　　②斩假石　　　③喷涂　　　④干粘石　　　⑤弹涂

（六）问答题

1．对新拌水泥砂浆的技术要求与对混凝土的技术要求有何不同？
2．砂浆混合物的流动性如何表示和测定？保水性不良对其质量有何影响？如何提高砂浆的保水性？
3．红砖在施工前为什么一定要进行浇水湿润？
4．砌筑砂浆的主要技术性质包括哪几方面？
5．新拌砂浆的和易性如何测定？和易性不良的砂浆对工程质量会有哪些影响？
6．装饰砂浆的组成材料有那些？装饰砂浆的做法有那些？
7．与传统工艺配制的砂浆相比，干混砂浆有什么优势？

8. 生产干混砂浆用哪些原料？作用是什么？

(七) 计算题

1. 某多层住宅楼工程，要求配制强度等级为 M7.5 的水泥石灰混合砂浆，其原材料供应情况如下：

水泥：P.O 32.5，$\rho_{0c} = 1200 \text{kg/m}^3$；

砂：中砂，级配良好，含水率 = 2%，$\rho_{0干} = 1500 \text{kg/m}^3$；

石灰膏：沉入度为：12cm，$\rho_{0石灰膏} = 1500 \text{kg/m}^3$。

试设计配合比（重量比和体积比）。

2. 某建筑工地砌筑用水泥石灰混合砂浆，从有关资料查出，可使用其配合比值为水泥：石灰膏：砂子 = 1:0.46:5.5（体积比），问拌制 1m^3 砂浆需要各项材料用量为多少？若拌制 2.65m^3 砂浆，各项材料用量又为多少 kg？（已知水泥为 $\rho_{0c} = 1300 \text{kg/m}^3$，石灰膏为 $\rho_{0石灰膏} = 1400 \text{kg/m}^3$，砂子为 $\rho_{0干} = 1450 \text{kg/m}^3$。）

第4篇　功能材料

从理论上讲，所有的建筑材料都执行着相应的功能，并且所执行的功能也并不一定是唯一的。而本篇所介绍的功能材料是担负建筑物使用过程中所必需的建筑功能的材料。主要包括采光材料、防水材料、绝热材料、吸声隔声材料装饰材料等。

8 天然石材

8.1 学习指导

采自天然岩石，经过加工或未经加工的石材，统称为天然石材。

天然石材具有很高的抗压强度、良好的耐磨性和耐久性，经加工后表面花纹美观、色泽艳丽富于装饰性，资源分布广泛、蕴藏量丰富，便于就地取材，所以得到广泛的应用。但天然石材属脆性材料，抗拉强度低，自重大、硬度高，加工和运输比较困难。

8.1.1 岩石的基本知识

8.1.1.1 造岩矿物

岩石是各种天然固态矿物的集合体，组成岩石的矿物称为造岩矿物。由单一造岩矿物组成的岩石叫单矿岩。如石灰岩主要是由方解石（结晶 $CaCO_3$）组成的单矿岩。大多数岩石是由多种造岩矿物组成的，叫多矿岩。如花岗岩是由长石（铝硅酸盐）、石英（结晶 SiO_2）、云母（钾、镁、锂、铝等的铝硅酸盐）等矿物组成的多矿岩。同一类岩石由于产地不同，其矿物组成、颗粒结构都有差异，因而其颜色、强度、耐久性等性能也有差别。岩石的性质是由其矿物的性质及其含量等因素决定的。建筑工程中常用岩石的造岩矿物主要有以下几种，见表8-1。

主要造岩矿物的颜色和特性　　表 8-1

造岩矿物	颜　色	特　性
石　英	无色透明至乳白色	性能稳定
长　石	白、灰、红、青	风化慢
角闪石、辉绿石、橄榄石	深绿、棕、黑	开光性好，耐久性好
方解石	白、灰	开光性好，易溶于含 CO_2 的水中
白云石	白、灰	开光性好，易溶于含 CO_2 的水中
黄铁矿	金黄色	二硫化铁为有害杂质，遇水及氧后生成硫酸，污染及破坏岩石
云　母	无色透明至黑色	易裂成薄片

8.1.1.2 岩石的结构、构造与性质

岩石的结构，是指矿物的结晶程度、结晶大小和形态，如玻璃状、细晶状、粗晶状、斑状等。大多数岩石属于结晶结构，少数岩石具有玻璃质结构。二者相比，结晶质岩石具有较高的强度、韧性、化学稳定性和耐久性等。岩石的晶粒越小，则岩石的强度越高、韧性和耐久性越好。具有斑状和砾状结构的岩石，在磨光后纹理美观夺目，具有优良的装饰性。

岩石的构造是指矿物在岩石中的排列及相互配置关系，如致密状、层状、多孔状、流纹状、纤维状等。

8.1.1.3 岩石的形成与分类

天然岩石按照地质成因可分为岩浆岩、沉积岩、变质岩三大类。

(1) 岩浆岩

岩浆岩也称火成岩，是由地壳深处熔融岩浆上升冷却而形成。根据冷却条件的不同，岩浆岩可分为以下三种：

1) 深成岩

深成岩是地表深处岩浆受上部覆盖层的压力作用，缓慢均匀地冷却而形成的岩石。其特点是结晶完全、晶粒粗大、结构致密、表观密度大、抗压强度高、吸水率小、抗冻性和耐久性好。深成岩中有花岗岩、正长岩、闪长岩、辉长岩等。

2) 喷出岩

喷出岩是岩浆喷出地表后，在压力骤减和迅速冷却的条件下形成的岩石。其特点是结晶不完全，多呈细小结晶或玻璃质结构，岩浆中所含气体在压力骤减时会在岩石中形成多孔构造。建筑中用到的喷出岩有玄武岩、辉绿岩、安山岩等。玄武岩和辉绿岩十分坚硬难以加工，常用作耐酸和耐热材料，也是生产铸石和岩棉的原料。

3) 火山岩

火山岩是火山爆发时岩浆被喷到空中，在压力骤减和急速冷却条件下形成的多孔散粒状岩石。有多孔玻璃质结构且表观密度小的散粒状火山岩，如火山灰、火山渣、浮石等；也有因散粒状火山岩堆积而受到覆盖层压力作用并凝聚成大块的胶结火山岩，如火山凝灰岩（简称凝灰岩）。

火山灰可用作水泥的混合材及混凝土的掺合料。浮石是配制轻质混凝土的一种天然轻骨料。火山凝灰岩容易分割，可作砌墙材料和轻混凝土的骨料。

(2) 沉积岩

沉积岩也称水成岩，是各种岩石经风化、搬运、沉积和再造作用而形成的岩石。沉积岩呈层状构造，孔隙率和吸水率较大，强度和耐久性较岩浆岩低。但因沉积岩分布较广，容易加工，在建筑上应用广泛。沉积岩按照生成条件分为三种：机械沉积岩，生物沉积岩和化学沉积岩。

1) 机械沉积岩

机械沉积岩是风化破碎后的岩石又经风、雨、河流及冰川等搬运、沉积、重新压实或胶结而成的岩石。主要有砂岩、砾岩和页岩等，其中常用的是砂岩。

2) 生物沉积岩

生物沉积岩是由各种有机体死亡后的残骸沉积而成的岩石。如石灰岩、硅藻土等。

3) 化学沉积岩

化学沉积岩是由溶解于水中的矿物经富集、反应、结晶、沉积而成的岩石。如石膏、白云石、菱镁矿等。

(3) 变质岩

变质岩是地壳中原有的岩石在地层的压力或温度作用下，原岩在固态下发生矿物成分、结构构造变化形成的新岩石。可分为以下两种：

1) 正变质岩

由岩浆岩变质而成，性能一般较原岩浆岩差，如片麻岩。

2）副变质岩

由沉积岩变质而成，性能一般较原沉积岩好，如大理岩、石英岩等。

8.1.2 常用建筑石材

8.1.2.1 天然石材的技术性质

(1) 表观密度

石材按照表观密度的大小分为重质石材和轻质石材两类。表观密度大于 $1800kg/m^3$ 的为重质石材，主要用于基础、桥涵、挡土墙及道路工程等。表观密度小于 $1800kg/m^3$ 的为轻质石材，多用作墙体材料。

表观密度的大小间接反映石材的致密程度与孔隙多少。在通常情况下，同种石材的表观密度愈大，则抗压强度愈高，吸水率愈小，耐久性愈好。

(2) 吸水性

吸水率低于 1.5% 的岩石称为低吸水性岩石，介于 1.5%~3.0% 的称为中吸水性岩石，高于 3.0% 的称为高吸水性岩石。

石材的吸水性对其强度与耐水性有很大影响。石材吸水后，会降低颗粒之间的黏结力，从而使强度降低，耐水性降低。

(3) 耐水性

石材的耐水性以软化系数表示。软化系数大于 0.90 的为高耐水性，软化系数在 0.75~0.90 之间的为中耐水性，软化系数在 0.60~0.75 之间的为低耐水性，软化系数小于 0.60 的石材不允许用于重要建筑物中。当岩石中含有较多的黏土或易溶物质时，耐水性较低，如黏土质砂岩等。

(4) 抗冻性

抗冻性是指石材抵抗冻融破坏的能力，是衡量石材耐久性的一个重要指标。石材的抗冻性与吸水率大小有密切关系。一般吸水率大的石材，抗冻性能较差。另外，抗冻性还与吸水饱和程度、冻结温度有关。石材在吸水饱和状态下，经规定次数的冻融循环作用后，若无贯穿裂缝且质量损失不超过 5%，强度损失不超过 25% 时，则为抗冻性合格。

(5) 耐火性

石材的耐火性取决于其化学成分及矿物组成。由于各种造岩矿物热膨胀系数不同，受热后体积变化不一致，将产生内应力而导致石材崩裂破坏。另外，在高温下，造岩矿物会产生分解或晶型转变。如含有石膏的石材，在 100℃ 以上时即开始破坏。

(6) 强度等级

石材的强度等级是以三个 70mm×70mm×70mm 立方体试块的抗压强度平均值划分的，共分为 MU100、MU80、MU60、MU50、MU40、MU30、MU20、MU15 和 MU10 九个强度等级。试块也可采用表 8-2 所列的其他尺寸的立方体，但应对其试验结果乘以相应的换算系数。

石材抗压强度的换算系数　　　　表 8-2

立方体边长（mm）	200	150	100	70	50
换算系数	1.43	1.28	1.14	1	0.86

矿物组成对石材抗压强度有一定影响。例如，花岗岩中的石英是很坚硬的矿物，其含

量越多，花岗岩的强度也越高；而云母为片状矿物，易于分裂成柔软薄片，其含量越多，则花岗岩的强度也越低。

岩石的结构和构造对抗压强度也有很大影响。如结晶质石材的强度较玻璃质的高；具有层状、带状或片状构造的石材，其垂直于层理方向的抗压强度较平行于层理方向的高。

(7) 硬度

岩石的硬度常用莫氏或肖氏硬度表示。它主要取决于组成岩石的矿物硬度、结构与构造。凡由致密、坚硬的矿物所组成的岩石，其硬度较高；结晶质结构硬度高于玻璃质结构；构造紧密的岩石硬度也较高。

岩石的硬度与抗压强度有很好的相关性，一般抗压强度高的其硬度也大。岩石的硬度越大，其耐磨性越好，但表面加工越困难。

(8) 耐磨性

耐磨性是指石材在使用条件下抵抗摩擦、边缘剪切以及冲击等复杂作用的能力。与石材内部组成矿物的硬度、结构、构造相关。石材的组成矿物越坚硬，构造越致密以及抗压强度和冲击韧性越高，则石材的耐磨性越好。

凡是用于可能遭受磨损作用的场所，例如台阶、地面、楼梯踏步等处，应采用具有高耐磨性的石材。

(9) 放射性

有些石材（如部分花岗石）含有微量放射性元素，对于具有较强放射性的石材应避免用于室内。

8.1.2.2 建筑石材的规格

(1) 毛石

毛石是在采石场爆破后直接得到的形状不规则的石块。主要用于基础、勒脚、墙身、堤坝、挡土墙等，也可配置毛石混凝土。

(2) 料石

料石又称条石，是由人工或机械开采出的较规则的六面体石块，再略经凿琢而成。根据表面加工的平整程度分为毛料石、粗料石、半细料石和细料石四种。

毛料石外形大致方正，一般不加工或稍加修整，高度不小于200mm，长度为高度的1.5～3倍，叠砌面凹入深度不大于25mm。

粗料石、半细料石、细料石的规格尺寸相同，截面的宽度和高度都不小于200mm，且不小于长度的1/4。粗料石的叠砌面凹入深度不大于20mm，半细料石的叠砌面凹入深度不大于15mm，细料石的叠砌面凹入深度不大于10mm。

料石一般由致密均匀的砂岩、石灰岩、花岗岩加工而成。用于砌筑墙身、踏步、地坪、拱和纪念碑等；形状复杂的料石制品可用作柱头、柱基、窗台板、栏杆和其他装饰等。

(3) 板材

建筑上常用的饰面板材，主要有天然大理岩和天然花岗岩板材。按照形状分为普通型板材和异型板材；根据表面加工程度分为粗面板材、细面板材、镜面板材三类。

粗面板材表面平整但粗糙不光。如具有较规则加工条纹的机刨板和剁斧板等。应用于建筑物外墙面、勒脚、柱面、台阶、路面等。

细面板材表面平整光滑但无镜面光泽。

镜面板材表面平整光滑且具有镜面光泽,是经过研磨、抛光加工制成的,其晶体裸露,色泽鲜明。主要用于外墙面、柱面和人流较多处的地面,但大理石板材只适合用于室内。

8.1.2.3 常用建筑石材

(1) 花岗岩

花岗岩是常用的一种深成岩浆岩。其主要矿物为长石、石英、云母等,由于次要矿物成分含量的不同呈灰、白、黄、粉红、红、黑等多种颜色。花岗岩表观密度为 2500~2800kg/m^3,抗压强度为 120~250MPa,孔隙率和吸水率小,莫氏硬度为 6~7,结构致密,抗压强度高,化学稳定性、抗冻性、耐磨性和耐久性好,不易风化变质,耐酸性很强。由于其所含石英在 573℃时会发生晶型转变,所以耐火性差,遇高温时将因不均匀膨胀而崩裂。天然花岗岩经加工后用于建筑部位时叫花岗石。

花岗石主要用于砌筑基础、勒脚、踏步、挡土墙等。经磨光的花岗石板材装饰效果好,可用于外墙面、柱面和地面装饰。由于其有较高的耐酸性,可用于工业建筑中的耐酸衬板或耐酸沟、槽、容器等,碎石和粉料可配制耐酸混凝土和耐酸胶泥。

(2) 大理岩

大理岩也称大理石,是由石灰岩、白云石经变质而成的具有细晶结构的致密岩石。大理岩在我国分布广泛,以云南大理最富盛名。大理岩表观密度为 2500~2700kg/m^3,抗压强度为 50~140MPa。大理岩质地密实但硬度不高,锯切、雕刻性能好,表面磨光后十分美观,是高级的装饰材料。纯大理石为白色,称作汉白玉,若含有不同的矿物杂质则呈灰色、黄色、玫瑰色、粉红色、红色、绿色、黑色等多种色彩和花纹,是高级装饰材料。

大理岩的主要矿物成分是方解石和白云石,空气中的二氧化硫遇水后对大理岩中的方解石有腐蚀作用,生成易溶的石膏,从而使表面变得粗糙多孔,失去光泽。故大理岩不宜用在室外或有酸腐蚀的场合。但杂质少、晶粒细小、质地坚硬、吸水率小的某些大理岩可用于室外,如汉白玉、艾叶青等。

(3) 石灰岩

石灰岩俗称灰石或青石,主要成分是方解石($CaCO_3$),常含有白云石、菱镁矿、石英、蛋白石、含铁矿物和黏土等。颜色通常为浅灰、深灰、浅黄、淡红等色。表观密度为 2000~2600kg/m^3,抗压强度为 20~120MPa。多数石灰岩构造致密,耐水性和抗冻性较好。石灰岩分布广、易于开采加工。块状材料可用于砌筑工程,碎石可用作混凝土骨料。石灰岩还是生产石灰、水泥等建筑材料的原料。

(4) 砂岩

砂岩是由砂粒经胶结而成。由于胶结物和致密程度的不同而性能差别很大。胶结物有硅质、石灰质、铁质和黏土质四种。致密的硅质砂岩性能接近于花岗岩,表观密度达 2600kg/m^3,抗压强度达 250MPa,质地均匀、密实,耐久性高,如白色硅质砂岩是石雕制品的好原料。石灰质砂岩性能类似于石灰岩,抗压强度为 60~80MPa,加工比较容易。铁质砂岩性能较石灰质砂岩差。黏土质砂岩强度不高,耐水性也差。

(5) 石英岩

石英岩是由硅质砂岩变质而成,质地均匀致密,硬度大,抗压强度高达 250~

400MPa，加工困难，耐久性高。石英岩板材可用作建筑饰面材料、耐酸衬板或用于地面、踏步等部位。

(6) 片麻岩

片麻岩是由花岗岩变质而成。其矿物组成与花岗岩相近，呈片状构造，各个方向物理力学性质不同。垂直于片理方向抗压强度为 120~200MPa，沿片理方向易于开采和加工。片麻岩吸水性高，抗冻性差。通常加工成毛石或碎石，用于不重要的工程。

8.1.2.4 石材的选用原则

(1) 适用性

主要考虑石材的技术性能能否满足使用要求。可根据石材在建筑物中的用途、部位以及所处环境，选定技术性能满足要求的岩石。如承重用的石材，主要考虑其强度等级、耐久性、抗冻性等技术性能；围护结构用的石材应考虑是否具有良好的绝热性能；装饰用的构件，需考虑石材本身的色彩与环境的协调及可加工性等。

(2) 经济性

天然石材的表观密度大，运输不便，运费高，应综合考虑地方资源，尽可能做到就地取材。难于开采加工的石料，将使材料成本提高，选材时应加注意。

(3) 安全性

天然石材是构成地壳的基本物质，因此可能存在含有放射性的物质。石材中的放射性物质主要指镭、钍等放射性元素，在衰变中会产生对人体有害的物质。其中，花岗岩的放射性较高，大理岩较低。从颜色上看，红色、深红色的超标较多。因此，在选用天然石材时，应有放射性检验合格证明或检测鉴定。根据《天然石材产品放射性防护分类控制标准》(JC 518—93)，天然石材按放射性水平分为 A、B、C 三类。A 类最安全，可在任何场合下使用；B 类不可用于居室的内饰面，而可用于其他一切建筑物的内外饰面；C 类放射性较高，只可用于建筑物的外饰面；放射性超过 C 类的石材，只可用于海堤、桥墩及碑石等远离人群的地方。

8.2 思考题与习题

(一) 名词解释

1. 天然石材
2. 造岩矿物
3. 岩石的结构
4. 岩石的构造
5. 岩浆岩
6. 沉积岩
7. 变质岩
8. 深成岩
9. 喷出岩
10. 火山岩
11. 机械沉积岩

12. 生物沉积岩

13. 化学沉积岩

14. 花岗岩

15. 大理岩

16. 毛石

17. 料石

(二) 是非判断题（对的划√，不对的划×）

1. 岩石没有确定的化学组成和物理力学性质，同种岩石，产地不同，性能可能就不同。（　　）

2. 黄铁矿、云母是岩石中的有害矿物。（　　）

3. 同种岩石表观密度越大，则孔隙率越低，强度、吸水率、耐久性越高。（　　）

4. 毛石可用于基础、墙体、挡土墙等。（　　）

5. 花岗岩主要由石英、长石、云母等组成，故耐酸性好，耐火性差。（　　）

6. 大理岩是由石灰岩、白云石等沉积岩变质而成。（　　）

7. 大理岩主要由方解石组成，故耐酸雨，主要用作城市内建筑物的外部装饰。（　　）

8. 与大理岩相比，花岗岩耐久性更高，具有更广泛的使用范围。

9. 砂岩由于胶结物和致密程度的不同而性能相差很大，使用时需加以区别。（　　）

10. 黏土质砂岩可用于水工建筑物。（　　）

11. 片麻岩是由花岗岩变质而成，矿物成分与花岗岩相似，在冻融循环作用下不会成层剥落。（　　）

12. 石材为天然材料，不会对人体的健康造成危害。（　　）

(三) 填空题

1. 岩石由于形成条件不同，可分为_____、_____和_____三大类。花岗岩属于其中的_____，大理岩属于其中的_____。

2. 造岩矿物的_____和_____决定了岩石的性质。

3. 岩浆岩按形成条件不同分为_____、_____、_____三大类。

4. 沉积岩按形成条件不同分为_____、_____、_____三大类。

5. 岩石的抗压强度与_____、_____和_____等因素有关。

6. 工程上常用的岩浆岩有_____等岩石，常用的沉积岩有_____等岩石，常用的变质岩有_____等岩石。

7. 石材的强度等级是以三个边长为_____的立方体试块的抗压强度平均值划分的。

8. 建筑工程中常用的石材规格有_____、_____、_____三种。

9. 料石按加工程度的粗细分为_____、_____、_____、_____四种。

10. 装饰用石板材按表面加工程度分为_____、_____、_____三种。

11. 与花岗岩比，大理岩质地细腻多呈条纹、斑状花纹，其耐久性比花岗岩_____，不宜用于_____。

(四) 单项选择题

1. 浮石、火山渣属于(　　)岩石。

A. 岩浆岩　　　　B. 沉积岩　　　　C. 变质岩

2. 石材的硬度常用(　　)表示。

A. 莫氏硬度　　B. 布氏硬度　　C. 洛氏硬度　　D. 莫氏硬度或洛氏硬度

3. 关于花岗岩性能正确的是(　　)。

A. 孔隙率小，吸水率大，耐酸腐蚀

B. 孔隙率小，吸水率小，耐碱腐蚀

C. 孔隙率小，吸水率小，耐酸腐蚀

4. 下列(　　)岩石耐酸性好。

A. 石灰岩　　　　B. 大理岩　　　　C. 石英

5. 花岗岩和大理岩的性能差别主要在于(　　)。

A. 强度　　　B. 装饰效果　　　C. 加工性能　　　D. 耐候性

（五）多项选择题

1. 天然石材的缺点有(　　)。

A. 抗拉强度低　　B. 抗压强度低　　C. 自重大　　D. 加工、运输较困难

2. 下列哪些岩石属于岩浆岩(　　)。

A. 石灰岩　　B. 花岗岩　　C. 玄武岩　　D. 大理岩　　E. 辉绿岩

3. 下列哪些岩石属于沉积岩(　　)。

A. 石灰岩　　B. 花岗岩　　C. 玄武岩　　D. 砂岩　　E. 大理岩

4. 下列哪些岩石属于变质岩(　　)。

A. 片麻岩　　B. 花岗岩　　C. 石英岩　　D. 砂岩　　E. 大理岩

5. 花岗岩具有（　　）等特性。

A. 孔隙率小，吸水率低　　　　B. 化学稳定性好

C. 耐酸性能差　　　　　　　　D. 结构致密，抗压强度高

（六）问答题

1. 岩石按照地质形成条件分为几类？各有何特性？

2. 天然石材的主要技术性质有哪些？

3. 岩石在建筑工程中有哪些用途？

4. 为什么一般大理石板材不宜用于室外？

5. 选用天然石材的原则是什么？

（七）计算题

某岩石在气干、绝干、饱和水状态下测得的抗压强度分别为 172、178、168MPa。该岩石可否用于水下工程？

9 玻璃与陶瓷

9.1 学习指导

9.1.1 玻璃的基本知识
现代建筑，玻璃的功能已不仅限于采光和隔断，还常兼有装饰、隔声、改善热环境、节能等要求。玻璃按用途可分为：平板玻璃、安全玻璃、特种玻璃及玻璃制品等。

9.1.1.1 组成
玻璃是多种化学成分的矿物熔融体，经冷却而获得的具有一定形状和固体力学性质的无定形状（非结晶体）。普通玻璃主要化学组成为 SiO_2、Na_2O 和 CaO 等，称其为钠玻璃，特种玻璃还含有其他化学成分。

9.1.1.2 性质
玻璃的抗压强度为 600~1600MPa，抗拉强度（f_L）为 40~120MPa，弹性模量（E）为 60000~75000MPa，脆性指数（E/f_L）为 1300~1500（大于钢材），莫氏硬度为 6~7，透光率随玻璃厚度增加而降低，常用的厚度为 2~6mm 玻璃，其透光率不小于 82%~88%。室温下其导热系数为 0.4~0.82W/(m·K)，化学稳定性较高。

9.1.2 平板玻璃
平板玻璃是片状无机玻璃的总称，建筑用的平板玻璃属于钠玻璃类。其传统生产方法是"引上法"，现代生产方法是"浮法工艺"。平板玻璃是建筑玻璃中用量最大的一种，它包括以下几种：

9.1.2.1 窗用平板玻璃
窗用平板玻璃也称镜片玻璃，简称玻璃，主要装配于门窗，起透光、挡风雨、保温、隔声等作用。其厚度一般有 2、3、4、5、6mm5 种，其中 2~3mm 厚的，常用于民用建筑，4~5mm 厚的，主要用于工业及高层建筑。浮法玻璃有 3、4、5、6、8、10、12mm7 种。

9.1.2.2 磨砂玻璃
磨砂玻璃又称毛玻璃，是用机械喷砂，手工研磨或使用氢氟酸溶蚀等方法，将普通平板玻璃表面处理为均匀毛面而得。该玻璃表面粗糙，使光线产生漫反射，具有透光不透视的特点，且使室内光线柔和。常用于卫生间、浴室、厕所、办公室、走廊等处的隔断，也可作黑板的板面。

9.1.2.3 彩色玻璃
彩色玻璃也称有色玻璃，是在原料中加入适当的着色金属氧化剂可生产出透明的彩色玻璃。另外，在平板玻璃的表面镀膜处理后可制成透明的彩色玻璃。适用于公共建筑的内外墙面、门窗装饰以及采光有特殊要求的部位。

9.1.2.4 彩绘玻璃
彩绘玻璃是一种用途广泛的高档装饰玻璃产品。屏幕彩绘技术能将原画逼真地复制到玻璃上。彩绘玻璃可用于家庭、写字楼、商场及娱乐场所的门窗、内外幕墙、顶棚吊顶、灯箱、壁饰、家具、屏风等，利用其不同的图案和画面来达到较高艺术情调的装饰效果。

9.1.3 安全玻璃

安全玻璃通常是对普通玻璃增强处理，或者和其他材料复合或采用特殊成分制成的，安全玻璃常包括以下品种：

9.1.3.1 钢化玻璃

钢化玻璃是将平板玻璃加热到接近软化温度（600～650℃）后，迅速冷却使其骤冷，即成钢化玻璃。特点为：机械强度高，抗弯强度比普通玻璃大5～6倍，可达125MPa以上，抗冲击强度提高约3倍，韧性提高约5倍；弹性好；热稳定性高，在受急冷急热作用时，不易发生炸裂，可耐热冲击，最大安全工作温度为288℃，能承受204℃的温差变化，故可用来制造炉门上的观测窗、辐射式气体加热器、干燥器和弧光灯等；钢化玻璃破碎时形成无数小块，这些小碎块没有尖锐的棱角，不易伤人，故称为安全玻璃。

9.1.3.2 夹层玻璃

夹层玻璃是将二片或多片平板玻璃之间嵌夹透明塑料薄衬片，经加热、加压、粘合而成的平面或曲面的复合玻璃制品。其层数有3、5、7层，最多可达9层。

夹层玻璃的透明度好，抗冲击性能要比平板玻璃高几倍；破碎时只有辐射的裂纹和少量碎玻璃屑，且碎片粘在薄衬上，不致伤人。主要用作汽车和飞机的挡风玻璃、防弹玻璃以及有特殊安全要求的建筑门窗、隔墙、工业厂房的天窗和某些水下工程等。

9.1.3.3 夹丝玻璃

夹丝玻璃是安全玻璃的一种。是将普通平板玻璃加热到红热软化状态后，再将预先编织好的经预热处理的钢丝网压入玻璃中而制成。有安全作用。此外，还具有隔断火焰和防止火灾蔓延的作用。适用于震动较大的工业厂房门窗、屋面、采光天窗，需要安全防火的仓库、图书馆门窗，公共建筑的阳台、走廊、防火门、楼梯间、电梯井等。

9.1.4 节能玻璃

节能玻璃是兼具采光、调节光线、调节热量进入或散失、防止噪声、改善居住环境、降低空调能耗等多种功能的建筑玻璃。

9.1.4.1 吸热玻璃

吸热玻璃是指能大量吸收红外线辐射，又能使可见光透过并保持良好的透视性的玻璃。当太阳光照射在吸热玻璃上时，相当一部分的太阳辐射能被吸热玻璃吸收（可达70%），因此，明显降低夏季室内的温度。常用的有茶色、灰色、蓝色、绿色、古铜色、青铜色、金色、粉红色、棕色等。适用于既需要采光，又需要隔热之处，如大型公共建筑的门窗、幕墙、商品陈列窗、计算机房，以及火车、汽车、轮船的挡风玻璃。

9.1.4.2 热反射玻璃

热反射玻璃是既具有较高的热反射能力，又保持平板玻璃良好透光性能的玻璃，又称镀膜玻璃或镜面玻璃。

热反射玻璃具有良好的隔热性能，对太阳辐射热有较高的反射能力，反射率达30%以上，而普通玻璃对热辐射的反射率为7%～8%。其主要用于避免由于太阳辐射而增热及设置空调的建筑。

9.1.5 常用玻璃的品种、特性及用途

除普通窗用玻璃外，现代建筑中还常用某些装饰平板玻璃、压花玻璃、安全玻璃、节能玻璃及玻璃制品。将上述种类玻璃中的常用品种列入表9-1。

常用玻璃的品种、特点及应用　　　　　　　　　　表9-1

种类	主要品种	特点	应用
平板玻璃	磨光玻璃（镜面玻璃）	5～6mm玻璃，单面或双面抛光（多以浮法玻璃代替），表面光洁，透光率>83%	高级建筑门、窗，制镜
	磨砂玻璃（毛玻璃）	表面粗糙、毛面，光线柔和呈漫反射，透光不透视	卫生间、浴厕、走廊等隔断
	彩色玻璃	透明或不透明（饰面玻璃）	装饰门、窗及外墙
压花玻璃	普通压花（单、双面）	透光率60%～70%，透视性依据花纹变化及视觉距离分为几乎透视、稍有透视、几乎不透视、完全不透视；真空镀膜压花纹立体感受强，具有一定反光性；彩色镀膜立体感强，配置灯光效果尤佳	适于对透视有不同要求的室内各种场合。应用时注意：花纹面朝向室内侧，透视性考虑花纹形状
	真空玻璃		
	彩色镀膜压花玻璃		
安全玻璃	钢化玻璃	韧性提高约5倍，抗弯强度提高约5～6倍，抗冲击强度提高约3倍。碎裂时细粒无棱角不伤人。可制成磨光钢化玻璃，吸热钢化玻璃	建筑门窗、隔墙及公共场所等防震防撞部位
	夹层玻璃	以透明夹层材料粘贴平板或钢化玻璃，可粘贴两层或多层。可用浮法、吸热、彩色、热反射玻璃	高层建筑门、窗和大厦天窗、地下室及橱窗、防震、防撞部位
	夹丝玻璃	热压钢丝网后，表面可进行磨光、压花等处理	屋顶天窗等部位
节能玻璃	吸热玻璃	吸收太阳辐射能又具有透光性。尚有吸收部分可见光、紫外线能力、起防眩光、防紫外线等作用	炎热地区大型公共建筑门、窗、幕墙，商品陈列窗、计算机房等
	热反射玻璃（镀膜玻璃）	具有较高热反射能力，又具有透光性，单向透视、扩展视野、彩色多样	玻璃幕墙、建筑门窗等
玻璃制品	玻璃锦砖	花色品种多样，色调柔和，朴实、典雅、美观大方。有透明、半透明、不透明。体积轻、吸水率小，抗冻性好	宾馆、医院、办公楼、礼堂、住宅等外墙

9.1.6 陶瓷的基本知识

建筑陶瓷制品指墙地砖、卫生陶瓷、园林陶瓷、琉璃制品等，墙地砖包括釉面砖（内墙面砖）、外墙面砖、地砖锦砖及大型壁画等。

建筑陶瓷以其坚固耐久、彩色鲜艳、防火防水、耐磨耐蚀、易清洗、维修费用低等优点，在国内外市场占有优势，成为主要建筑装饰材料之一。

我国将凡是以黏土等为主要原料，通过烧结方法制成的无机多晶产品均称之为陶瓷。陶瓷坯体可按其质地和烧结程度不同分类为瓷质、炻质和陶质三种。表9-2为陶器、瓷器和介于二者之间的炻器的特征及主要产品。

陶瓷分类、特征及主要产品　　　　表 9-2

产品种类		颜 色	质 地	烧结程度	吸水率	主 要 产 品
陶器	粗陶	有色	多孔坚硬	较低	>10	砖、瓦、陶管、盆缸釉面砖、美术（日用）陶瓷
	精陶	白色或象牙色				
炻器	粗炻器	有色	致密坚硬	较充分	4~8	外墙面砖、地砖
	细炻器	白色			1~3	外墙面砖、地砖、锦砖、陈列品
瓷器		白色半透明	致密坚硬	充分	<1	锦砖、茶具、美术陈列品

陶瓷制品分有釉和无釉。将覆盖在陶瓷制品表面上的无色或有色的玻璃态薄层称为釉。釉是用矿物原料和化工原料配合（或制成熔块）磨细制成釉浆，涂覆坯体上，经煅烧而形成的。

釉层的作用：

（1）提高制品的机械强度、化学稳定性和热稳定性；

（2）保护坯体不透水、不受污染；

（3）使陶瓷表面光滑、美观，掩饰坯体缺点，提高装饰效果。釉的种类很多，精陶施釉称陶器釉，如釉面砖。粗炻器施釉如彩釉砖（外墙面砖）。釉料品种和施釉技法不同，获得的装饰效果亦不同。

9.1.7 釉面砖

釉面砖又称瓷砖、内墙面砖，是以难熔黏土为主要原料，再加入一定量非可塑性掺料和助熔剂，共同研磨成浆体，经榨泥、烘干成为含一定水分的坯料后，通过模具压制成薄片坯体，再经烘干、素烧、施釉、釉烧等工序而制成的。

釉面砖正面有釉，背面有凹凸纹，主要为正方形或长方形砖，其颜色和图案丰富，柔和典雅，朴实大方，表面光滑，并具有良好的耐急冷急热性、防火性、耐腐蚀性、防潮性、不透水性和抗污染性及易洁性。

釉面砖主要用于厨房、浴室、卫生间、实验室、精密仪器车间及医院等室内墙面、台面等。通常釉面砖不宜用于室外，因釉面砖为多孔精陶坯体，吸水率较大，吸水后将产生湿胀，而其表面釉层的湿胀性很小，因此会导致釉层发生裂纹或剥落，严重影响建筑物的饰面效果。

9.1.8 墙地砖

墙地砖包括建筑物外墙装饰贴面用砖和室内、外地面装饰铺贴用砖，由于目前此类砖常可墙、地两用，故称为墙地砖。

墙地砖是以优质陶土为原料，再加入其他材料配成生料，经半干压成型后于1100℃左右焙烧而成。分无釉和有釉两种。墙地砖按其正面形状可分为正方形、长方形和异形产品，其表面有光滑、粗糙或凹凸花纹之分，有光泽与无光泽质感之分。其背面为了便于和基层粘贴牢固也制有背纹。

墙地砖的特点是色彩鲜艳、表面平整，可拼成各种图案，有的还可仿天然石材的色泽和质感。耐磨耐蚀，防火防水，易清洗，不脱色，耐急冷急热，但造价偏高，工效低。

墙地砖主要用于装饰等级要求较高的建筑内外墙、柱面及室内、外通道、走廊、门厅、展厅、浴室、厕所、厨房及人流出入频繁的站台、商场等民用及公共场所的地面，也可用于工作台面及耐腐蚀工程的衬面等。

9.1.9 陶瓷锦砖

陶瓷锦砖是陶瓷什锦砖的简称，俗称马赛克，是指由边长不大于40mm、具有多种色彩和不同形状的小块砖，镶拼组成各种花色图案的陶瓷制品。陶瓷锦砖采用优质瓷土烧制成方形、长方形、六角形等薄片状小块瓷砖后，再通过铺贴盒将其按设计图案反贴在牛皮纸上，称作一联，每40联为一箱。陶瓷锦砖可制成多种色彩或纹点，但大多为白色砖。其表面有无釉和施釉两种，目前国内生产的多为无釉陶瓷锦砖。

陶瓷锦砖具有色泽明净、图案美观、质地坚实、抗压强度高、耐污染、耐腐蚀、耐磨、耐水、抗火、抗冻、不吸水、不滑、易清洗等特点，它坚固耐用，且造价较低。

陶瓷锦砖主要用于室内地面铺贴，由于砖块小，不易被踩碎，适用于工业建筑的洁净车间、工作间、化验室以及民用建筑的门厅、走廊、餐厅、厨房、盥洗室、浴室等的地面铺装，也可用作高级建筑物的外墙饰面材料，它对建筑立面具有良好的装饰效果，且可增强建筑物的耐久性。

9.1.10 琉璃制品

琉璃制品是我国陶瓷宝库中的古老珍品，是以难熔黏土制坯成型后，经干燥、素烧、施釉、釉烧而制成。琉璃制品的特点是质地坚硬、致密，表面光滑，不易沾污，坚实耐久，色彩绚丽，造型古朴，富有中国传统的民族特色。

琉璃制品是我国首创的建筑装饰材料，由于多用于园林建筑中，故有园林陶瓷之称。其产品有琉璃瓦、琉璃砖、琉璃兽，以及琉璃花窗、栏杆等各种装饰制件，还有陈设用的建筑工艺品，如琉璃桌、绣墩、鱼缸、花盆、花瓶等。其中，琉璃瓦是我国用于古建筑的一种高级屋面材料，采用琉璃瓦屋盖的建筑，显得格外具有东方民族精神，富丽堂皇，光辉夺目，雄伟壮观。但琉璃瓦因价格昂贵，且自重大，故主要用于具有民族色彩的宫殿式房屋，以及少数纪念性建筑物上。此外，还常用以建造园林中的亭、台、楼阁，以增加园林的景色。

9.1.11 建筑常用瓷砖的种类、性质特点及用途（表9-3）

建筑常用瓷砖的种类、性质特点及用途　　　　　　　表9-3

种　类	坯体及釉层	性质特点	主要规格（mm）	主要用途
内墙面砖（釉面砖）	坯体精陶质，釉层色彩稳定，分为单色（含白色）、花色、图案砖	坯体吸水率<18%，与釉层在干湿、冻融下变形不一致，只能用于室内	152×152×5~6 152×75×5~6 配件有圆边、无圆边、阴（阳）角、角座、腰线砖等	室内浴室、厕所、厨房台面、医院、精密仪器车间、试验室等墙面，亦可镶成壁画
外墙面砖	坯体炻质，质地坚硬、致密。无釉或有釉（彩釉砖）	坯体吸水率≥8%，抗冻性≥M25、抗压强度≥100MPa、耐磨、耐蚀、防水耐久、色彩鲜艳	200×100×12 150×75×12 75×75×8 108×108×8等	外墙面层
地砖	坯体炻质、致密、坚硬、多为无釉表面光泽差	吸水率<4%，暗红色砖≥8%，强度高、抗冲击、耐磨、耐蚀、耐久性好、色彩为暗红、紫红、红、白、浅黄、深黄	长方形、正方形、六角形等	通道、走廊、门厅、展厅、浴室、厕所、商店等地面

续表

种　类	坯体及釉层	性质特点	主要规格（mm）	主要用途
锦　砖（马赛克）	瓷质坯体，分有釉、无釉，按砖分单色，拼花两种	密度 2.3 ~ 2.4kg/m³ 抗压强度 150 ~ 200MPa，吸水率 <4%，用于 -20 ~ 100℃。耐蚀、耐磨、抗渗抗冻、清洁美观	18.5×18.5×4 39×39×(4~5) 39×18.5×4.5 六角25×(4~5) 每联1平方英尺(305.5×305.5)	室内地面、厕所、卫生间的地面，走廊、餐厅、门厅、车间、化验室地面。外墙面高级装修

9.2 思考题与习题

（一）填空题

1. 生产玻璃的主要原料有＿＿＿、＿＿＿、＿＿＿和＿＿＿，经＿＿＿、＿＿＿、＿＿＿而制成的非结晶无机材料。

2. 玻璃的组成很复杂，其主要化学成分为＿＿＿、＿＿＿，另外还有少量＿＿＿、＿＿＿等。

3. 为使玻璃具有某种特性或改善玻璃的工艺性能，需要加入少量的＿＿＿、＿＿＿、＿＿＿、＿＿＿和＿＿＿等。

4. 应用最广的玻璃是＿＿＿玻璃，制造化学仪器用的是＿＿＿玻璃。

5. 按玻璃的用途可分为＿＿＿、＿＿＿、＿＿＿、＿＿＿及＿＿＿等。

6. 玻璃的性质有：＿＿＿、＿＿＿、＿＿＿、＿＿＿。

7. 玻璃是热的＿＿＿导体，它的导热系数随＿＿＿而＿＿＿。

8. 玻璃在常温下具有弹性的性质，但随着温度的＿＿＿，弹性模量＿＿＿。

9. 玻璃具有较高的化学稳定性，能抵抗＿＿＿以外的各种酸类的侵蚀。

10. 常用的安全玻璃有：＿＿＿、＿＿＿、＿＿＿。

11. 夹层玻璃的层数有＿＿＿层、＿＿＿层、＿＿＿层，最多可达＿＿＿层。

12. 陶瓷坯体可按其质地和烧结程度不同分类为＿＿＿质、＿＿＿质和＿＿＿质三种。

13. 作为建筑物围护结构用的玻璃有很多，请列举出五种：＿＿＿、＿＿＿、＿＿＿、＿＿＿、＿＿＿。

14. 陶瓷锦砖俗称＿＿＿，是指由边长不大于＿＿＿、具有多种色彩和不同形状的小块砖，镶拼组成各种花色图案的陶瓷制品。

15. 釉面砖的釉层具有＿＿＿、＿＿＿、＿＿＿作用。

（二）单项选择题

1. 玻璃的透光率随玻璃（　　）增加而降低。
①厚度　　②颜色　　③成分　　④生产工艺

2. 建筑用的平板玻璃属于（　　）类。

①钾玻璃　　　②铅玻璃　　　③钠玻璃　　　④石英玻璃

3. 磨砂玻璃是用机械喷砂、手工研磨或使用(　　)溶蚀等方法处理成均匀毛面而成。

①盐酸　　　②硫酸　　　③强碱　　　④氢氟酸

4. 钢化玻璃是将平板玻璃加热到接近软化温度后，(　　)即成。

①迅速冷却　　　②平缓冷却　　　③缓慢冷却　　　④自然冷却

5. 钢化玻璃破碎时(　　)，所以称为安全玻璃。

①没有碎块　　　　　　　②碎成无数小块，但无棱角

③无法破坏　　　　　　　④碎块粘在一起

6. 汽车和飞机的挡风玻璃，防弹玻璃主要采用(　　)。

①磨砂玻璃　　　②夹层玻璃　　　③夹丝玻璃　　　④钢化玻璃

7. 震动较大的工业厂房门窗、屋面及需要安全防火的仓库、图书馆，主要用(　　)。

①磨砂玻璃　　　②夹层玻璃　　　③夹丝玻璃　　　④钢化玻璃

8. 我国将凡是以(　　)等为主要原料，通过烧结方法制成的无机多晶产品均称之为陶瓷。

①石灰石　　　②纯碱　　　③长石　　　④黏土

9. 陶瓷锦砖是指由边长不大于(　　)、具有多种色彩和不同形状的小块砖，镶拼组成的陶瓷制品。

①30mm　　　②40mm　　　③60mm　　　④80mm

10. (　　)又称为镀膜玻璃。

①吸热玻璃　　　②热反射玻璃　　　③彩色玻璃　　　④压花玻璃

(三) 多项选择题

1. 普通玻璃主要化学组成为(　　)等，称为钠玻璃。

①SiO_2　　　②Al_2O_3　　　③Na_2O　　　④CaO　　　⑤MgO

2. 陶瓷制品釉层的作用是(　　)。

①提高制品机械强度　　　　　②提高其化学稳定性

③提高其热学稳定性　　　　　④保护坯体不透水、不受污染

⑤掩饰坯体缺点

3. 釉面砖主要适用于(　　)部位。

①厨房　　　②浴室　　　③卫生间　　　④外墙　　　⑤实验室

4. 夹层玻璃是安全玻璃的一种，破碎时(　　)。

①不会破碎　　　　　　　②只有辐射的裂纹

③有少量碎玻璃屑　　　　④碎片粘在薄衬上

⑤碎成无数小块，但无棱角

5. 如发现玻璃已受潮发霉，可用(　　)涂抹霉变部分，停放10h后用干布擦拭，可能恢复明亮。

①盐酸　　　②酒精　　　③煤油　　　④柴油　　　⑤硫酸

(四) 问答题

1. 生产普通平板玻璃的常用方法有哪几种？采用浮法生产玻璃有什么优点？

2. 何为安全玻璃？

3. 安全玻璃有哪些种类？各有何特点？
4. 简述吸热玻璃、热反射玻璃的特点及应用。
5. 简述釉面墙地砖的特点和应用。
6. 为什么釉面砖不宜用于室外？
7. 简述墙地砖的特点与应用。
8. 釉面砖的釉层有何作用？
9. 琉璃制品有何特点？主要用途有哪些？
10. 陶瓷锦砖有何特点？主要用途有哪些？

10 有机高分子材料

10.1 学习指导

有机高分子材料是指以有机高分子化合物为主要成分的材料。有机高分子材料分为天然高分子材料和合成高分子材料两大类。如：木材、天然橡胶、棉织品、沥青等都是天然高分子材料；塑料、橡胶、化学纤维及涂料、胶粘剂等都是合成高分子材料。本章主要介绍合成高分子材料。

10.1.1 合成高分子材料的基本知识

10.1.1.1 合成树脂及其分类

(1) 定义

由低分子的有机单体经过聚合而成的高分子化合物称为合成树脂。合成树脂是合成高分子材料的基本组分。经过不同的方式聚合而成的合成树脂的性质有较大的差异，所以一般根据合成树脂聚合方式的不同将合成树脂分为：加聚树脂和缩聚树脂。

加聚树脂是由有机单体直接结合而形成的高分子化合物，为线型结构，绝大多数具有热塑性，即可反复加热软化，冷却硬化，重复使用。由一种单体加聚而得的称为均聚物，以"聚"+单体名称命名；由二种以上单体加聚而得的称为共聚物，以单体名称+"共聚物"命名。

缩聚树脂是有机单体发生聚合时，每两个单体脱去一个小分子所形成的高分子化合物。缩聚树脂多为体形结构，属热固性树脂，即仅在第一次加热时软化，并且分子间产生交联，以后再加热时也不会软化。此类树脂一般以单体名称+"树脂"来命名。

(2) 合成树脂的分类

1) 按分子链的几何形状分

合成树脂可分为：线型结构、支链型结构和体型结构（网状型结构）三种。

2) 按合成方法分

合成树脂可分为：加聚树脂和缩聚树脂两类。

3) 按受热时的性质分

合成树脂可分为：热塑性树脂和热固性树脂两种。

①热塑性树脂 热塑性树脂一般为线型结构，在加热时分子活动能力增加，可以软化到具有一定的流动性或可塑性，在压力作用下可加工成各种形状的制品。冷却后分子重新"冻结"，成为一定形状的制品。这一过程可以反复进行。其密度、熔点都较低，耐热性较低，刚度较小，抗冲击韧性较好。

②热固性树脂 热固性树脂在成型前分子量较低，且为线型结构，具有可溶、可熔性，在成型时因受热或在催化剂、固化剂作用下，分子发生交联成为体型结构而固化。这一过程是不可逆的，并成为不溶、不熔的物质。这类聚合物的密度、熔点都较高，耐热性

较高，刚度较大，质地硬而脆。

10.1.1.2 合成树脂的结构和性质

(1) 合成树脂的结构

1) 线型结构 合成树脂的几何形状为线状大分子，有时带有支链，且线状大分子间以分子间力结合在一起。结合力比较弱，在高温下，链与链之间可以发生相对滑动和转动，所以这类树脂均为热塑性树脂。一般来说，具有此类结构的树脂，强度较低、变形较大、耐热性差、耐腐蚀性较差，且可溶、可熔。

2) 体型结构 线型分子间以化学键交联而形成的具有三维结构的高聚物，称为体型结构。由于化学键结合强，且交联形成一个"巨大分子"，故一般来说此类树脂的强度较高、弹性模量较大、变形小、较脆硬，并且多没有塑性、耐热性较好、耐腐蚀性较高、不溶、不熔。

(2) 合成树脂的结晶

合成树脂的结晶为部分结晶，结晶部分所占的百分比称为结晶度。结晶度影响着合成树脂的很多性能，结晶度越高，则合成树脂的密度、弹性模量、强度、硬度、耐热性、折光系数等越高，而冲击韧性、黏附力、断裂伸长率，溶解度等越小。结晶态的合成树脂一般为不透明或半透明的，而非结晶态的合成树脂一般为透明的。

(3) 合成树脂的变形与温度

非晶态线型合成树脂的变形能力与温度的关系如图10-1所示。

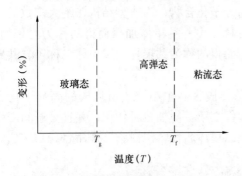

图10-1 非晶态线型高聚物的变形与温度的关系

当温度低于玻璃化温度 T_g 时，由于分子链段及大分子链均不能自由运动而成为硬脆的玻璃体。当温度高于 T_g 时，由于分子链段可以发生运动（大分子链仍不可运动），使合成树脂产生变形，即进入高弹态。当温度高于黏流温度 T_f 时，由于分子链段及大分子链均发生运动，使合成树脂产生塑性变形，即进入黏流态。热塑性树脂及热固性树脂在成型时均处于黏流态。

玻璃化温度 T_g 低于室温的称为橡胶，高于室温的称为塑料。玻璃化温度 T_g 是塑料的最高使用温度，但却是橡胶的最低使用温度。

体型合成树脂一般仅有玻璃态，当交联或固化程度较低时也会出现一定的高弹态。

(4) 合成树脂的主要性质

1) 物理力学性质

合成树脂的密度小，一般为 0.8~2.2g/cm³，只有钢材的 1/8~1/4，混凝土的 1/3，铝的 1/2。而它的比强度高，多大于钢材和混凝土制品，是极好的轻质高强材料，但力学性质受温度变化的影响很大；它的导热性很小，是一种很好的轻质保温隔热材料；它的电绝缘性好，是极好的绝缘材料。由于它的减震、消声性好，一般可制成隔热、隔声和抗震材料。

2) 化学及物理性质

①老化 在光、热、大气作用下，高分子化合物的组成和结构发生变化，致使其性质

变化，如失去弹性、出现裂纹、变硬、脆或变软、发黏失去原有的使用功能，这种现象称为老化。

②耐腐蚀性　一般的高分子化合物对侵蚀性化学物质及蒸气的作用具有较高的稳定性。但有些聚合物在有机溶液中会溶解或溶胀，使几何形状和尺寸改变，性能恶化，使用时应注意。

③可燃及毒性　聚合物一般属于可燃的材料，但可燃性受其组成和结构的影响有很大差别。如聚苯乙烯遇明火会很快燃烧起来，而聚氯乙烯则有自熄性，离开火焰会自动熄灭。一般液态的聚合物几乎都有不同程度的毒性，而固化后的聚合物多半是无毒的。

10.1.1.3　常用合成树脂的性质和应用

(1) 热塑性树脂

1) 聚乙烯（PE）

聚乙烯按合成时的压力可分为高压聚乙烯和低压聚乙烯两种。高压聚乙烯也称低密度聚乙烯，其相对分子质量较低、支链较多、结晶度低、质地柔软。低压聚乙烯也称高密度聚乙烯，其相对分子质量较高、支链较少、结晶度较高、质地较坚硬。

聚乙烯具有良好的化学稳定性和耐低温性，并且强度较高、吸水性和透水性很低、无毒、密度小、易加工；但耐热性较差，且易燃烧。聚乙烯主要用于生产防水材料（薄膜、卷材等）、给排水管材（冷水）、水箱和卫生洁具等。

2) 聚氯乙烯（PVC）

聚氯乙烯是无色、半透明、硬而脆的合成树脂，在加入适宜的增塑剂及其他添加剂后，可以获得性质优良的硬质或软质聚氯乙烯塑料。

聚氯乙烯具有机械强度较高、化学稳定性好、耐风化性极高等优点，但耐热性较差，使用温度范围一般不超过 -15~55℃。软质聚氯乙烯是建筑工程中应用最多的一种，主要用作天沟、落水管、外墙敷面板、天窗以及给排水管等。用氯化聚乙烯（CPE）改性的硬质聚氯乙烯制作的塑料门窗，其隔热保温、隔声等性能优于传统的钢木门窗，使用寿命可达30年以上。

软质聚氯乙烯常加工为片材、板材、型材等，如卷材地板、块状地板、壁板、防水卷材、止水带等。

3) 聚丙烯（PP）

聚丙烯由丙烯单体聚合而成。产量和用量较大的为等规聚丙烯（IPP），习惯上简称聚丙烯，常温下为白色蜡状物，耐热性好（可达110~120℃）、抗拉强度和刚度较好、硬度高、耐磨性好，但耐低温性和耐候性差、易燃烧、离火后不自熄。聚丙烯主要用于纤维网布、包装袋等。

生产等规聚丙烯时会出现少量的副产品——无规聚丙烯（APP），为乳白色至浅棕色小相对分子质量的橡胶状物质，常温下呈橡胶状态，机械强度和耐热性很差，但具有较好的黏附性，且化学稳定性和耐水性优良。常用于沥青的改性。

4) 聚苯乙烯（PS）

聚苯乙烯为无色透明树脂，透光率达到90%以上，耐水性、耐光性、耐腐蚀性较好，但性脆，耐热性差（最高使用温度80℃），且易燃。

由于具有优良的保温隔热性，聚苯乙烯在建筑中的主要应用是做成泡沫塑料，用于需要保温隔热的墙体或屋面。

5）聚甲基丙烯酸甲酯（PMMA）

聚甲基丙烯酸甲酯俗称有机玻璃，无色，透明度极高，透光率可达98%以上，但性脆价高，主要用于采光平顶板等。

6）丙烯腈—丁二烯—苯乙烯共聚物（ABS）

丙烯腈—丁二烯—苯乙烯共聚物具有聚苯乙烯的良好的加工性、聚丁二烯的高韧性和弹性、聚丙烯腈的高化学稳定性和高硬度等。ABS树脂为不透明树脂，具有较高的冲击韧性，且在低温下也不明显降低，耐热性高于聚苯乙烯。ABS树脂主要用于生产压有花纹图案的塑料装饰板和管材等。

7）氯化聚乙烯（CPE）

氯化聚乙烯是聚乙烯氯化后的产物。其性质与聚乙烯的种类、氯化程度等有关。按氯化程度的不同，氯化聚乙烯可具有塑性、弹塑性、弹性乃至脆性。应用较多的是弹塑性体和弹性体。氯化聚乙烯具有优良的耐候性、耐寒性、耐燃性、耐冲击性、耐油性和化学稳定性。

氯化聚乙烯在建筑是主要用于防水卷材、密封材料及各种波纹板、管材等。

8）苯乙烯—丁二烯—苯乙烯嵌段共聚物（SBS）

SBS树脂为线型，具有高弹性、高抗拉性、高伸长率和高耐磨性的透明体，属于热塑性弹性体。在建筑上主要用于沥青的改性。

(2) 热固性树脂

1）酚醛树脂（PF）

酚醛树脂是由苯酚和甲醛经缩合而成的热固性树脂，为体型结构，具有较高的强度、耐热性、化学稳定性和自熄性，但脆性较大，颜色深暗，装饰性较差。在建筑上的应用主要是利用酚醛树脂将纸、木片、玻璃布等粘合而形成各种层压板、玻璃纤维增强塑料等。

2）氨基树脂

氨基树脂是由氨基化合物、甲醛缩合而成的一类树脂的总称，常用的有脲醛树脂、三聚氰胺树脂等。

①脲醛树脂（UF）

脲醛树脂的性能与酚醛树脂基本相仿，但耐水性及耐热性较差。其着色性好、表面光泽如玉，有"电玉"之称。主要用于建筑小五金、泡沫塑料等。

②三聚氰胺树脂（MF）

又称密胺树脂，具有很好的耐水性、耐热性和耐磨性，表面光亮，但成本高。在建筑上主要用于装饰层压板。

3）不饱和聚酯树脂（UP）

不饱和聚酯树脂的透光率高、化学稳定性好、强度高、抗老化性及耐热性好，但固化时的收缩大，且不耐浓酸与浓碱的腐蚀。主要用于玻璃纤维增强塑料（玻璃钢）。是热固性树脂中用量最大的一种。

4）环氧树脂（EP）

环氧树脂性能优异，特别是黏结力和强度高，化学稳定性好，且固化时收缩小。主要用于玻璃纤维增强塑料、胶粘剂等。

5）有机硅树脂（SI）

分子主链结构为硅氧链（—Si—O—）的树脂，也称硅树脂。有机硅的耐热性高（400~500℃）、化学稳定性好，且与硅酸盐材料的结合力高，主要用于层压塑料和防水材料。

10.1.1.4 合成橡胶

合成橡胶是弹性体的一种，其玻璃化 T_g 化较低。橡胶的特点是常温下当受外力作用时可产生达百分之数百的变形，外力取消后，又可恢复到原来的状态，但不符合虎克定律。橡胶在低温（<0℃）时也有非常好的柔韧性。

玻璃化温度 T_g 较低而黏流温度 T_f 较高的橡胶才具有较大实用价值。

(1) 橡胶的硫化（交联）

橡胶的硫化是利用硫化剂（交联剂）将线型结构交联成网型或体型结构弹性体的过程。硫化的目的是为了提高橡胶的强度、变形能力、耐久性、抗菌素剪切能力并减少塑性。

(2) 橡胶的再生处理

橡胶的再生处理主要是脱硫。脱硫是指废旧橡胶经机械粉碎和加热等处理，使橡胶氧化解聚，即由大体型结构变为小体型结构和少量的线型结构和过程。其目的是使橡胶除具有弹性外还具有一定的黏性和塑性等性能。

经再生处理的橡胶称为再生橡胶或再生胶。再生胶主要用于沥青的改性等。

(3) 常用合成橡胶

合成橡胶是由单体经加聚或缩聚反应而得到的。常用的合成橡胶有氯丁橡胶、丁基橡胶、丁苯橡胶、三元乙丙橡胶、丁腈橡胶、氯磺化聚乙烯橡胶、聚氨酯橡胶、聚硫橡胶、有机硅橡胶等。

10.1.2 建筑塑料

10.1.2.1 塑料的组成

(1) 合成树脂

合成树脂在塑料中约占30%~100%，其决定了塑料的主要性质和应用。在塑料中起到黏结填充料等作用。

(2) 填料

常使用粉状或纤维状填料。使用填料是为了提高塑料的强度、硬度、刚度及耐热性等性能。同时也为了改善塑料的韧性、塑性和柔顺性等性能。

(3) 增塑剂

掺入增塑剂的目的是为了提高塑料加工时的可塑性、流动性以及塑料制品在使用时的弹性和柔软性，改善塑料的低温脆性等，但会降低塑料的强度与耐热性。

(4) 固化剂

又称硬化剂，其可使线型高聚物转变为体型高聚物，即使树脂具有热固性。

(5) 着色剂

又称色料，着色剂的作用是使塑料制品具有鲜艳的色彩和光泽。按其在着色介质中或水中的溶解性分为染料和颜料两大类。

为使塑料具有更好的性能，常常还使用稳定剂、阻燃剂、发泡剂、润滑剂、抗静电剂、防霉剂等。

10.1.2.2 塑料的主要性质

塑料是具有质轻、绝缘、耐腐、耐磨、绝热、隔声等优良性能的材料。在建筑上可作为装饰材料、绝热材料、吸声材料、防火材料、墙体材料、管道材料等。它与传统材料相比，具有以下优点：

（1）质轻、比强度高　塑料的密度在 $0.9\sim2.2\mathrm{g/cm^3}$ 之间，平均为 $1.45\mathrm{g/cm^3}$，约为铝的 1/2，钢的 1/5，混凝土的 1/3。而其比强度却远远超过水泥、混凝土，接近或超过钢材，是一种优质高强材料。

（2）加工性能好　塑料可以采用各种方法制成具有各种断面形状的通用材或异型材。并可采用机械化大规模的生产，生产效率高。

（3）导热系数小　塑料制品的传导能力比金属、岩石小，即热传导、电传导能力较小。其导热能力为金属的 1/500～1/600，混凝土的 1/40，砖的 1/20，是理想的绝热材料。

（4）装饰性优异　塑料制品可完全透明，也可以着色，而且色彩绚丽耐久，表面光亮有光泽；可通过照相制版印刷，模仿天然材料的纹理，达到以假乱真的程度；还可以电镀、热压、烫金制成各种图案和花型，使其表面具有立体感和金属的质感。通过电镀技术，还可使塑料具有导电、耐磨和对电磁波的屏蔽作用等功能。

（5）具有多功能性　塑料的品种多、功能不一，且可通过改变配方和生产工艺，在相当大的范围内制成具有各种特殊性能的工程材料。如强度超过钢材的碳纤维复合材料；具有承重、质轻、隔声、保温的复合板材；柔软而富有弹性的密封、防水材料等。另外，还有防水性、隔热性、隔声性、耐化学腐蚀性等。

（6）经济性　塑料建材无论是从生产时所消耗的能量或是在使用过程中的效果来看都有节能效果。

但塑料自身也存在一些缺点：

（1）耐热性差、易燃　塑料的耐热性差，受到较高温度的作用时会产生热变形，甚至产生分解。而且塑料一般可燃，且燃烧时会产生大量的烟雾，甚至有毒气体。

（2）易老化　塑料在热、空气、阳光及环境介质中的酸、碱、盐等作用下，分子结构会产生递变，增塑剂等组分挥发，使塑料性能变差，甚至产生硬脆、破坏等。

（3）热膨胀性大　塑料的热膨胀系数较大，因此在温差变化较大的场所使用时，尤其是与其他材料结合时，应当考虑变形因素，以保证制品的正常使用。

（4）刚度小　塑料与钢铁等金属材料相比，强度和弹性模量较小，即刚度差，且在荷载长期作用下会产生蠕变。所以塑料的使用有一定的局限性。

10.1.2.3 常用建筑塑料及制品

（1）常用建筑塑料

常用的热塑性塑料有：聚乙烯塑料、聚氯乙烯塑料、聚苯乙烯塑料、ABS 塑料、聚甲基丙烯酸甲酯塑料（有机玻璃）等。常用的热固性塑料有：酚醛塑料、聚酯塑料、有机硅塑料等。常用建筑塑料的性能及主要用途见表 10-1。

常用建筑塑料的性能与用途　　表 10-1

名　称	特　性	用　途
聚乙烯	柔软性好、耐低温性好，耐化学腐蚀和介电性能优良，成型工艺好，但刚性差，耐热性差（使用温度小于 50℃），耐老化差	主要用于防水材料、给排水管和绝缘材料等

续表

名　称	特　性	用　途
聚氯乙烯	耐化学腐蚀性和电绝缘性优良，力学性能较好，具有难燃性，但耐热性较差，升高温度时易发生降解	有软质、硬质、轻质发泡制品。广泛用于建筑各部位，是应用最多的一种塑料
聚苯乙烯	树脂透明、有一定机械强度，电绝缘性好，耐辐射，成型工艺好，但脆性大，耐冲击和耐热性差	主要以泡沫塑料形式作为隔热材料，也用来制造灯具、平顶板等
聚丙烯	耐腐蚀性能优良，力学性能和刚性超过聚乙烯，耐疲劳和耐应力开裂性好，但收缩较大，低温脆性大	管材、卫生洁具、模板等
ABS塑料	具有韧、硬、刚相均衡的优良力学特性，电绝缘性与耐化学腐蚀性好，尺寸稳定性好，表面光泽性好，易涂装和着色，但耐热性不太好，耐候性较差	用于生产建筑五金和各种管材、模板、异型板等
酚醛塑料	电绝缘性能和力学性能良好，耐水性、耐酸性和耐腐蚀性能优良。酚醛塑料坚固耐用、尺寸稳定、不易变形	生产各种层压板、玻璃钢制品、涂料和胶粘剂等
环氧树脂	黏结性和力学性能优良，耐化学药品性（尤其是耐碱性）良好，电绝缘性能好，固化收缩率低，可在室温、接触压力下固化成型	主要用于生产玻璃钢、胶粘剂和涂料等产品
不饱和聚酯树脂	可在低压下固化成型，用玻璃纤维增强后具有优良的力学性能，良好的耐化学腐蚀性和电绝缘性能，但固化收缩率较大	主要适用于玻璃钢、涂料和聚酯装饰板等
聚氨酯	强度高，耐化学腐蚀性优良，耐热、耐油、耐溶剂性好，黏结性和弹性优良	主要以泡沫塑料形式作为隔热材料及优质涂料、胶粘剂、防水涂料和弹性嵌缝材料等
脲醛塑料	电绝缘性好，耐弱酸、碱，无色、无味、无毒，着色力好，不易燃烧，耐热性差，耐水性差，不利于复杂造型	胶合板和纤维板，泡沫塑料，绝缘材料，装饰品等
有机硅塑料	耐高温、耐腐蚀、电绝缘性好、耐水、耐光、耐热，固化后的强度不高	防水材料、胶粘剂、电工器材、涂料等

（2）常用的建筑塑料制品

建筑工程中塑料制品主要用作装饰材料、水暖工程材料、防水工程材料、结构材料及其他用途材料等。常用建筑塑料制品列表10-2。

（3）玻璃纤维增强塑料

玻璃纤维增强塑料，俗称玻璃钢，是由合成树脂胶结玻璃纤维或玻璃纤维布（带、束）而成的复合材料，常用的树脂为不饱和聚酯树脂、环氧树脂等。

玻璃钢的强度与玻璃纤维布的方向密切相关，以纤维方向的抗拉强度最高。玻璃钢的最大优点是质轻、高抗拉，而主要的缺点是弹性模量较小。根据纤维的排列方式，玻璃钢的主要用途有屋面等用的板材和波瓦等，压力容器和管道工程用的薄壳和管材等。

建筑中应用的塑料制品　　　　　表 10-2

分　类		主　要　塑　料　制　品
装饰材料	塑料地面材料	塑料地砖和塑料卷材地板
		塑料涂布地板
		塑料地毯
	塑料内墙面材料	塑料壁纸
		三聚氰胺装饰层压板
		塑料墙面砖
	建筑涂料	内外墙有机高分子溶剂型涂料
		内外墙有机高分子乳液型涂料
		内墙有机高分子水溶性涂料
		有机无机复合涂料
	塑料门窗	塑料门（框板门，镶板门）
		塑料窗、塑钢窗
		百叶窗、窗帘
	装修线材：踢脚线、画镜线、扶手、踏步	
	塑料建筑小五金，灯具	
	塑料平顶（吊平顶，发光平顶）	
	塑料隔断板	
水暖工程材料	给排水管材、管件、水落管	
	煤气管	
	卫生洁具：玻璃钢浴缸、水箱、洗脚池等	
防水工程材料	防水卷材、防水涂料、密封、嵌缝材料、止水带	
隔热材料	现场发泡泡沫塑料、泡沫塑料	
混凝土工程材料	塑料模板	
墙面及屋面材料	护墙板	异型板材、扣板、折板
		复合护墙板
	屋面板（屋面天窗、透明压花塑料顶棚）	
	屋面有机复合材料（瓦、聚四氟乙烯涂覆玻璃布）	
塑料建筑	充气建筑、塑料建筑物、盒子卫生间、厨房	

10.1.3 建筑胶粘剂

10.1.3.1 胶粘剂的组成与分类

一般认为粘结主要来源于胶粘剂与被粘材料间的机械联结、物理吸附、化学键力或相互间分子的渗透（或扩散）作用等。

胶粘剂对被粘材料表面的完全浸润是获得良好粘结效果的先决条件。

10.1.3.1.1 胶粘剂的组成

胶粘剂的主要组成有粘结物质、固化剂、增韧剂、填料、稀释剂、改性剂等。

（1）粘结物质　也称粘料，它是胶粘剂中的基本组分，起粘结作用，其性质决定了胶粘剂的性能、用途和使用条件。一般多用各种树脂、橡胶类及天然高分子化合物作为粘结物质。

(2) 固化剂　固化剂是促使粘结物质通过化学反应加快固化的组分,可以增加胶层的内聚强度。固化剂也是胶粘剂的主要成分,其性质和用量对胶粘剂的性能起着重要的作用。

(3) 增韧剂　增韧剂用于提高胶粘剂硬化后粘结层的韧性,提高其抗冲击强度的组分。常用的有邻苯二甲酸二丁酯和邻苯二甲酸二辛酯等。

(4) 填料　填料一般在胶粘剂中不发生化学反应,它能使胶粘剂的稠度增加,降低热膨胀系数,减少收缩性,提高胶粘剂的抗冲击韧性和机械强度。常用的品种有滑石粉、石棉粉、铝粉等。

(5) 稀释剂　稀释剂又称溶剂,主要是起降低胶粘剂黏度的作用,以便于操作,提高胶粘剂的湿润性和流动性。常用的有机溶剂有丙酮、苯、甲苯等。

(6) 改性剂　改性剂是为了改善粘结剂的某一方面性能,以满足特殊要求而加入的一些组分。如为增加胶结强度,可加入偶联剂,还可分别加入防老化剂、防霉剂、防腐剂、阻燃剂、稳定剂等。

10.1.3.1.2　胶粘剂的分类

(1) 按粘结物质的性质分类

1) 有机类　包括天然类(葡萄糖衍生物、氨基酸衍生物、天然树脂、沥青)和合成类(树脂型、橡胶型、混合型)。

2) 无机类　包括硅酸盐类、磷酸盐类、硼酸盐、硫磺胶、硅溶胶等。

(2) 按强度特性分类

1) 结构胶粘剂　其胶结强度较高,至少与被胶结物本身的材料强度相当。同时对耐油、耐热和耐水性等都有较高的要求。

2) 非结构胶粘剂　其要求有一定的强度,但不承受较大的力,只起定位作用。

3) 次结构胶粘剂　又称准结构胶粘剂,其物理力学性能介于结构型与非结构型胶粘剂之间。

(3) 按固化条件分类

1) 溶剂型　其中的溶剂从粘合端面挥发或者被吸收,形成粘合膜而发挥粘合力。常用的有聚苯乙烯、丁苯橡胶等。

2) 反应型　其固化是由不可逆的化学变化而引起的。按配方及固化条件,可分为单组分、双组分甚至三组分的室温固化型、加热固化型等多种形式。这类胶粘剂有环氧树脂、酚醛、聚氨酯、硅橡胶等。

3) 热熔型　是以热塑性的高聚物为主要成分,是不含水或溶剂的固体聚合物,通过加热熔融粘合,随后冷却、固化,发挥粘合力。常用的有醋酸乙烯、丁基橡胶、松香、虫胶、石蜡等。

10.1.3.2　常用建筑胶粘剂

热塑性树脂胶粘剂,为非结构用胶,主要有聚醋酸乙烯胶粘剂、聚乙烯醇缩甲醛胶粘剂聚乙烯醇胶粘剂等。

热固性树脂胶粘剂,为结构用胶,主要有环氧树脂类胶粘剂、酚醛树脂类胶粘剂和聚氨酯类胶粘剂等。

合成橡胶类胶粘剂主要有氯丁橡胶胶粘剂、丁腈橡胶胶粘剂等。建筑上常用胶粘剂的性能及应用见表 10-3。

建筑上常用胶粘剂的性能及应用　　　　　表 10-3

种类		特性	主要用途
热塑性合成树脂胶粘剂	聚乙烯醇缩甲醛类胶粘剂	粘结强度较高，耐水性、耐油性、耐磨性及抗老化性较好	粘贴壁纸、墙布、瓷砖等，可用于涂料的主要成膜物质，或用于拌制水泥砂浆，能增强砂浆层的粘结力
	聚醋酸乙烯酯类胶粘剂	常温固化快，粘结强度高，粘结层的韧性和耐久性好，不易老化，无毒、无味、不易燃爆，价格低，但耐水性差	广泛用于粘贴壁纸、玻璃、陶瓷、塑料、纤维织物、石材、混凝土、石膏等各种非金属材料，也可作为水泥增强剂
	聚乙烯醇胶粘剂（胶水）	水溶性胶粘剂，无毒，使用方便，粘结强度不高	可用于胶合板、壁纸、纸张等的胶接
热固性合成树脂胶粘剂	环氧树脂类胶粘剂	粘结强度高，收缩率小，耐腐蚀，电绝缘性好，耐水、耐油	粘接金属制品、玻璃、陶瓷、木材、塑料、皮革、水泥制品、纤维制品等
	酚醛树脂类胶粘剂	粘结强度高，耐疲劳，耐热，耐气候老化	用于粘接金属、陶瓷、玻璃、塑料和其他非金属材料制品
	聚氨酯类胶粘剂	粘附性好，耐疲劳、耐油、耐水、耐酸、韧性好，耐低温性能优异，可室温固化，但耐热性差	适于胶接塑料、木材、皮革等，特别适用于防水、耐酸、耐碱等工程中
合成橡胶胶粘剂	丁腈橡胶胶粘剂	弹性及耐候性良好，耐疲劳、耐油、耐溶剂性好，耐热，有良好的混溶性，但粘着性差，成膜缓慢	适用于耐油部件中橡胶与橡胶、橡胶与金属、织物等的胶接。尤其适用于粘接软质聚氯乙烯材料
	氯丁橡胶胶粘剂	粘附力、内聚强度高，耐燃、耐油、耐溶剂性好。储存稳定性差	用于结构粘接或不同材料的粘接。如橡胶、木材、陶瓷、石棉等不同材料的粘接
	聚硫橡胶胶粘剂	很好的弹性、粘附性。耐油、耐候性好，对气体和蒸气不渗透，防老化性好	作密封胶及用于路面、地坪、混凝土的修补、表面密封和防滑。用于海港、码头及水下建筑的密封
	硅橡胶胶粘剂	良好的耐紫外线、耐老化性、耐热、耐腐蚀性，粘附性好，防水防震	用于金属、陶瓷、混凝土、部分塑料的粘接。尤其适用于门窗玻璃的安装以及隧道、地铁等地下建筑中瓷砖、岩石接缝间的密封

选择胶粘剂的基本原则有以下几方面：
（1）了解粘结材料的品种和特性。
（2）了解粘结材料的使用要求和应用环境。
（3）了解粘接工艺性。
（4）了解胶粘剂组分的毒性。
（5）了解胶粘剂的价格和来源难易。

为了提高胶粘剂在工程中的粘结强度，满足工程需要，使用胶粘剂粘接时应注意：

(1) 粘接界面要清洗干净。
(2) 胶层要匀薄。
(3) 晾置时间要充分。
(4) 固化要完全。

10.1.4 建筑涂料

建筑涂料简称涂料，是指涂覆于物体表面，能与基体材料牢固粘结并形成连续完整而坚韧的保护膜，具有防护、装饰及其他特殊功能的物质。

10.1.4.1 建筑涂料的功能和分类

(1) 建筑涂料的功能

1) 装饰功能　建筑涂料的涂层，具有不同的色彩和光泽，它可以带有各种填料，可通过不同的涂饰方法，形成各种纹理、图案和不同程度的质感，以满足各种类型建筑物的不同装饰艺术要求，达到美化环境及装饰建筑物的作用。

2) 保护功能　建筑涂料涂覆于建筑物表面形成涂膜后，使结构材料与环境中的介质隔开，可减缓各种破坏作用，延长建筑物的使用寿命。

3) 其他特殊功能　建筑涂料除了具有装饰、保护功能外，一些涂料还具有各自的特殊功能，进一步适应各种特殊使用的需要，如防火、防水、吸声隔声、隔热保温、防辐射等。

(2) 建筑涂料的分类

1) 按主要成膜物质的化学成分分为：有机涂料、无机涂料、有机—无机复合涂料。

2) 按建筑涂料的使用部位分为：外墙涂料、内墙涂料、顶棚涂料、地面涂料和屋面防水涂料等。

3) 按使用分散介质和主要成膜物质的溶解状况分为：溶剂型涂料、水溶型涂料和乳液型涂料等。

10.1.4.2 涂料的组成

涂料中各种不同的物质经混合、溶解、分散而组成涂料。按涂料中各种材料在涂料的生产、施工和使用中所起作用的不同，可将这些组成材料分为主要成膜物质、次要成膜物质、溶剂和助剂等。

(1) 主要成膜物质

建筑涂料所用主要成膜物质有树脂和油料两类。常用的树脂类成膜物质有虫胶、大漆等天然树脂，松香甘油酯、硝化纤维等人造树脂以及醇酸树脂、聚丙烯酸酯、环氧树脂、聚氨酯、聚磺化聚乙烯、聚乙烯醇聚物、聚醋酸乙烯及其共聚物等合成树脂。常用的油料有桐油、亚麻子油等植物油。

(2) 次要成膜物质

次要成膜物质是涂料中的各种颜料，是构成涂料的组成之一。常用的无机颜料有铅铬黄、铁红、铬绿、钛白、碳黑等；常用的有机颜料有耐晒黄、甲苯胺红、酞菁蓝、苯胺黑、酞菁绿等。

(3) 溶剂（稀释剂）

溶剂在涂料生产过程中，是溶解、分散、乳化成膜物质的原料。有两大类：一类是有机溶剂，如松香水、酒精、汽油、苯、二甲苯、丙酮等；另一类是水。

(4) 助剂

助剂是为改善涂料的性能、提高涂膜的质量而加入的辅助材料。涂料中常用的助剂，按其功能可分为：催干剂、增塑剂、固化剂、流变剂、分散剂、增稠剂、消泡剂、防冻剂、紫外线吸收剂、抗氧化剂、防老化剂、防霉剂、阻燃剂等。

10.1.4.3 常用建筑涂料

(1) 有机建筑涂料

1) 溶剂型涂料　溶剂型涂料是以高分子合成树脂或油脂为主要成膜物质，有机溶剂为稀释剂，再加入适量的颜料、填料及助剂，经研磨而成的涂料。

溶剂型涂料形成的涂膜细腻光洁而坚韧，有较好的硬度、光泽和耐水性、耐候性，气密性好，耐酸碱，对建筑物有较强的保护性，使用温度可以低到零度。它的主要缺点为：易燃、溶剂挥发对人体有害，施工时要求基层干燥，涂膜透气性差，价格较贵。

常用的品种有：O/W 型及 W/O 型多彩内墙涂料、氯化橡胶外墙涂料、丙烯酸酯外墙涂料、聚氨酯系外墙涂料、丙烯酸酯有机硅外墙涂料、仿瓷涂料、聚氯乙烯地面涂料、聚氨酯-丙烯酸酯地面涂料及油脂漆、天然树脂漆、清漆、磁漆、聚酯漆等。

2) 水溶性涂料　水溶性涂料是以水溶性合成树脂为主要成膜物质，以水为稀释剂，再加入适量颜料、填料及助剂经研磨而成的涂料。

这类涂料的水溶性树脂可直接溶于水中，与水形成单相的溶液。它的耐水性差，耐候性不强，耐洗刷性差，一般只用于内墙涂料。

常用的品种有：聚乙烯醇水玻璃内墙涂料、聚乙烯醇缩甲醛内墙涂料等。

3) 乳液型涂料　又称乳胶漆。它是由合成树脂借助乳化剂作用，以 $0.1\sim0.5\mu m$ 的极细微粒分散于水中构成的乳液，并以乳液为主要成膜物质，再加入适量的颜料、填料助剂经研磨而成的涂料。这种涂料价格便宜，无毒、不燃，对人体无害，形成的涂膜有一定的透气性，涂布时不需要基层很干燥，涂膜固化后的耐水性、耐擦洗性较好，可作为室内外墙建筑涂料，但施工温度一般应在 10℃ 以上，用于潮湿的部位，易发霉，需加防霉剂。

常用的品种有：聚醋酸乙烯乳胶漆、丙烯酸酯乳胶漆、乙-丙乳胶漆、苯-丙乳胶漆、聚氨酯乳胶漆等内墙涂料及乙-丙乳液涂料、氯-醋-丙涂料、苯-丙外墙涂料、丙烯酸酯乳胶漆、彩色砂壁状外墙涂料、水乳型环氧树脂乳液外墙涂料等外墙涂料。

(2) 无机建筑涂料

无机建筑涂料是以碱金属硅酸盐或硅溶胶为主要成膜物质，加入相应的固化剂，或有机合成树脂、颜料、填料等配制而成，主要用于建筑物外墙。

与有机涂料相比，无机涂料的耐水性、耐碱性、抗老化性等性能特别优异；其粘结力强，对基层处理要求不是很严格，适用于混凝土墙体、水泥砂浆抹面墙体、水泥石棉板、砖墙和石膏板等基层；温度适应性好，可在较低的温度下施工，最低成膜温度为 5℃，负温下仍可固化；颜色均匀，保色性好，遮盖力强，装饰性好；有良好耐热性，且遇火不燃、无毒；资源丰富，生产工艺简单，施工方便等。

按主要成膜物质的不同可分为：A 类：碱金属硅酸盐及其混合物为主要成膜物质；B 类：以硅溶胶为主要成膜物质。

(3) 无机—有机复合涂料

为了弥补无机涂料和有机涂料单独使用时的不足，出现了无机—有机复合涂料。

10.1.5 合成高分子防水材料

10.1.5.1 防水卷材

(1) 树脂类防水卷材

此类卷材由热塑性树脂、软化剂、增塑剂、填料等组成。此类卷材克服了沥青类卷材低温易脆裂、高温易流淌、抗拉力低、使用年限短等缺陷，属于中档防水卷材。目前主要使用的有聚氯乙稀卷材等。

(2) 橡胶类防水卷材

此类卷材由橡胶、硫化剂、填充料等组成。常用的有三元乙丙橡胶卷材、氯丁橡胶卷材、丁基橡胶卷材、氯磺化聚乙烯卷材、聚异丁烯橡胶卷材等。此类卷材突出的优点是伸长率高、低温柔韧性好。以三元乙丙橡胶卷材性能最优，属高档卷材，其余为中档卷材。

合成高分子卷材一般都可有多种颜色，对外露防水层的屋面可起到一定的装饰作用。

10.1.5.2 密封材料

(1) 树脂类密封材料

常用的有聚氯乙烯密封材料和丙烯酸类密封材料，均属中档密封材料。具有粘结力高、伸长率大、低温性能好、耐候性好。以丙烯酸类密封材料性能更优，但耐水性较差。

(2) 橡胶类密封材料

常用的有双组分的聚氨酯密封材料和聚硫橡胶密封材料。二者性能优异，特别是粘结力强、伸长率很大、低温性能好、耐候性好、并对冲击振动有很好的适应性，属高档密封材料，可在各种工程中使用。此外常用的还有中档的氯丁橡胶密封材料、丁基橡胶密封材料和氯磺化聚乙烯密封材料。

(3) 树脂—橡胶共混型密封材料

常用的有氯丁橡胶与丙烯酸树脂共混型的密封材料。属中档密封材料。

当接缝变形小于±5%时可选用低档密封材料；变形量小于±12%时应选用丁基橡胶、氯丁橡胶、丙烯酸酯、氯磺化聚乙烯类密封材料；当变形量大于±25%时应选用聚硫橡胶、聚氨酯类高档的高弹性密封材料。

10.2 思考题与习题

(一) 名词解释

1. 合成树脂
2. 加聚反应
3. 缩聚反应
4. 热塑性树脂
5. 热固性树脂
6. 老化
7. 玻璃钢
8. 建筑涂料
9. 塑料
10. 固化剂

（二）是非判断题（对的划√，不对的划×）

1．塑料的强度并不高，但其比强度高，同于水泥混凝土，接近或超过钢材，是一种高强度。（　　）
2．热塑性塑料经加热成形，冷却硬化后，再经加热还具有可塑性。（　　）
3．热固性塑料经加热成形，冷却固化后，此物质即使再经加热也不会软化。（　　）
4．热塑性塑料的分子结构都是支链型结构，热固性塑料的分子都是线型结构。（　　）
5．有机玻璃实际就是玻璃钢。（　　）
6．聚氯乙烯是建筑材料中应用最为普遍的聚合物之一。（　　）
7．107胶的主要成分中有对人体有害的甲醛，所以要禁止使用。（　　）
8．塑钢门窗是以聚氯乙烯树脂为主要原料的塑料框架加钢衬制得的产品。（　　）
9．塑料的导热系数小，所以是一种理想的绝热材料。（　　）
10．一般液态的聚合物几乎都有不同程度的毒性，因而制成的塑料制品也都有不同程度的毒性。（　　）

（三）填空题

1．塑料中的合成树脂，按照受热时所发生的变化不同，可分为_____和_____两种塑料。
2．按塑料的组成成分多少，塑料可分_____和_____塑料。
3．多组分塑料除含有合成树脂外，还含有____、____、____、____、____、及其他外加剂。
4．一般把填充料又称为填料，按其外观形态特征，可将其分_____和_____填料。
5．常用于热塑性塑料的树脂主要有_____、_____、_____、_____等。
6．常用于热固性塑料的树脂主要有_____、_____、_____等。
7．在选择和使用塑料时应注意其_____、_____和_____等性能指标。
8．涂料的基本组成包括_____、_____、_____和_____。
9．涂料按其建筑物中的作用部位的不同，可分_____涂料和_____涂料、_____涂料_____涂料、_____涂料。
10．按胶粘剂的强度特性不同划分为_____、_____和_____三类。

（四）单项选择题

1．热固性树脂的结构，一般均为（　　）。
①线型结构　　②支链结构　　③体型结构　　④面型结构
2．非结晶态的合成树脂一般为（　　）的。
①透明　　②半透明　　③不透明
3．玻璃化温度是塑料的（　　）使用温度。
①最低　　②允许　　③不允许　　④最高
4．玻璃化温度低于室温的称为（　　）。
①树脂　　②塑料　　③橡胶　　④硬塑料
5．合成树脂的比强度多（　　）钢材和混凝土制品。
①小于　　②等于　　③小于或等于　　④大于

6．胶粘剂对被粘材料表面的完全（　　）是获得良好粘结效果的先决条件。
①干净　　　　　②浸润　　　　　③干燥

7．热熔型胶粘剂是以（　　）的高聚物为主要成分。
①热固性　　　　②热塑性　　　　③单组分　　　　④多组分

8．建筑涂料所用主要成膜物质有树脂和（　　）两类。
①油料　　　　　②增塑剂　　　　③固化剂　　　　④催干剂

9．无机建筑涂料，主要用于建筑物的（　　）。
①内墙　　　　　②外墙　　　　　③顶棚　　　　　④地面

10．接缝变形小于（　　）时，可选用低档密封材料。
① ±5%　　　　 ② ±12%　　　　③ ±18%　　　　④ ±25%

（五）多项选择题（选出二至五个正确的答案）

1．建筑中最常用的塑料制品有（　　）。
①塑料墙纸　　　　　②塑料地板　　　　　③塑料地毯
④塑料门窗　　　　　⑤塑料板材、管材

2．常用的内墙涂料有（　　）。
①聚乙烯醇水玻璃涂料　　②乙-丙乳胶漆　　　③O/W型及W/O型多彩涂料
④苯-丙乳胶漆　　　　　⑤聚乙烯醇缩甲醛

3．常用的外墙涂料有（　　）。
①丙烯酸酯乳胶漆　　　　②砂壁状涂料　　　　③氯-醋-丙涂料
④聚氨酯系外墙涂料　　　⑤聚乙烯醇水玻璃涂料

4．建筑胶粘剂按固化条件分类，可分为（　　）。
①溶剂型　　　　　②热熔型　　　　　③乳胶型
④反应型　　　　　⑤结构型

5．以下树脂为热塑性树脂的有（　　）。
①聚乙烯　　　　　②聚苯乙烯　　　　③聚丙烯
④氨基树脂　　　　⑤丙烯腈-丁二烯-苯乙烯共聚物

（六）问答题

1．聚合物材料老化的原因是什么？
2．建筑塑料有哪些优缺点？工程中常用的建筑塑料有哪些？
3．试述组成胶粘剂的成分有哪些？
4．合成高分子化合物如何制备？
5．热塑性树脂与热固性树脂的主要不同点是什么？
6．塑料的组分有哪些？它们在塑料中所起的作用如何？
7．建筑涂料对建筑物有哪些功能？
8．有机建筑涂料主要有哪几种类型？各有什么特点？
9．如何才能提高胶粘剂在工程中的粘结强度？
10．应如何选用建筑胶粘剂？

11 建筑防水材料

建筑防水材料是用于防止建筑物渗漏的一大类材料，被广泛用于建筑物的屋面、地下室及水利、地铁、隧道、道路和桥梁等工程。可分为刚性防水材料和柔性防水材料两大类。刚性防水材料，是以水泥混凝土或砂浆自防水为主，外掺各种防水剂、膨胀剂等共同组成的防水结构（见第4章和第7章）。而柔性防水材料，是产量和用量最多的一类防水材料，而且其防水性能可靠，可应用于各种场所和各种外形的防水工程，因此在国内外得到推广和应用。本章主要介绍柔性防水材料。如防水卷材、防水涂料、防水密封材料和沥青混合料等。

11.1 学习指导

11.1.1 防水材料概述

11.1.1.1 建筑物的渗漏及其危害

我国建筑的屋面渗漏现象比较严重。渗漏一般是由材料、设计、施工、管理四个因素造成的，要从四个方面同时治理才能较好地解决渗漏问题。专家认为，作为生产防水材料的建材部门，要大力发展推广新型防水材料，提高中、高档性能产品的比例，确保产品质量，是我国防水材料行业的当务之急。

建设部建设监理司曾对100个城市1988～1990年内竣工的建筑工程的渗漏现象进行了随机抽查，每个城市抽检20个左右的工程，共抽检了2072个工程，建筑面积325.5万m^2，其中有住宅、公共建筑、工业厂房等。从采用的防水材料来看，有60%用的卷材防水，10%用的涂膜防水，其余的为刚性防水或其他防水材料防水。抽检结果为：屋面渗漏的占35%，厕浴间渗漏的占39.2%，有的工程则是屋面、厕浴间、墙面同时有渗透现象。从采用的防水材料来看，防水涂料的渗漏最严重，占调查工程量的44.3%，防水卷材为31.4%，刚性防水材料为38.7%。另外，对全国25个大城市近10年新建工程的抽样统计，房屋的平均渗漏率为60%，最严重的城市接近90%，平均2～3年就需翻修。据有关部门统计，我国在建筑工程防水方面的投入一年比一年多。目前，在工程总造价中防水工程造价的比例达到15%以上，特别是地下室的防水造价比例已达工程总造价的25%～30%。尽管投入大，但防水不理想，新建工程当年渗漏率都在10%左右，国家每年用于建筑防水方面的维修费已将近20亿元。如此严重的建筑物渗漏，给我们的生活和工作带来了很大的不便。据相关厂的科技人员介绍，建筑防水效果的好坏，关键在于防水材料是否先进、科学、耐久。

国家建设部监理司和中国建筑发展中心按材料、设计、施工、管理维修四个环节对建筑物渗漏原因分别进行了调查，结果如表11-1所示。

虽然调查结果有一定的差异，但认为施工原因造成的渗漏所占比例最大是一致的。但如果设计、施工、维护管理等原因，都得以克服，防水材料就成为关键的因素。

两个部门对基于不同原因的渗漏率（%）的调查情况　　　表 11-1

渗漏原因	监理司调查的渗漏率（%）	建筑发展中心调查的渗漏率（%）	渗漏原因	监理司调查的渗漏率（%）	建筑发展中心调查的渗漏率（%）
材料	20	22	施工	48	45
设计	26	18	管理	6	15

由于建筑防水材料事关国计民生，其发展和进步从一个侧面反映了一个国家和地区的建筑科技水平，我国政府已决心加大建筑防水材料生产与应用的宏观管理力度，整顿市场，全方位治理建筑渗漏。防水材料要重点发展高聚合改性沥青卷材，高分子防水卷材以及防水涂料，努力开发密封材料和堵漏材料。

11.1.1.2　建筑防水材料的种类

防水材料是保证房屋建筑能够防止雨水、地下水和其他水分渗透，以保证建筑物能够正常使用的一类建筑材料，是建筑工程中不可缺少的主要建筑材料之一。防水材料质量对建筑物的正常使用寿命起着举足轻重的作用。近年来，防水材料突破了传统的沥青防水材料，改性沥青油毡迅速发展，高分子防水材料使用也越来越多，且生产技术不断改进，新品种新材料层出不穷。防水层的构造也由多层向单层发展；施工方法也由热熔法发展到冷粘法。

防水材料按其特性又可分为柔性防水材料和刚性防水材料。防水材料的分类和应用见表 11-2。

常用防水材料的分类和主要应用　　　表 11-2

类别	品种	主要应用
刚性防水	防水砂浆	屋面及地下防水工程。不宜用于有变形的部位
	防水混凝土	屋面、蓄水池、地下工程、隧道等
沥青基防水材料	纸胎石油沥青油毡	地下、屋面等防水工程
	玻璃布胎沥青油毡	地下、屋面等防水防腐工程
	沥青再生橡胶防水卷材	屋面、地下室等防水工程，特别适合寒冷地区或有较大变形的部位
改性沥青基防水卷材	APP 改性沥青防水卷材	屋面、地下室等各种防水工程
	SBS 改性沥青防水卷材	屋面、地下室等各种防水工程，特别适合寒冷地区
合成高分子防水卷材	三元乙丙橡胶防水卷材	屋面、地下室水池等各种防水工程，特别适合严寒地区或有较大变形的部位
	聚氯乙烯防水卷材	屋面、地下室等各种防水工程，特别适合较大变形的部位
	聚乙烯防水卷材	屋面、地下室等各种防水工程，特别适合严寒地区或有较大变形的部位
	氯化聚乙烯防水卷材	屋面、地下室、水池等各种防水工程，特别适合有较大变形的部位
	氯化聚乙烯—橡胶共混防水卷材	屋面、地下室、水池等各种防水工程，特别适合严寒地区或有较大变形的部位

续表

类别	品种	主要应用
粘结及密封材料	沥青胶	粘贴沥青油毡
	建筑防水沥青嵌缝油膏	屋面、墙面、沟、槽、小变形缝等的防水密封。重要工程不宜使用
	冷底子油	防水工程的最底层
	乳化石油沥青	代替冷底子油、粘贴玻璃布、拌制沥青砂浆或沥青混凝土
	聚氯乙烯防水接缝材料	屋面、墙面、水渠等的缝隙
	丙烯酸酯密封材料	墙面、屋面、门窗等的防水接缝工程。不宜用于经常被水浸泡的工程
	聚氨酯密封材料	各类防水接缝。特别是受疲劳荷载作用或接缝处变形大的部位，如建筑物、公路、桥梁等的伸缩缝
	聚硫橡胶密封材料	各类防水接缝。特别是受疲劳荷载作用或接缝处变形大的部位，如建筑物、公路、桥梁等的伸缩缝

11.1.1.3 防水材料的基本用材

防水材料的基本用材有石油沥青、煤沥青、改性沥青及合成高分子材料等。

(1) 石油沥青

石油沥青是一种有机胶凝材料，在常温下呈固体、半固体或黏性液体状态。颜色为褐色或黑褐色。它是由许多高分子碳氢化合物及其非金属（如氧、硫、氮等）衍生物组成的复杂混合物。由于其化学成分复杂，为便于分析研究和实用，常将其物理、化学性质相近的成分归类为若干组，称为组分。不同的组分对沥青性质的影响不同。

1) 石油沥青的组分与结构

通常将沥青分为油分、树脂和地沥青质等三组分组成。各组分的特征及其对沥青性质的影响见表11-3。

①油分

为沥青中最轻的组分，呈淡黄至红褐色，密度为 $0.7 \sim 1 \text{g/cm}^3$。在170℃以下较长时间加热可以挥发。它能溶于大多数有机溶剂，如丙酮、苯、三氯甲烷等，但不溶于酒精。在石油沥青中，含量为40%~60%。油分使沥青具有流动性。

②树脂

为密度略大于 1g/cm^3 的黑褐色或红褐色黏稠物质。能溶于汽油、三氯甲烷和苯等有机溶剂，但在丙酮和酒精中溶解度很低。在石油沥青中含量为15%~30%。它使石油沥青具有塑性与黏结性。

③地沥青质

为密度大于 1g/cm^3 的固体物质，黑色。不溶于汽油、酒精，但能溶于二硫化碳和三氯甲烷中。在石油沥青中含量为10%~30%。它决定石油沥青的温度稳定性和黏性，它的含量愈多，则石油沥青的软化点愈高，脆性愈大。

石油沥青各组分的特征及其对沥青性质的影响　　　　　　　　　　　表 10-3

组分	含量	分子量	碳氢比	密度	特征	在沥青中的主要作用
油分	40%~60%	100~500	0.5~0.7	0.6~1.0	无色至淡黄色，黏性液体，可溶于大部分溶剂，不溶于酒精	是决定沥青流动性的组分。油分多，流动性大，而黏性小，温度感应性大
树脂	15%~30%	600~1000	0.7~0.8	1.0~1.1	红褐至黑褐色的黏稠半固体，多呈中性，少量酸性。熔点低于100℃	是决定沥青塑性的主要组分。树脂含量增加，沥青塑性增大、温度感应性增大
地沥青质	10%~30%	1000~6000	0.8~1.0	1.1~1.5	黑褐色至黑色的硬而脆的固体微粒，加热后不溶解，而分解为坚硬的焦碳，使沥青带黑色	是决定沥青黏性的组分。含量高，沥青黏性大，温度感应性小，塑性降低，脆性增加

此外，石油沥青中常含有一定量的固体石蜡，它会降低沥青的黏结性、塑性、温度稳定性和耐热性。常采用氯盐（如 $FeCl_3$、$ZnCl_2$ 等）处理或溶剂脱蜡等方法处理，使多蜡石油沥青的性质得到改善，从而提高其软化点，降低针入度，使之满足使用要求。

当地沥青质含量较少，油分及树脂含量较多时，地沥青质胶团在胶体结构中运动较为自由，形成溶胶型结构。此时的石油沥青具有黏滞性小、流动性大、塑性好，但稳定性较差的特点。

当地沥青质含量较高，油分与树脂含量较少时，地沥青质胶团间的吸引力增大，且移动较困难，这种凝胶型结构的石油沥青具有弹性和黏性较高、温度敏感性较小、流动性和塑性较低的特点。

石油沥青中的各组分是不稳定的。在阳光、空气、水等外界因素作用下，各组分之间会不断演变，油分、树脂会逐渐减少，地沥青质逐渐增多，这一演变过程称为沥青的老化。沥青老化后，其流动性、塑性变差，脆性增大，从而变硬，易发生脆裂乃至松散，使沥青失去防水、防腐效能。

2）石油沥青的主要技术性质

①石油沥青的黏滞性

黏滞性是反映石油沥青在外力作用下抵抗产生相对流动（变形）的能力。液态石油沥青的黏滞性用黏度表示。半固体或固体沥青的黏性用针入度表示。黏度和针入度是沥青划分牌号的主要指标。

黏度是沥青在一定温度（25℃或60℃）条件下，经规定直径（3.5mm或10mm）的孔，漏下50ml所需的秒数。黏度常以符号 C_t^d 表示。

针入度是指在温度为25℃的条件下，以质量100g的标准针，经5s沉入沥青中的深度（0.1mm称1度）来表示。针入度值大，说明沥青流动性大，黏性差。针入度范围在5~200度之间。

按针入度可将石油沥青划分为以下三种用途即：道路石油沥青；建筑石油沥青；普通石油沥青。各有几个牌，见表11-4。

②石油沥青的塑性

塑性是指沥青在外力作用下产生变形而不破坏，除去外力后仍能保持变形后的形状不变的性质。塑性表示沥青开裂后自愈能力及受机械应力作用后变形而不破坏的能力。沥青之所以能制造成性能良好的柔性防水材料，很大程度上取决于这种性质。

沥青的塑性用"延伸度"（亦称延度）或"延伸率"表示。按标准试验方法，制成"8"形标准试件，试件中间最狭小处断面积为$1cm^2$，在规定温度（一般为25℃）和规定速度（5cm/min）的条件下在延伸仪上进行拉伸，延伸度以试件拉细而断裂时的长度（cm）表示。沥青的延伸度越大，沥青的塑性越好。

③石油沥青的温度敏感性

温度敏感性是指石油沥青的黏滞性和塑性随温度升降而变化的性能。温度敏感性较小的石油沥青，其黏滞性、塑性随温度的变化较小。作为屋面防水材料，受日照辐射作用可能产生流淌和软化，失去防水作用而不能满足使用要求，因此温度敏感性是沥青材料一个很重要的性质。

温度敏感性常用软化点来表示，软化点是沥青材料由固体状态转变为具有一定流动性的膏体时的温度。软化点可通过"环球法"试验测定。将沥青试样装入规定尺寸的铜环中，上置规定尺寸和质量的钢球，再将铜环放置在有水或甘油的烧杯中，以5℃/min的速率加热至沥青软化下垂达25mm时的温度（℃），即为沥青软化点。

不同沥青的软化点不同，大致在25～100℃之间。软化点高，说明沥青的耐热性能好，但软化点过高，又不易加工；软化点低的沥青，夏季易产生变形，甚至流淌。所以，在实际应用时，希望沥青具有高软化点和低脆化点（当温度在非常低的范围时，整个沥青就好像玻璃一样的脆硬，一般称作"玻璃态"，沥青由玻璃态向高弹态转变的温度即为沥青的脆化点）。为了提高沥青的耐寒性和耐热性，常常对沥青进行改性，如在沥青中掺入增塑剂、橡胶、树脂和填料等。

④石油沥青的大气稳定性

是指石油沥青在热、阳光、氧气和潮湿等因素的长期综合作用下抵抗老化的性能，它反映耐久性。大气稳定性可以用沥青的蒸发质量损失百分率及针入度比的变化来表示，即试样在160℃温度加热蒸发5h后质量损失百分率和蒸发前后的针入度比两项指标来表示。蒸发损失率越小，针入度比越大，则表示沥青的大气稳定性越好。

以上四种性质是石油沥青材料的主要性质。此外，沥青材料受热后会产生易燃气体，与空气混合遇火即发生闪火现象。当出现闪火时的温度，叫闪点，也称闪火点。它是加热沥青时，从防火要求提出的指标。

3）石油沥青的技术标准

我国石油沥青产品按用途分为道路石油沥青、建筑石油沥青及普通石油沥青等。这三种石油沥青的技术标准分别列于表11-4。石油沥青的牌号主要根据其针入度、延度和软化点等质量指标划分，以针入度值表示。同一品种的石油沥青，牌号越高，则其针入度越大，脆性越小；延度越大，塑性越好；软化点越低，温度敏感性越大。

4）石油沥青的应用

在选用沥青材料时，应根据工程类别（房屋、道路、防腐）及当地气候条件，所处工作部位（屋面、地下）来选用不同牌号的沥青。

道路石油沥青主要用于道路路面或车间地面等工程，一般拌制成沥青混合料（沥青混凝土或沥青砂浆）使用。道路石油沥青的牌号较多，选用时应注意不同的工程要求、施工方法和环境温度差别。道路石油沥青还可作密封材料和胶粘剂以及沥青涂料等。此时，一般选用黏性较大和软化点较高的石油沥青。

石油沥青的技术标准　　　　　　表 11-4

牌号	道路石油沥青 (SH 0522—92)							建筑石油沥青 (GB 494—85)		普通石油沥青 (SY 1665—77)		
	200	180	140	100甲	100乙	60甲	60乙	30	10	75	65	55
针入度(25℃, 100g)(1/10mm)	201~300	161~200	121~160	91~120	81~120	51~80	41~80	25~40	10~25	75	65	55
延度(25℃), 不小于(cm)	—	100	100	90	60	70	40	3	1.5	2	1.5	1
软化点(环球法), 不低于(℃)	30	35	35	42~50	42	45~50	45	70	95	60	80	100
溶解度(三氯乙烯, 三氯甲烷或苯) 不小于(%)	99	99	99	99	99	99	99	99.5	99.5	98	98	98
蒸发损失 (160℃,5h) 不大于(%)	1	1	1	1	1	1	1	1	1	—	—	—
蒸发前后针入度比不小于(%)	50	60	60	65	65	70	70	65	65	—	—	—
闪点(开口), 不低于(℃)	180	200	230	230	230	230	230	230	230	230	230	230

建筑石油沥青针入度较小（黏性较大）软化点较高（耐热性较好），但延伸度较小（塑性较小），主要作用制造防水材料、防水涂料和沥青嵌缝膏。它们绝大多数用于地面和地下防水沟槽防水及防腐蚀及管道防腐工程。

普通石油沥青由于含有较多的蜡，故温度敏感性较大，达到液态时的温度与其软化点相差很小。与软化点大体相同的建筑石油沥青相比，其针入度较大（黏度较小）塑性较差，故在建筑工程上不宜直接使用。可以采用吹气氧化法改善其性能，即将沥青加热脱水，加入少量（1%）的氧化锌，再加热（不超过 280℃）吹气进行处理。处理过程以沥青能达到要求的软化点和针入度为止。

5）沥青的掺配使用

当单独用一种牌号的沥青不能满足工程的耐性（软化点）要求时，可以用同产源的两种或三种沥青进行掺配。两种沥青掺配量可按下式计算：

$$较软沥青掺量（\%）=\frac{较硬沥青软化点-欲配沥青软化点}{较硬沥青软化点-较软沥青软化点}\times 100 \quad (11\text{-}1)$$

$$较硬沥青掺量（\%）=100\%-较软沥青掺量（\%） \quad (11\text{-}2)$$

如用三种沥青时，可先求出两种沥青的配比，然后再与第三种沥青进行配比计算。

根据计算的掺配比例和在其邻近的比例［±（5%～10%）］进行试配，测定掺配后沥青的软化点，然后绘制"掺配比—软化点"曲线，即可从曲线上确定所要求的掺配比例。

(2) 煤沥青

煤沥青是炼焦厂和煤气厂的副产品。煤沥青的大气稳定性与温度稳定性较石油沥青差。当与软化点相同的石油沥青比较时，煤沥青的塑性较差，因此当使用在温度变化较大（如屋面、道路面层等）的环境时，没有石油沥青稳定、耐久。煤沥青中含有酚（有毒性），防腐性较好，适于地下防水层或作防腐材料用。

由于煤沥青在技术性能上存在较多的缺点，而且成分不稳定，并有毒性，对人体和环境不利，已很少用于建筑、道路和防水工程之中。

(3) 改性沥青

普通石油沥青的性能不一定能全面满足使用要求，为此，常采取措施对沥青进行改性。性能得到不同程度改善后的沥青，称为改性沥青。改性沥青可分为橡胶改性沥青、树脂改性沥青、橡胶和树脂并用改性沥青、再生胶改性沥青和矿物填充剂改性沥青等等。

1) 橡胶改性沥青

是在沥青中掺入适量橡胶后使其改性的产品。沥青与橡胶的相容性较好，混溶后的改性沥青高温变形很小，低温时具有一定塑性。所用的橡胶有天然橡胶、合成橡胶和再生橡胶。使用不同品种橡胶掺入的量与方法不同，形成的改性沥青性能也不同。现将常用的几种分述如下：

①氯丁橡胶改性沥青

沥青中掺入氯丁橡胶后，可使其低温柔性、耐化学腐蚀性、耐光、耐臭氧性、耐气候性和耐燃烧性大大改善。因其强度、耐磨性均大于天然橡胶而得到广泛应用。用于改性沥青的氯丁橡胶以胶乳为主，即先将氯丁橡胶溶于一定的溶剂中形成溶液，然后掺入沥青（液体状态）中，混合均匀而成。

②丁基橡胶改性沥青

丁基橡胶是以丁烯为主。由于丁基橡胶的分子链排列很整齐，而且不饱和程度很小，因此其抗拉强度好，耐热性和抗扭曲性均较强。用其改性的丁基橡胶沥青具有优异的耐分解性。并有较好的低温抗裂性和耐热性。

③再生橡胶改性沥青

再生橡胶掺入沥青中以后，同样可大大提高沥青的气密性、低温柔性、耐光（热）性、耐臭氧性和耐气候性。

再生橡胶改性沥青可以制成卷材、片材、密封材料、胶粘剂和涂料等。

④SBS热塑性弹性体改性沥青

SBS是以丁二烯、苯乙烯为单体，加溶剂、引发剂、活化剂，以阴离子聚合反应生成的共聚物。SBS在常温下不需要硫化就可以具有很好的弹性，当温度升到180℃时，它可以变软、熔化，易于加工，而且具有多次的可塑性。SBS用于沥青的改性，可以明显改善沥青的高温和低温性能。SBS改性沥青已是目前世界上应用最广的改性沥青材料之一。

2) 合成树脂类改性沥青

用树脂改性石油沥青，可以改进沥青的耐寒性、耐热性、粘结性和不透气性。由于石油沥青中含芳香性化合物很少，故树脂和石油沥青的相溶性较差，而且可用的树脂品种也较少。常用的树脂有：古马隆树脂、聚乙烯、无规聚丙烯（APP）等。

①古马隆树脂改性沥青

古马隆树脂为热塑性树脂。呈黏稠液体或固体状，浅黄色至黑色，易溶于氯化烃、脂类、硝基苯、酮类等有机溶剂等。

②聚乙烯树脂改性沥青

沥青中聚乙烯树脂掺量一般为 7%～10%。将沥青加热熔化脱水，再加入聚乙烯，并不断搅拌 30min，温度保持在 140℃左右，即可得到均匀的聚乙烯树脂改性沥青。

③环氧树脂改性沥青

这类改性沥青具有热固性材料性质。其改性后强度和粘结力大大提高，但对延伸性改变不大。环氧树脂改性沥青可应用于屋面和厕所、浴室的修补，其效果较佳。

④APP改性沥青

APP为无规聚丙烯均聚物。APP很容易与沥青混溶，并且对改性沥青软化点的提高很明显，耐老化性也很好。它具有发展潜力，如意大利85%以上的柔性屋面防水，是用APP改性沥青油毡。

3）橡胶和树脂改性沥青

橡胶和树脂用于沥青改性，使沥青同时具有橡胶和树脂的特性。且树脂比橡胶便宜，两者又有较好的混溶性，故效果较好。

配制时，采用的原材料品种、配比、制作工艺不同，可以得到多种性能各异的产品，主要有卷材、片材、密封材料、防水材料等。

4）矿物填充料改性沥青

为了提高沥青的粘结能力和耐热性，减小沥青的温度敏感性，经常加入一定数量的粉状或纤维状矿物填充料。常用的矿物粉有滑石粉、石灰粉、云母粉、硅藻土粉等。

11.1.2 防水卷材

防水卷材是一种可卷曲的片状防水材料。根据其主要防水组成材料可分为沥青防水卷材、高聚物改性沥青防水卷材和合成高分子防水卷材三大类。沥青防水卷材是传统的防水材料，但因其性能远不及改性沥青，因此逐渐被改性沥青卷材所代替。

高聚物改性沥青防水卷材和合成高分子防水卷材均有良好的耐水性、温度稳定性和大气稳定性（抗老化性），并具备必要的机械强度、延伸性、柔韧性和抗断裂的能力。这两大类防水卷材已得到广泛的应用。

11.1.2.1 沥青基防水卷材

沥青防水卷材是在基胎（如原纸、纤维织物等）上浸涂沥青后，再在表面撒粉状或片状的隔离材料而制成的可卷曲的片状防水材料。

（1）石油沥青纸胎油毡

石油沥青纸胎油毡系用低软化点石油沥青浸渍原纸，然后用高软化点石油沥青涂盖油纸两面，再撒以隔离材料所制成的一种纸胎防水卷材。

1）等级

纸胎石油沥青防水卷材按浸涂材料总量和物理性能分为合格品、一等品、优等品三个等级。

2）品种规格

纸胎石油沥青防水卷材按所用隔离材料分为粉状面和片状面两个品种；按原纸重量（每 $1m^2$ 重量克数）分为 200 号、350 号和 500 号三种标号；按卷材幅宽分为 915mm 和 1000mm 两种规格。

3）适用范围

200 号卷材适用于简易防水、非永久性建筑防水；350 号和 500 号卷材适用于屋面、地下多叠层防水。

纸胎油毡易腐蚀、耐久性差、抗拉强度较低，且消耗大量优质纸源。目前，已大量用玻璃布及玻纤毡等为胎基生产沥青卷材。

（2）石油沥青玻璃布油毡

玻纤布胎沥青防水卷材（以下简称玻璃布油毡）系采用玻纤布为胎体，浸涂石油沥青并在其表面涂或撒布矿物隔离材料制成可卷曲的片状防水材料。

1）等级

玻璃布油毡按可溶物含量及其物理性能分为一等品（B）和合格品（C）两个等级。

2）规格

玻璃布油毡幅宽为 1000mm。

3）适用范围

玻璃布油毡的柔度优于纸胎油毡，且能耐霉菌腐蚀。玻璃布油毡适用于地下工程作防水、防腐层，也可用于屋面防水及金属管道（热管道除外）作防腐保护层。

（3）石油沥青纤维胎油毡

玻纤胎沥青防水卷材（以下简称玻纤胎油毡），系采用玻璃纤维薄毡为胎体，浸涂石油沥青，并在其表面涂撒矿物粉料或覆盖聚乙烯膜等隔离材料而制成可卷曲的片状防水材料。

1）等级

玻纤胎油毡按可溶物含量及其物理性能分为优等品（A）、一等品（B）、合格品（C）三个等级。

2）品种规格

玻纤胎油毡按表面涂盖材料不同，可分为膜面、粉面和砂面三个品种；按每 $10m^2$ 标称重量分为 15 号、25 号和 35 号三种标号；幅宽为 1000mm 一种规格。

3）适用范围

15 号玻纤胎油毡适用于一般工业与民用建筑屋面的多叠层防水，并可用于包扎管道（热管道除外）作防腐保护层；25 号、35 号玻纤胎油毡适用于屋面、地下以及水利工程作多叠层防水，其中 35 号玻纤胎油毡可采用热熔法施工的多层或单层防水；彩砂面玻纤胎油毡用于防水层的面层，且可不再做表面保护层。

11.1.2.2 改性沥青防水卷材

改性沥青与传统的沥青等相比，其使用温度区间大为扩展，做成的卷材光洁柔软，高温不流淌、低温不脆裂，且可做成 4～5mm 的厚度。可以单层使用，具有 10～20 年可靠的防水效果，因此受到使用者欢迎。

以合成高分子聚合物改性沥青为涂盖层，纤维毡、纤维织物或塑料薄膜为胎体，粉状、粒状、片状或塑料膜为覆面材料制成可卷曲的片状防水材料,称为高聚物改性沥青防水卷材。

(1) 弹性体改性沥青防水卷材(SBS卷材)

SBS改性沥青防水卷材,属弹性体沥青防水卷材中有代表性的品种,系采用纤维毡为胎体,浸涂SBS改性沥青,上表面撒布矿物粒、片料或覆盖聚乙烯膜,下表面撒布细砂或覆盖、聚乙烯膜所制成可卷曲的片状防水材料。

1) 等级

产品按可溶物含量及其物理性能分为优等品(A)、一等品(B)、合格品(C)三个等级。

2) 规格

卷材幅宽为1000mm一种规格。

3) 品种

卷材使用玻纤胎或聚酯无纺布胎两种胎体,使用矿物粒(如板岩片)、砂粒(河砂或彩砂)以及聚乙烯等三种表面材料,共形成6个品种即:G-M,G-S,G-PE,PY-M,PY-S,PY-PE。

以10m²卷材的标称重量作为卷材的标号。玻纤毡胎的卷材分为25、35和45号三种标号;聚酯无纺布胎的卷材分为25、35、45号和55号四种标号。

4) 适用范围

该系列卷材,除适用于一般工业与民用建筑工程防水外,尤其适用于高层建筑的屋面和地下工程的防水防潮以及桥梁、停车场、游泳池、隧道、蓄水池等建筑工程的防水。其中35号及其以下的品种适用于多叠层防水;45号及其以上的品种适用于单层防水或高级建筑工程多叠层防水中的面层,并可采用热熔法施工。

卷材按不同胎基,不同上表面材料分为六个品种,见表11-5。

SBS卷材品种(GB 18242—2000)　　　　　　表11-5

上表面材料 \ 胎基	聚酯胎	玻纤胎	上表面材料 \ 胎基	聚酯胎	玻纤胎
聚乙烯膜	PY-PE	G-PE	矿物粒(片)料	PY-M	G-M
细砂	PY-S	G-S			

卷材幅宽为1000mm。聚脂胎卷材厚度为3mm和4mm;玻纤胎卷材厚度为2mm、3mm和4mm。每卷面积为15、10m²和7.5m²三种。物理力学性能应符合表11-6规定。SBS卷材适用于工业与民用建筑的屋面及地下防水工程,尤其适用较低气温环境的建筑防水。

SBS卷材物理力学性能(GB 18242—2000)　　　　　　表11-6

序号	胎基		PY		G	
	型号		Ⅰ	Ⅱ	Ⅰ	Ⅱ
1	可溶物含量 (g/m^2),≥	2mm	—		1300	
		3mm	2100			
		4mm	2900			

续表

序号	胎基		PY		G	
	型号		Ⅰ	Ⅱ	Ⅰ	Ⅱ
2	不透水性	压力（MPa），≥	0.3		0.2	0.3
		保持时间（min），≥	30			
3	耐热度（℃）		90	105	90	105
			无滑动、流淌、滴落			
4	拉力（N/50mm），≥	纵向	450	800	350	500
		横向			250	300
5	最大拉力时延伸率（%），≥	纵向	30	40	—	
		横向				
6	低温柔度（℃）		-18	-25	-18	-25
			无裂纹			
7	撕裂强度（N），≥	纵向	250	350	250	350
		横向			170	200
8	人工气候加速老化	外观	1级			
			无滑动、流淌、滴落			
		拉力保持率（%），≥	80			
		低温柔度（℃）	-10	-20	-10	-20
			无裂纹			

注：表中1~6项为强制项目。

(2) 塑性体改性沥青防水卷材（APP卷材）

APP改性沥青防水卷材，属塑性体沥青防水卷材，系采用纤维毡或纤维织物为胎体，浸涂APP改性沥青，上表面撒布矿物粒、片料或覆盖聚乙烯膜，下表面撒布细砂或覆盖聚乙烯膜所制成的可卷曲片状防水材料。

1) 等级

产品按可溶物和物理性能分为优等品（A）、一等品（B）、合格品（C）三个等级。

2) 品种规格

卷材使用玻纤毡胎、麻布胎或聚酯无纺布胎三种胎体，形成三个品种；卷材幅宽为1000mm一种规格。

3) 标号

以10m² 卷材的标称重量作为卷材的标号。玻纤毡胎的卷材分为25号、35号和45号三种标号；麻布胎和聚酯无纺布胎的卷材分为35号、45号和55号三种标号。

4) 适用范围

该系列卷材适用于一般工业与民用建筑工程防水，其中玻纤毡胎和聚酯无纺布胎的卷材尤其适用于地下工程防水。标号35号及其以下的品种多用于多叠层防水；35号以上的品种，则适用于单层防水或高级建筑工程多叠层防水中的面层，并可采用热熔法施工。

APP卷材的品种、规格与SBS卷材相同。其物理力学性能应符合表11-7规定。APP卷材适用于工业与民用建筑的屋面和地下防水工程，以及道路、桥梁等建筑物的防水，尤其适用于较高气温环境的建筑防水。

APP卷材物理力学性能（GB 18243—2000） 表11-7

序号	胎基		PY		G	
	型号		Ⅰ	Ⅱ	Ⅰ	Ⅱ
1	可溶物含量 (g/m²)，≥	2mm	—		1300	
		3mm	2100			
		4mm	2900			
2	不透水性	压力（MPa），≥	0.3		0.2	0.3
		保持时间（min），≥	30			
3	耐热度（℃）		110	130	110	130
			无滑动、流淌、滴落			
4	拉力（N/50mm），≥	纵向	450	800	350	500
		横向			250	300
5	最大拉力时延伸率（%），≥	纵向	25	40	—	
		横向				
6	低温柔度（℃）		-5	-15	-5	-15
			无裂纹			
7	撕裂强度（N），≥	纵向	250	350	250	350
		横向			170	200
8	人工气候加速老化	外观	1级			
			无滑动、流淌、滴落			
		拉力保持率（%），≥ 纵向	80			
		低温柔度（℃）	3	-10	3	-10
			无裂纹			

注：①当需要耐热度超过130℃卷材时，该指标可由供需双方协商确定。
②表中1~6项为强制性项目。

11.1.2.3 合成高分子防水卷材

以合成树脂、合成橡胶或其共混体为基材，加入助剂和填充料，通过压延、挤出等加工工艺而制成的无胎或加筋的塑性可卷曲的片状防水材料，大多数是宽度1~2m的卷状材料，统称为高分子防水卷材。

高分子防水卷材具有耐高、低温性能好，拉伸强度高，延伸率大，对环境变化或基层伸缩的适应性强，同时耐腐蚀、抗老化、使用寿命长、可冷施工、减少对环境的污染等特点，是一种很有发展前途的材料，在世界各国发展很快，现已成为仅次于沥青卷材的主体防水材料之一。

（1）三元乙丙橡胶（EPDM）防水卷材

三元乙丙橡胶简称EPDM，是以乙烯、丙烯和双环戊二烯等三种单体共聚合成的三元乙丙橡胶为主体，掺入适量的丁基橡胶、软化剂、补强剂、填充剂、促进剂和硫化剂等，经过配料、密炼、拉片、过滤、热炼、挤出或压延成型、硫化、检验、分卷、包装等工序加工制成可卷曲的高弹性防水材料。由于它具有耐老化、使用寿命长、拉伸强度高、延伸率大、对基层伸缩或开裂变形适应性强以及重量轻、可单层施工等特点，因此在国外发展很快。目前在国内属高档防水材料，现已形成年产400多万 m^2 的生产能力。

三元乙丙橡胶防水卷材的物理性能，应符合表11-8的要求

三元乙丙橡胶防水卷材的物理性能 表11-8

项 目		指 标	
		一等品	合格品
拉伸强度，常温（7N/mm²），≥		8	7
扯断伸长率（%），≥		450	
直角形撕裂强度，常温（N/cm²）≥		280	245
不透水性	0.3N/mm² × 30min	合格	—
	0.1N/mm² × 30min	—	合格
脆性温度（℃），≤		−45	−40
热老化（80℃×168h），伸长率100%		无裂纹	
臭氧老化	500pphm，168h×40℃，伸长率100%，静态	无裂纹	—
	100pphm，168h×40℃，伸长率100%，静态	—	无裂纹

(2) 聚氯乙烯（PVC）防水卷材

聚氯乙烯防水卷材，是以聚氯乙烯树脂（PVC）为主要原料，掺入适量的改性剂、抗氧剂、紫外线吸收剂、着色剂、填充剂等，经捏合、塑化、挤出压延、整形、冷却、检验、分卷、包装等工序加工制成可卷曲的片状防水材料。这种卷材具有抗拉强度较高、延伸率较大、耐高低温性能较好等特点，而且热熔性能好。卷材接缝时，既可采用冷粘法，也可采用热风焊接法，使其形成接缝粘结牢固、封闭严密的整体防水层。该品种属于聚氯乙烯防水卷材中的增塑型（P型）。

聚氯乙烯防水卷材适用于屋面、地下室以及水坝、水渠等工程防水。

聚氯乙烯（PVC）防水卷材的物理力学性能，应符合表11-9的规定。

聚氯乙烯防水卷材的主要物理力学性能 表11-9

项 目	性 能 指 标		
	优等品	一等品	合格品
拉伸强度（MPa），不小于	15.0	10.0	7.0
断裂伸长率（%），不小于	250	200	150
热处理尺寸变化率（%），不大于	2.0	2.0	3.0
低温弯折性	−20℃，无裂纹		
抗渗透性	0.3MPa，30min，不透水		
粘结剥离强度，不小于	2.0N/mm		
热老化保持率（80±2℃，168h）	拉伸强度，不小于80%		
	断裂伸长率，不小于80%		

(3) 氯化聚乙烯—橡胶共混防水卷材

氯化聚乙烯—橡胶共混防水卷材，是以氯化聚乙烯树脂和合成橡胶共混为主体，加入适量的硫化剂、促进剂、稳定剂、软化剂和填充剂等，经过素炼、混炼、过滤、压延（或挤出）成型、硫化、检验、分卷、包装等工序加工制成的高弹性防水卷材。这种防水卷材兼有塑料和橡胶的特点，它不但具有氯化聚乙烯所特有的高强度和优异的耐臭氧、耐老化性能，而且具有橡胶类材料的高弹性、高延伸性以及良好的低温柔韧性能。

合成高分子卷材除以上三种典型品种外，还有多种其他产品。根据国家标准《屋面工程技术规范》GB 50207—94 的规定，合成高分子防水卷材适用于防水等级为Ⅰ级、Ⅱ级和Ⅲ级的屋面防水工程。常见的合成了防水卷材的特点和适用范围见表 11-10，其物理性能要求见表 11-11。

常见合成高分子防水卷材　　　　表 11-10

卷材名称	特　点	适用范围	施工工艺
三元乙丙橡胶防水卷材	防水性能优异，耐候性好，耐臭氧性、耐化学腐蚀性好，弹性和抗拉强度大，对基层变形开裂的适应性强，质量轻，使用温度范围宽，寿命长，但价格高，粘结材料尚需配套完善	防水要求较高、防水层耐用年限要求长的工业与民用建筑，单层或复合使用	冷粘法或自粘法
丁基橡胶防水卷材	有良好的耐候性、耐油性、抗拉强度和延伸率，耐低温性能稍低于三元乙丙防水卷材	单层或复合使用，适用于要求较高的防水工程	冷粘法施工
氯化聚乙烯防水卷材	具有良好的耐候、耐臭氧、耐热老化、耐油、耐化学腐蚀及抗撕裂的性能	单层或复合使用，宜用于紫外线强的炎热地区	冷粘法施工
氯磺化聚乙烯防水卷材	延伸率较大，弹性较好，对基层变形开裂的适应性较强，耐高温、低温性能好，耐腐蚀性能优良，难燃性好	适于有腐蚀介质影响及在寒冷地区的防水	冷粘法或热风焊接法施工
聚氯乙烯防水卷材	具有较高的拉伸和撕裂强度，延伸率较大，耐老化性能好，原材料丰富，价格便宜，容易粘结	单层或复合使用，适于外露或有保护层的防水工程	冷粘法施工
氯化聚乙烯—橡胶共混防水卷材	不但具有氯化聚乙烯特有的高强度和优异的耐臭氧、耐老化性能，而且具有橡胶所特有的高弹性、高延伸性能及良好的低温柔性	单层或复合使用，尤宜用于寒冷地区或变形较大的防水工程	冷粘法施工
三元乙丙橡胶—聚乙烯共混防水卷材	是热塑性弹性材料，有良好的耐臭氧和耐老化性能，使用寿命长，低温柔性好，可在负温条件下施工	单层或复合外露防水层面，宜在寒冷地区使用	冷粘法施工

合成高分子防水卷材的物理性能   表 11-11

项 目		性 能 要 求		
		Ⅰ	Ⅱ	Ⅲ
拉伸强度（MPa），≥		7	2	9
断裂伸长率（%），≥		450	100	10
低温弯折性		-40℃	-20℃	-20℃
		无 裂 纹		
不透水性	压力（MPa），≥	0.3	0.2	0.3
	保持时间（min），≥	30		
热老化保持率（80℃±2℃，168h）	拉伸强度（%），≥	80		
	断裂伸长率（%），≥	70		

注：Ⅰ类指弹性体卷材；Ⅱ类指塑性体卷材；Ⅲ类指加合成纤维的卷材。

11.1.2.4 防水卷材的施工

(1) 施工方法

防水卷材采用粘结的方法铺贴于基层上。传统的石油沥青纸胎油毡是用热沥青胶进行铺贴施工，但沥青胶在熬制和施工过程中，都是有毒作业，对操作者和环境都非常有害，工人劳动条件恶劣，且易发生火灾和烫伤。新型防水卷材的施工，就没有这些弊病。新型防水卷材的施工方法如下：

1) 按粘贴方法的不同，新型防水卷材的粘贴方法分为：

①冷粘法。是采用胶粘剂实现卷材与基层、卷材与卷材的粘结，不需要加热，这种方法又称为卷材冷施工、冷操作、冷粘贴。

②自粘法。自粘法即不需要加热，也不需要胶粘剂，而是利用卷材底面的自粘性胶粘剂粘贴施工。

③热熔法。用火焰喷灯或火焰喷枪烘烤卷材底面（粘贴面）和基层表面，待卷材底面熔融后即可粘贴。如此边烘边贴，将卷材与基层，卷材与卷材相互粘紧贴实。这种施工方法要求卷材的厚度不小于4mm，以防卷材破损。

④热风焊接法。是借助于热风焊机的热空气焊枪产生的高热空气将卷材的搭接边溶化后，进行粘结的施工方法。

⑤冷热结合粘贴法。在施工中，防水卷材与基层的粘贴采用冷粘法施工，而卷材与卷材之间的搭接采用热熔法或热风焊接法粘贴施工。

以上的施工方法中，热施工对防水卷材有一定的破坏，所以卷材的厚度不得小于4mm，而冷施工卷材不受侵害，并且因有一层基层粘结剂而使厚度有所增加，防水能力也相应增强。

具体采用何种施工方法，则因防水卷材而异。合成高分子防水卷材可冷粘、热熔或热风焊，而自粘法施工则要求卷材有自粘性。冷热结合的方法，适用于燃料缺乏的地区。

2) 按粘贴面积的不同，新型防水卷材的粘贴方法分为：

①满粘法。满粘法又称全铺法。施工时，防水卷材与基层全面积粘贴，不留空隙。卷材与基层粘结紧密，成为一个防水整体，即使防水层有细微的损坏，因为没有空隙，所以

仍能起到防水作用，不致渗漏，但如基层伸缩变形，或结构局部开裂变形，满粘的防水层就会受到影响。

②空铺法。这种方法是指在防水卷材周围一定范围内粘贴，其余部分不粘贴，成分离状态。防水层不受基层伸缩变形和结构局部开裂变形的影响，仍能很好地防水。

③条粘法。卷材与基层之间采用条状粘贴，卷材与基层之间留有和大气相通的条状空隙通道，有利于将基层的潮气排除。条粘施工，每幅卷材粘结条不能少于两条，每条宽度不应小于150mm。

④点粘法。施工时，卷材与基层之间采用点状粘结，卷材与基层之间形成和大气相通的弯形通道，可以排潮，大体来说，粘结点每 m^2 面积不少于 5 个，每个粘结点面积约为 $100mm^2$。

从实践经验上看，防水卷材大都采用满粘法施工，卷材和基层形成一个防水整体，紧密粘结，即使有细微损坏，也不至于殃及周围防水层而渗漏，这种施工方法适用于气候干燥、常年受大风影响的地区，如沿海多台风和北方冬天风大的地区，也适用于无重物覆盖、不上人、成外露状态的屋面防水，以及基层不易伸缩变形或整体现浇混凝土基层，同时适用于弹性和延伸性好的防水卷材。

空铺法、条粘法、点粘法是基层和防水卷材最大限度的脱开，所以基层的伸缩变形和局部结构开裂变形以及防水层受潮温度变化而变形对防水的影响很小，防水层不易拉断破坏，有利于排除基层潮气，比满粘法成本低，适用于有重物覆盖或能上人的屋面、以及结露的潮湿表面等防水工程。

(2) 屋面防水材料的选择

根据建筑物的性质、重要程度、使用功能要求、建筑结构特点以及防水耐用年限等，将屋面防水分成四个等级，并按《屋面工程施工及验收规范》GB 50207—94 选用防水材料，见表 11-12。

屋面防水等级和材料选择　　　　表 11-12

项 目	屋面防水等级和材料选择			
	Ⅰ	Ⅱ	Ⅲ	Ⅳ
建筑物类型	特别重要的民用建筑和对防水有特殊要求的工业建筑	重要的民用建筑，如博物馆、图书馆、医院、宾馆、影剧院；重要的工业建筑、仓库等	一般民用建筑，如住宅、办公楼、学校、旅馆；一般的工业建筑、仓库等	非永久性的建筑，如简易宿舍、简易车间等
耐用年限	20年以上	15年以上	10年以上	5年以上
选用材料	应选用合成高分子防水卷材、高聚物改性沥青防水卷材、合成高分子防水涂料、细石防水混凝土、金属板等材料	应选用高聚物改性沥青防水卷材、合成高分子防水卷材、合成高分子防水涂料、高聚物改性沥青防水涂料、细石防水混凝土、金属板等材料	应选用三毡四油沥青基防水卷材、高聚物改性沥青防水卷材、合成高分子防水卷材、高聚物改性沥青防水涂料、合成高分子防水涂料、刚性防水层、油毡瓦等材料	可选用二毡三油沥青基防水卷材、高聚物改性沥青防水涂料、沥青基防水涂料、波形瓦等材料

续表

项 目	屋面防水等级和材料选择			
	Ⅰ	Ⅱ	Ⅲ	Ⅳ
设防要求	三道或三道以上防水设防，其中必须有一道合成高分子防水卷材，且只能有一道2mm以上厚的合成高分子涂膜	两道防水设防，其中必须有一道卷材，也可采用压型钢板进行一道设防	一道防水设防，或两种防水材料复合使用	一道防水设防

11.1.3 防水涂料

防水涂料是以高分子合成材料、沥青等为主体，在常温下呈无定型流态或半流态，经涂布能在结构物表面结成坚韧防水膜的物料的总称。同时涂防水涂料又起粘结剂作用。

11.1.3.1 防水涂料的分类

目前防水涂料一般按涂料的类型和按涂料的成膜物质的主要成分进行分类。

（1）按防水涂料类型区分

根据涂料的液态类型，可分为溶剂型、水乳型和反应型三类。

（2）按成膜物质的主要成分区分

根据构成涂料的主要成分的不同，可分为下列四类：即合成树脂类、橡胶类、橡胶沥青类和沥青类。

11.1.3.2 常用的防水涂料及其性能要求

（1）沥青类防水涂料

沥青类防水涂料，其成膜物质中的胶粘结材料是石油沥青。该类涂料有溶剂型和水乳型两种。

将石油沥青溶于汽油等有机溶剂而配制的涂料，称为溶剂型沥青涂料。其实质是一种沥青溶液。

将石油沥青分散于水中，形成稳定的水分散体构成的涂料，称为水乳型沥青类防水涂料。

溶化的沥青可以在石灰，石棉或黏土中与水借机械分裂作用（分散作用）制得膏状沥青悬浮体，常见的有石灰膏乳化沥青、水性石棉沥青和黏土乳化沥青等。沥青膏体成膜较厚，其中石灰、石棉等对涂膜性能有一定改善作用，可作厚质防水涂料使用。国内应用较广的石灰膏乳化沥青和水性石棉沥青涂料如下：

1）水性石棉沥青防水涂料

水性石棉沥青防水涂料是将溶化沥青加到石棉与水组成的悬浮液中，经强烈搅拌制得。

①技术性能

水性石棉沥青防水涂料其技术性能见表11-13。

水性石棉沥青防水涂料技术性能　　　　　表 11-13

序 号	项 目	性能指标
1	外 观	黑灰色稠厚膏浆
2	密 度	1.05～1.15
3	含 固 量	>50%
4	耐热性	>90℃
5	粘结力	>0.6MPa
6	抗寒性（浸水后 -20～+20℃冷热循环 20 次）	无变化
7	不透水性（动水压 0.8MPa 4h）	不透水
8	耐碱性（在饱和氢氧化钙溶液中浸 15d）	表面无变化
9	低温柔韧性（7℃绕 φ10 圆棒）	不裂
10	抗裂性（涂膜厚度 4mm，基层裂缝宽 4mm）	涂膜不裂
11	吸 水 率	>0.3%

②使用范围

配以适当加筋材料（玻璃纤维布，无纺布等），可用于：

①民用建筑及工业厂房的钢筋混凝土屋面防水；

②地下室、楼层卫生间、厨房防水层等。

2）石灰乳化沥青

石灰乳化沥青是以石油沥青（主要用 60 号）为基料，以石灰膏（氢氧化钙）为分散剂，以石棉绒为填充料加工而成的一种沥青浆膏（冷沥青悬浮液）。建筑部门用石灰乳化沥青作为膨胀珍珠岩颗粒的胶粘剂，制造保温预制块，或者直接在现场浇制保温层，使保温材料获得较好防水效果。

石灰乳化沥青，由于生产工艺简单，一般都在施工现场配制使用。

①技术性能

石油乳化沥青的技术性能见表 11-14。

石油乳化沥青的技术性能　　　　　表 11-14

序 号	项 目		性能指标
1	外观		黑褐色膏体
2	稠度（圆锥体）		4.5～6.0cm
3	耐热度		>80℃
4	断裂强度	涂刷乳化沥青冷底子	0.31MPa
		涂刷汽油沥青冷底子	0.49MPa
5	抗拉强度		1.92MPa
6	韧性（厚 4mm，绕 φ25 棒）		不裂
7	密度		1093kg/m³
8	抗裂性	5±2℃，基层开裂 >0.1mm	涂层不裂
		18±2℃，基层开裂 >0.2mm	涂层不裂
9	不透水性（15cm 水柱）		7d 不透水

②适用范围

（A）结合聚氯乙烯胶泥等接缝材料，可用于保温或非保温无砂浆找平层屋面等工程的防水。

（B）可作为膨胀珍珠岩等保温材料的胶粘剂，作成沥青膨胀珍珠岩等保温材料。

（2）高聚物改性沥青防水涂料

橡胶沥青类防水涂料，为高聚物改性沥青类的主要代表，其成膜物质中的胶粘材料是沥青和橡胶（再生橡胶或合成橡胶等）。该类涂料有溶剂型和水乳型两种类型，是以橡胶对沥青进行改性作为基础的。用再生橡胶进行改性，以减少沥青的感温性，增加弹性，改善低温下的脆性和抗裂性能；用氯丁橡胶进行改性，使沥青的气密性、耐化学腐蚀性、耐燃性、耐光性、耐气候性等得到显著改善。

目前我国属溶剂型橡胶沥青类防水涂料的品种有：氯丁橡胶—沥青防水涂料、再生胶沥青防水涂料、丁基橡胶沥青防水涂料等；属水乳型橡胶沥青类防水涂料的品种有：水乳型再生胶沥青防水涂料、水乳型氯丁橡胶沥青防水涂料、丁苯胶乳沥青防水涂料、SBS橡胶沥青防水涂料、阳离子水乳型再生胶氯丁胶沥青防水涂料。

1）水乳型再生橡胶沥青防水涂料

水乳型再生橡胶沥青防水涂料是由阴离子型再生胶乳和沥青乳液混合构成，是再生橡胶和石油沥青的微粒借助于阴离子型表面活性剂的作用，稳定分散在水中而形成的一种乳状液。

①技术性能

水乳型再生橡胶沥青防水涂料技术性能，见表 11-15。

水乳型再生橡胶沥青防水涂料技术性能　　　　表 11-15

序　号	项　　　目	性能指标
1	外观	黏稠黑色胶液
2	含固量	≥45%
3	耐热性（80℃，恒温 5h）	0.2～0.4MPa
4	粘结力（8 字模法）	≥0.2MPa
5	低温柔韧性（-10～-28℃，绕 $\phi1$ 及 $\phi10$mm 轴棒弯曲）	无裂缝
6	不透水性（动水压 0.1MPa，0.5h）	不透水
7	耐碱性（饱和氢氧化钙溶液中浸 15d）	表面无变化
8	耐裂性（基层裂缝 4mm）	涂膜不裂

②适用范围

（A）工业及民用建筑非保温屋面防水；楼层厕浴、厨房间防水。

（B）以沥青珍珠岩为保温层的保温屋面防水。

（C）地下混凝土建筑防潮，旧油毡屋面翻修和刚性自防水屋面翻修。

2）水乳型氯丁橡胶沥青防水涂料

水乳型氯丁橡胶沥青防水涂料，又名氯丁胶乳沥青防水涂料，目前国内多是阳离子水乳型产品。它兼有橡胶和沥青的双重优点，与溶剂型同类涂料相比，两者的主要成膜物质均为氯丁橡胶和石油沥青，其良好性能相仿，但阳离子水乳型氯丁橡胶沥青防水涂料以水代替了甲苯等有机溶剂，其成本降低，且具有无毒、无燃爆和施工时无环境污染等特点。

这种涂料系以阳离子型氯丁胶乳与阳离子型沥青乳液混合构成，是氯丁橡胶及石油沥青的微粒，借助于阳离子型表面活性剂的作用，稳定分散在水中而形成的一种乳状液。

①技术性能

水乳型氯丁橡胶沥青防水涂料技术性能，见表 11-16。

水乳型氯丁橡胶沥青防水涂料技术性能　　　　表 11-16

序　号	项　　　目	性 能 指 标	
1	外观	深棕色胶状液	
2	黏度（Pa·s）	0.25	
3	含固量	≥45%	
4	耐热性（80℃，恒温 5h）	无变化	
5	粘结力	≥0.2MPa	
6	低温柔韧性（动水压 0.1~0.2MPa，5h）	不断裂	
7	不透水性（动水压 0.1~0.2MPa，0.5h）	不透水	
8	耐碱性（饱和氢氧化钙溶液中浸 15d）	表面无变化	
9	耐裂性（基层裂缝宽度≤2mm）	涂膜不裂	
10	涂膜干燥时间（h）	表　干	≤4
		实　干	≤24

②使用范围

（A）工业及民用建筑混凝土屋面防水。

（B）用于地下混凝土工程防潮抗渗，沼气池防漏气。

（C）可作厕所、厨房及室内地面防水。

（D）用于旧屋面防水工程的翻修。

（E）可作防腐蚀地坪的防水隔离层。

（3）聚氨酯防水涂料

聚氨酯防水涂料，又名聚氨酯涂膜防水材料，是一种化学反应型涂料，多以双组分形式使用。我国目前有两种，一种是焦油系列双组分聚氨酯涂膜防水材料，一种是非焦油系列双组分聚氨酯涂膜防水材料，由于这类涂料是借组分间发生化学反应而直接由液态变为固态，几乎不产生体积收缩，故易于形成较厚的防水涂膜。

聚氨酯涂膜防水材料有透明、彩色、黑色等品类，并兼有耐磨、装饰及阴燃等性能。由于它的防水延伸及温度适应性能优异，施工简便，故在中高级公用建筑的卫生间、水池等防水工程及地下室和有保护层的屋面防水工程中得到广泛应用。

按《聚氨酯防水涂料》JC 500—92 的规定，其主要技术性能应满足表 11-17 的要求。

聚氨酯防水涂料的主要技术性能　　　　表 11-17

项目名称	等　级	一 等 品	合 格 品
拉伸强度（MPa）		>2.45	>1.65
断裂延伸率（%）		>450	>300
拉伸时的老化	加热老化	无裂缝及变形	
	紫外线老化	无裂缝及变形	
低温柔性		−35℃无裂纹	−30℃无裂纹
不透水性		0.3MPa，30min 不渗漏	
固体含量（%）		≥94	
适用时间（min）		≥20	
干燥时间（h）		表干≤4，实干≤12	

(4) 硅橡胶防水涂料

硅橡胶防水涂料是以硅橡胶乳液及其他乳液的复合物为主要基料,掺入无机填料及各种助剂配制而成的乳液型防水涂料,该涂料兼有涂膜防水和浸透性防水材料两者的优良性能,具有良好的防水性、渗透性、成膜性、弹性、粘结性和耐高低温性。

1) 主要技术性能

硅橡胶防水涂料是以水为分散介质的水乳型涂料,失水固化后形成网状结构的高聚物。将涂料涂刷在各种基底表面后,随着水分的渗透和蒸发,颗粒密度增大而失去流动性,当干燥过程继续进行,过剩水分继续失去,乳液颗粒渐渐彼此接触集聚,在交连剂、催化剂作用下,不断进行交连反应,最终形成均匀、致密的橡胶状弹性连续膜。其技术性能见表 11-18。

硅橡胶防水涂料技术性能　　　　表 11-18

序号	项目	性能指标
1	pH 值	8
2	表干时间	<45min
3	黏度	1号：1'08″　2号：3'54″
4	抗渗性	迎水面 1.1~1.5MPa 恒压一周无变化　背水面 0.3~0.5MPa
5	渗透性	可渗入基底 0.3mm 左右
6	抗裂性	4.5~6mm（涂膜厚 0.4~0.5mm）
7	延伸率	640%~1000%
8	低温柔性	-30℃冰冻 10d 后绕 ϕ3 棒不裂
9	扯断强度	2.2MPa
10	直角撕裂强度	81N/cm^2
11	粘结强度	0.57MPa
12	耐热	100±1℃ 6h 不起鼓,不脱落
13	耐碱	饱和氢氧化钙和 0.1 氢氧化钠混合液室温 15℃浸泡 15d,不起鼓不脱落
14	耐湿热	在相对湿度 >95%,温度 50±2℃ 168h,不起鼓、不起皱、无脱落,延伸率仍保持在 70%以上
15	吸水率	100℃,5h 空白 9.08% 试样 1.92%
16	回弹率	>85%
17	耐老化	人工老化 168h,不起鼓、不起皱、无脱落,延伸率仍达在 530%以上

2) 适用范围

①各种屋面防水工程。

②地下工程、输水和贮水构筑物、卫生间等防水、防潮。

11.1.4　建筑密封材料

建筑密封材料防水工程是对建筑物进行水密与气密,起到防水作用,同时也起到防尘、隔汽与隔声的作用。因此,合理选用密封材料,正确进行密封防水设计与施工,是保证防水工程质量的重要内容。

11.1.4.1　建筑密封材料的种类及性能

密封材料分为不定型密封材料和定型密封材料两大类。前者指膏糊状材料，如腻子、塑性密封膏、弹性和弹塑性密封膏或嵌缝膏；后者是根据密封工程的要求制成带、条、垫形状的密封材料。各种建筑密封膏的种类及性能比较见表11-19。

各种建筑密封膏的种类及性能比较　　　　　　　　　　　表11-19

性能＼种类	油性嵌缝料	溶剂型密封膏	热塑型防水接缝材料	水乳型密封膏	化学反应型密封膏
密度（g/cm³）	1.5～1.69	1.0～1.4	1.3～1.45	1.3～1.4	1.0～1.5
价格	低	低～中	低	中	高
施工方式	冷施工	冷施工	冷施工	冷施工	冷施工
施工气候限制	中～优	中～优	优	差	差
储存寿命	中～优	中～优	优	中～优	差
弹性	低	低～中	中	中	高
耐久性	低～中	低～中	中	中～高	高
填充后体积收缩	大	大	中	大	小
长期使用温度（℃）	-20～40	-20～50	-20～80	-30～80	-4～150
允许伸缩值（mm）	±5	±10	±10	±10	±25

11.1.4.2　常用密封材料

（1）沥青嵌缝油膏

建筑防水沥青嵌缝油膏（简称油膏）是以石油沥青为基料，加入改性材料及填充料混合制成的冷用膏状材料。

1）性能

建筑防水沥青嵌缝油膏的性能见表11-20。

建筑防水沥青嵌缝油膏性能　　　　　　　　　　　　表11-20

序号	项　　目		技　术　指　标	
1	密度（g/cm³）		规定值±0.1	
2	施工度（mm）		≥22.0	≥20.0
3	耐热性	温度（℃）	70	80
		下垂值（mm）	≤4.0	
4	保温柔性	温度（℃）	-20	-10
		粘结状况	无裂纹和剥离现象	
5	拉伸粘结性		≥125	
6	浸水后拉伸粘结性（%）		≥125	
7	渗出性	渗出幅度（mm）	≤5	
		渗出张数（张）	≤4	
8	挥发性		≤2.8	

2）主要用途

适用于各种混凝土屋面板、墙板等建筑构件节点的防水密封。

3）使用注意事项

①贮存、操作远离明火。施工时如遇温度过低，膏体变稠而难以操作时，可以间接加热使用。

②使用时除配松焦油外，不得用汽油、煤油等稀释，以防止降低油膏黏度，亦不得戴粘有滑石粉和机油的湿手套操作。

③用料后的余料应密封，在5~25℃室温中存放，贮存期为6~12个月。

（2）聚氨酯密封膏

聚氨酯密封膏是以聚氨基甲酸酯聚合物为主要成分的双组分反应固化型的建筑密封材料。

聚氨酯密封膏按流变性分为两种类型：N型，非下垂型；L型，自流平型。

聚氨酯建筑密封膏的主要性能应符合 JC 482—92 规定，见表 11-21。

聚氨酯建筑密封膏的物化性能   表 11-21

项　目		技　术　要　求		
		优等品	一等品	合格品
密度（g/cm）		规定值 ± 0.1		
适用期（h），不小于		3		
表干时间（h），不大于		24	48	
渗出性指数，不大于		2		
流变性	下垂度（N型）（mm），不大于	3		
	流平性（L型）	5℃自流平		
低温柔性（℃）		-40	-30	
拉伸粘结性	最大拉伸强度（MPa），不小于	0.20		
	最大伸长率（%），不小于	400	200	
	定伸粘结性（%）	200	160	
	恢复率（%），不小于	95	90	85
剥离粘结性	剥离强度（N/mm^2），不小于	0.9	0.7	0.5
	粘结破坏面积（%），不大于	25	25	40
拉伸压缩循环性能级别		9030	8020	7020
		粘结和内聚破坏面积不大于25%		

聚氨酯建筑密封膏具有延伸率大、弹性高、粘结性好、耐低温、耐油、耐酸碱及使用年限长等优点。被广泛用于各种装配式建筑屋面板、墙、楼地面、阳台、窗框、卫生间等部位的接缝、施工缝的密封，给排水管道、贮水池等工程的接缝密封，混凝土裂缝的修补，也可用于玻璃及金属材料的嵌缝。

（3）聚氯乙烯接缝膏

聚氯乙烯接缝膏是以煤焦油和聚氯乙烯（PVC）树脂粉为基料，按一定比例加入增塑剂、稳定剂及填充料（滑石粉、石英粉）等，在140℃温度下塑化而成的膏状密封材料，简称 PVC 接缝膏。也可用废旧聚氯乙烯塑料代替聚氯乙烯树脂粉，其他原料和生产方法同聚氯乙烯接缝膏。

PVC接缝膏有良好的粘结性、防水性、弹塑性，耐热、耐寒、耐腐蚀和抗老化性能也较好。其主要技术性质应符合《聚氯乙烯建筑防水接缝材料》（JC/T 798—97）的规定，见表11-22。

聚氯乙烯接缝膏技术要求　　　　　　　　　　　　　　　表11-22

性　　能		品种（型号）	
		802	703
耐热性	温度（℃）	80	70
	下垂值（mm），小于	4	4
低温柔性	温度（℃）	−20	−30
	柔　　性	合　格	合　格
粘结延伸率（%），大于		250	
浸水粘结延伸率（%），大于		200	
回弹率（%），大于		80	
挥发率（%），小于		3	

这种密封材料可以热用，也可以冷用。热用时，将聚氯乙烯接缝膏用慢火加热，加热温度不得超过140℃，达塑化状态后，应立即浇灌于清洁干燥的缝隙或接头等部位。冷用时，加溶剂稀释。适用于各种屋面嵌缝或表面涂布作为防水层，也可用于水渠、管道等接缝。用于工业厂房自防水屋面嵌缝，大型墙板嵌缝等的效果也好。

(4) 丙烯酸酯密封膏

丙烯酸酯建筑密封膏是以丙烯酸酯乳液为基料，掺入增塑剂、分散剂、碳酸钙等配制而成的建筑密封膏。这种密封膏弹性好，能适应一般基层伸缩变形的需要。耐候性能优异，其使用年限在15年以上。耐高温性能好，在−20～+140℃情况下，长期保持柔韧性。粘结强度高，耐水、耐酸碱性，并有良好的着色性。适用于混凝土、金属、木材、天然石料、砖、瓦、玻璃之间的密封防水。其主要技术性质应符合《丙烯酸酯建筑密封膏》（JC 484—92）的规定，见表11-23。

单组分水乳型丙烯酸酯建筑密封膏技术性质　　　　　　表11-23

项　　目	技　术　要　求		
	优　等　品	一　等　品	合　格　品
密度（g/cm）	规定值±0.1		
挤出性（mL/min）	100		
表干时间（h），不大于	24		
渗出性指数，不大于	3		
下垂度（mm），不大于	3		
初期耐水性	未见混浊液		
低温贮存稳定性	未见凝固、离析现象		
收缩率（%），不大于	30		
低温柔性（℃）	−20	−30	−40

续表

项　目		技　术　要　求		
		优等品	一等品	合格品
拉伸粘结性	最大拉伸强度（MPa）	0.02~0.15		
	最大伸长率（%），不小于	400	250	150
	恢复率（%），不小于	75	70	65
拉伸压缩循环性能	级　　别	7020	7010	7005
	平均破坏面积（%），不大于	25		

（5）硅酮密封膏

硅酮建筑密封膏是由有机聚硅氧烷为主剂，加入硫化剂、促进剂、增强填充料和颜料等组成的。硅酮建筑密封膏分单组分与双组分，两种密封膏的组成主剂相同，而硫化剂及其固化机理不同。

1）性能

硅酮建筑密封膏性能指标见表11-24。

硅酮建筑密封膏性能　　　　　　表11-24

序号	项　目		技　术　指　标			
			F　类		G　类	
			优等品	合格品	优等品	合格品
1	密度（g/cm³）		规定值±0.1			
2	挤出性（mL/min）不小于		80			
3	适用期（h），不小于		3			
4	表干时间（h）不大于		24			
5	流动性	下垂度（N型）(mm)，不大于	3			
		流平性（L型）	自流平		—	
6	低温柔性（℃）		-40			
7	定伸性能	定伸粘结性	200	160	160	125
			无破坏		无	
		热-水循环后定伸粘结性	定伸200%	定伸160%		
			无破坏			
		浸水光照后定伸粘结性	—	—	定伸160%	定伸125%
8	恢复率（%）不大于		定伸200%	定伸160%	定伸160%	定伸125%
			90		90	
9	拉伸-压缩循环性能		9030	9020	9030	8020
			粘结和内聚破坏面积不大于25%			

注：F类为建筑接缝用密封膏，适用于预制混凝土墙板、水泥板、大理石板的外墙接缝，混凝土和金属框架的粘结，卫生间和公路接缝的防水密封等；G类为镶装用密封膏，主要用于镶嵌玻璃和建筑门、窗的密封。

2）主要用途

①高模量硅酮建筑密封膏，主要用于建筑物的结构型密封部位，如高层建筑物大型玻

璃幕墙、隔热玻璃粘结密封、建筑物门窗和框架周边密封。

②中模量硅酮建筑密封膏，除了具有极大伸缩性的接触不能使用之外，在其他场合都可以用。

③低模量硅酮建筑密封膏，主要用于建筑物的非结构型密封部位，如预制混凝土墙板、水泥板、大理石板、花岗石的外墙接缝、混凝土与金属框架的粘结、卫生间、高速公路接缝防水密封等。

11.1.5 沥青混合料

11.1.5.1 沥青基混合料的定义与分类

(1) 定义

沥青混合料是以沥青为胶结料，与适当比例的粗骨料、细骨料及填料在严格控制条件下拌合形成的一种复合材料。

(2) 分类

1) 沥青混合料按结合料可分为：

①石油沥青混合料：以包括黏稠石油沥青、乳化石油沥青及液体石油沥青等石油沥青为结合料的沥青混合料。

②煤沥青混合料：以煤沥青为结合料的沥青混合料。

2) 按施工温度可分为：

①热拌热铺沥青混合料：简称热拌沥青混合料，是指沥青与矿料在热态拌合、热态铺筑的混合料。

②常温沥青混合料：是指以乳化沥青或稀释沥青与矿料在常温状态下拌制、铺筑的混合料。

3) 按矿质骨料级配类型可分为：

①连续级配沥青混合料：是指沥青混合料中的矿料是按级配原则，从大到小各级粒径都有，按比例相互搭配组成的混合料。

②间断级配沥青混合料：指连续级配沥青混合料矿料中缺少一个或两个档次粒径的沥青混合料。

11.1.5.2 沥青混合料的结构

沥青混合料是由沥青、粗细骨料和矿粉按一定比例拌合而成的一种复合材料。

按矿质骨架的结构状况，其组成结构分为以下三个类型。

(1) 悬浮密实结构

当采用连续型密级配矿质混合料与沥青组成的沥青混合料时，矿料由大到小形成连续级配的密实混合料，由于粗骨料的数量较少，细骨料的数量较多，使粗骨料以悬浮状态存在于细骨料之间如图 11-1 (a)，这种结构的沥青混合料表现为密实度和强度较高，而稳定性较差。

(2) 骨架空隙结构

当采用连续型开级配矿质混合料与沥青组成的沥青混合料时，粗骨料较多，彼此紧密相接，细骨料的数量较少，不足以充分填充空隙，形成骨架空隙结构如图 11-1 (b)。这种结构的沥青混合料，粗骨料能充分形成骨架，骨料之间的内摩擦力起重要作用。因此，这种沥青混合料受沥青材料性质的变化影响小，表现为热稳定性较好，而沥青与矿料的粘结力较小、空隙率大、耐久性较差。

(3) 骨架密实结构

采用间断型级配矿质混合料与沥青组成的沥青混合料时，是综合以上两种结构之长的一种结构。粗骨料数量较多，可以形成空间骨架，又根据粗骨料空隙的多少加入细骨料数量又足以填满骨架的空隙，形成较高的密实度如图11-1（c）。这种结构的沥青混合料的密实度、强度和稳定性都较好，是一种较理想的结构类型。

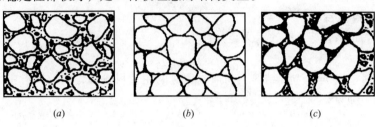

图 11-1　沥青混合料结构类型示意图

11.1.5.3　沥青混合料的技术性质

沥青混合料的技术性能主要包括施工和易性、高温稳定性、低温抗裂性、耐久性和抗滑性。

(1) 施工和易性

沥青混合料施工和易性，是指沥青混合料在施工过程中易于拌合、摊铺和碾压施工的性能。影响施工和易性的因素很多，如矿料的级配、沥青的品种和数量、施工环境（气温、湿度、风速）、施工机械条件等。

(2) 高温稳定性

沥青混合料的高温稳定性是指在夏季高温条件下，沥青混合料承受多次重复荷载作用而不发生过大的累积塑性变形的能力。高温稳定性良好的沥青混合料能抵抗高温的作用，保持稳定而不产生车辙和波浪等破坏现象。即高温条件下路面具有足够的强度和刚度。

通常采用马歇尔稳定度和流值作为评价沥青混合料的高温稳定性主要技术指标。

马歇尔试验通常测定的是马歇尔稳定度和流值。马歇尔稳定度是指标准尺寸试件在规定温度和加荷速度下，在马歇尔仪中的最大破坏荷载（kN）。流值是达到最大破坏荷重时试件的垂直变形（0.1mm）。车辙试验测定的是动稳定度，沥青混合料的动稳定度是指标准试件在规定温度下，一定荷载的试验车轮在同一轨迹上，在一定时间内反复行走（形成一定的车辙深度）生成1mm变形所需的行走次数（次/mm）。

为了提高沥青混合料高温稳定性，可以采取的措施有：

1) 用温度稳定性好的沥青，可以提高沥青混合料的稳定性和抗剪强度。

2) 最佳矿料级配可以增加内磨擦力，提高了沥青混合料的抗剪稳定性。所以在条件允许的情况下，增加碎石用量可以提高沥青混合料的抗车辙能力。

3) 使用碱性岩石可以提高沥青混合料的温度稳定性和高温下抗变形能力。

4) 采用活性矿粉，提高沥青混合料温度稳定性。

(3) 低温抗裂性

沥青混合料低温抗裂性是指沥青混合料在低温条件下应具有一定的柔韧性，以保证低温时，沥青混合料不产生裂缝。

沥青混合料是黏弹塑性材料，其物理性质随温度变化会有很大变化。当温度较低时，沥青混合料变为弹性性质，变形能力大大降低。在外部荷载产生的应力和温度下降引起的材料的收缩应力联合作用下，沥青路面可能发生断裂，产生低温裂缝。沥青混合料的低温抗裂性能主要与沥青的性质和混合料的结构有关。使用黏滞度较高、温度稳定性良好的沥青，有利于提高沥青混合料低温抗裂性能。在沥青中掺入聚合物，对提高路面的低温抗裂性能具有较为明显的效果。混合料的结构主要决定于矿料的级配、沥青用量及施工质量的控制。

（4）耐久性

沥青混合料的耐久性是指沥青路面受长期的荷载作用及自然因素（阳光、热、水分等）的影响，能维持结构物正常使用所必须的性能。

沥青混合料的耐久性与组成材料的性质和配合比有密切关系。首先，沥青在大气因素作用下，组分会产生转化，油分减少，地沥青质增加，使沥青的塑性逐渐减小，脆性增加，路面的使用品质下降。其次，沥青混合料应有较高的密实度和较小的空隙率。目前，沥青混合料耐久性常用浸水马歇尔试验或真空饱水马歇尔试验评价。

（5）抗滑性

随着现代交通流量的增大，车速的提高，对沥青路面的抗滑性提出了更高的要求。沥青路面的抗滑性能与骨料的表面结构、级配组成、沥青用量等因素有关。为保证抗滑性能，面层骨料应选用质地坚硬、具有棱角的碎石，通常采用玄武岩。采取适当增大骨料粒径、减少沥青用量及控制沥青含蜡量等措施，均可提高路面的抗滑性。

11.1.5.4 沥青混合料组成材料的技术要求

沥青混合料的技术性质随着混合料的组成材料的性质、配合比和制备工艺等因素的差异而改变。因此制备沥青混合料时，应严格控制其组成材料的质量。

（1）沥青材料

沥青作为沥青混合料的主要结合料，其质量的优劣与沥青路面的好坏有着密切的关系，并直接影响到沥青路面的使用寿命。不同型号的沥青材料，具有不同的技术指标，适用于不同等级、不同类型的路面。在使用时应根据交通量、气候条件、施工方法、沥青面层类型、材料来源等情况选用。改性沥青应通过试验论证后使用。

道路石油沥青适宜于各类沥青面层。高速公路、一级公路应选用重交通道路石油沥青，其他等级公路可选用中、轻交通道路石油沥青。一般路面的上层宜用较稠的沥青，下层和联结层宜用较稀的沥青。各类沥青路面选用的沥青标号见表11-25。

各类沥青路面选用的沥青标号 表11-25

气候分区	沥青种类	沥青路面类型			
		沥青表面处治	沥青贯入式及上拌下贯式	沥青碎石	沥青混凝土
寒 区	石油沥青	A-140 A-180 A-200	A-140 A-180 A-200	AH-90 AH-110 AH-130 AH-100 AH-140	AH-90 AH-110 AH-130 AH-100 AH-140
	煤沥青	T-5 T-6	T-6 T-7	T-6 T-7	T-7 T-8

续表

气候分区	沥青种类	沥青路面类型			
		沥青表面处治	沥青贯入式及上拌下贯式	沥青碎石	沥青混凝土
温区	石油沥青	A-100 A-140 A-180	A-100 A-140 A-180	AH-9 AH-110 A-100 A-140	AH-70 AH-90 A-60 AH-100
	煤沥青	T-6 T-7	T-6 T-7	T-7 T-8	T-7 T-8
热区	石油沥青	A-60 A-100 A-140	A-60 A-100 A-140	AH-50 AH-70 AH-90 A-100 A-60	AH-50 AH-70 A-60 A-100
	煤沥青	T-6 T-7	T-7	T-7 T-8	T-7 T-8 T-9

（2）粗骨料

沥青混合料的粗骨料要求洁净、干燥、无风化、无杂质，并且具有足够的强度和耐磨性。一般选用高强、碱性的岩石轧制成接近于立方体、表面粗糙、具有棱角的颗粒。其性能指标应符合表 11-26 的要求。

沥青面层用粗骨料质量技术要求　　表 11-26

指　标	高速公路、一级公路	其他等级公路	指　标	高速公路、一级公路	其他等级公路
石料压碎值（%）	≤28	≤30	软石含量（%）	≤5	≤5
洛杉矶磨耗损失（%）	≤30	≤40	石料磨光值（%）	≥42	实测
表观密度（g/cm³）	≥2.50	≥2.45	石料冲击值（%）	≤28	实测
吸水率（%）	≤2.0	≤3.0	破碎砾石的破碎面积（%）		
对沥青的黏附性	≥4 级	≥3 级	拌合的沥青混合料路面表面层	≥90	≥40
坚固性（%）	≤12	—	中下面层	≥50	≥40
细长扁平颗粒含量（%）	≤15	≤20	贯入式路面	—	≥40
不洗法小于 0.075mm 颗粒含量（%）	≤1	≤1			

注：① 坚固性试验根据需要进行。
　　② 用于高速公路、一级公路时，多孔玄武岩的表观密度限度可放宽至 2.45g/cm³，吸水率可放宽至 3%，但必须得到主管部门的批准。
　　③ 石料磨光值是为高速公路、一级公路的表观抗滑需要而实验的指标，石料冲击值根据需要进行，其他等级公路如需要时，可提出相应的指标值。
　　④ 钢渣的游离氧化钙的含量应不大于 3%，浸水后的膨胀率应不大于 2%。

沥青混合料对粗骨料的级配不单独提出要求，只要求它与细骨料、矿粉组成的矿质混合料能符合相应的沥青混合料的矿料级配范围。每种混合料按空隙率分为Ⅰ型（空隙率为 3%~6%）和Ⅱ型（空隙率为 6%~10%）两种。一种粗骨料不能满足要求时，可用两种以上不同的粗骨料掺合使用（人工合成级配）。

（3）细骨料

沥青混合料的细骨料要求洁净、干燥、无风化、无杂质。可选用天然砂、机制砂及石屑。在缺砂地区，可用石屑代替砂，但用于高速公路、一级公路沥青混凝土面层及抗滑层的石屑不宜超过天然砂和机制砂的用量。花岗岩、石英岩等酸性石料破碎的机制砂或石屑不宜用于高速公路、一级公路沥青面层。细骨料、石屑质量技术要求和规格见表11-27、表11-28。

沥青面层用细骨料质量技术要求 表11-27

指标	高速公路、一级公路	其他等级公路	指标	高速公路、一级公路	其他等级公路
表观密度（g/cm³）	>2.50	>2.45	砂当量（%）	≥60	≥50
压碎指标（%）（>0.3mm部分）	≤12	—			

沥青面层用天然砂、石屑规格 表11-28

方孔筛（mm）	通过各筛孔的质量百分率（%）				
	粗砂	中砂	细砂	S15	S16
9.5	100	100	100	100	—
4.75	90~100	90~100	90~100	85~100	100
2.36	65~95	75~100	85~100	40~70	85~100
1.18	35~65	50~90	75~100	—	—
0.6	15~29	30~59	60~84	—	20~50
0.3	5~20	8~30	15~45	—	—
0.15	0~10	0~10	0~10	—	—
0.075	0~5	0~5	0~5	0~15	0~15
细度模数 M_x	3.7~3.1	3.0~2.3	2.2~1.6	0~5mm粒径	0~3mm粒径

（4）矿粉

矿粉是由石灰岩中的碱性岩石磨制而成的，也可以利用工业粉末、废料、粉煤灰等代替，但用量不宜超过矿料总量的2%。其中粉煤灰的用量不宜超过填料总量的50%，粉煤灰的烧失量应小于12%，塑性指数应小于4%。矿粉表观密度应不小于2.50g/cm³，通过0.075mm筛孔的应大于75%，亲水系数（即矿粉在水中体积与在煤油中的体积之比）应小于1，矿粉应干燥、不含泥土杂质和团块，含水量应不大于1%。粉煤灰作填料不宜用于高速公路、一级公路的沥青混凝土面层。沥青面层用矿粉质量技术要求见表11-29。

沥青面层用矿粉质量技术要求 表11-29

指标	高速公路、一级公路	其他等级公路
表观密度（g/cm³）	≥2.50	≥2.45
含水率（%）	≤1	≤1
粒度范围 <0.6mm（%）	100	100
<0.15mm（%）	90~100	90~100
<0.075mm（%）	75~100	70~100
外观	无团粒结块	
亲水系数	<1	

11.2 思考题与习题

(一) 名词解释

1. 石油沥青的黏滞性
2. 石油沥青的塑性
3. 石油沥青的温度敏感性
4. 防水涂料
5. 防水密封材料
6. 沥青嵌缝油膏
7. SBS改性沥青防水卷材
8. 三元乙丙橡胶防水卷材
9. 防水卷材的冷粘法
10. 沥青混合料

(二) 是非判断题（对的划√，不对的划×）

1. 石油沥青的主要化学组分有油分、树脂、地沥青质三种，它们随着温度的变化而逐渐递变着。（ ）
2. 在石油沥青中当油分含量减少时，则黏滞性增大。（ ）
3. 针入度反映了石油沥青抵抗剪切变形有能力，针入度值愈小，表明沥青黏度越小。（ ）
4. 地沥青质是决定石油沥青温度敏感性和黏性的重要组分，其含量愈多，则软化点愈高，黏性愈小，也愈硬脆。（ ）
5. 在石油沥青中，树脂使沥青具有良好的塑性和黏结性。（ ）
6. 软化点小的沥青，其抗老化能力较好。（ ）
7. 当温度的变化对石油沥青的黏性和塑性影响不大时，则认为沥青的温度稳定性好。（ ）
8. 将石油沥青加热到160℃，经5h后，重量损失较小，针入度比也小，则表明该沥青老化较慢。（ ）
9. 石油沥青的牌号越高，其温度稳定性愈大。（ ）
10. 石油沥青的牌号越高，其黏滞性越大，耐热性越好。（ ）
11. 在同一品种石油沥青材料中，牌号愈小，沥青愈软；随着牌号增加，沥青黏性增加，塑性增加，而温度敏感性减小。（ ）
12. 建筑石油沥青黏性较大，耐热性较好，但塑性较小，因而主要用于制造防水卷材、防水涂料和沥青胶。（ ）
13. 为避免夏季流淌，一般屋面用石油沥青的软化点应比当地屋面最高温度高20℃以上。（ ）
14. 三元乙丙橡胶防水卷材性能优良，其成本高。目前在国内属高档防水材料，一般工程很少使用它。（ ）

15．SBS改性沥青防水卷材属弹性体沥青防水卷材，适用较高气温环境的建筑防水。
（　　）

16．溶剂型沥青涂料是将石油沥青溶于汽油等有机溶剂而配制的涂料。其实质是一种沥青溶液。（　　）

17．优等品的聚氨酯密封膏低温柔性为－30℃。（　　）

18．悬浮密实结构的沥青混合料表现为密实度和强度较高，稳定性较好。（　　）

（三）填空题

1．石油沥青的主要组分是_____、_____、_____。它们分别赋予石油沥青_____性；_____性、_____性；_____性、_____性。

2．煤沥青与石油沥青相比较，煤沥青的塑性_____，温度敏感性_____，大气稳定性，防腐能力_____，与矿物表面的_____较好。

3．石油沥青的三大技术指标是_____、和_____，它们分别表示沥青的_____性、_____性和_____性，石油沥青的牌号是以其中的_____指标来划分的。

4．评定石油沥青黏滞性的指标是_____；评定石油沥青塑性的指标是_____；评定石油沥青温度敏感性的指标是_____。

5．沥青胶的标号是以_____来划分的，沥青胶中矿粉的掺量愈多，则其_____性愈高，_____愈大，但_____性降低。

6．冷底子油是由_____和_____配制而成，主要用于_____。

7．SBS改性沥青柔性油毡是近年来生产的一种弹性体沥青防水卷材，它是以_____为胎体，以_____改性沥青为面层，以_____为隔离层的沥青防水卷材。

8．根据沥青混合料压实后剩余空隙率的不同，沥青混合料可分为_____和_____两大类。

9．沥青混合料根据其矿料的级配类型，可分为_____和_____沥青混合料两大类。

10．沥青混合料的组成结构形态有_____结构、_____结构和_____结构。

11．常用密封材料有五种，即_____、_____、_____、_____和_____。

12．防水涂料根据构成涂料的主要成分的不同，可分为下列四类：即_____、_____、_____和_____。

13．沥青混合料的技术性能主要包括_____、_____、_____和_____五方面。

14．新型防水卷材，按粘贴方法的不同分为五种，即_____、_____、_____、_____和_____。

（四）单项选择题

1．黏稠沥青的黏性用针入度值表示，当针入度值愈大时，（　　）

①黏性愈小；塑性愈大；牌号增大。

②黏性愈大；塑性愈差；牌号减小。

③黏性不变；塑性不变；牌号不变。

2. 石油沥青的塑性用延度的大小来表示，当沥青的延度值愈小时，（ ）。
①塑性愈大　　　　　②塑性愈差　　　　　③塑性不变

3. 石油沥青的温度稳定性可用软化点表示，当沥青的软化点愈高时，（ ）。
①温度稳定性愈好　　②温度稳定性愈差　　③温度稳定性不变

4. 石油沥青随牌号的增大，（ ）。
①其针入度由大变小　②其延度由小变大　　③其软化点由低变高

5. 油分、树脂及地沥青质是石油沥青的三大组分，这三种组分长期在空气中是（ ）的。
①固定不变　　　　　②慢慢挥发　　　　　③逐渐递变　　　　　④与日俱增

6. 在进行沥青试验时，要特别注意（ ）。
①室内温度　　　　　　　　　　　　②试件所在水中的温度
③养护温度　　　　　　　　　　　　④试件所在容器中的温度

7. 沥青的牌号是依据（ ）来确定的。
①软化点　　　　　②强度　　　　　③针入度　　　　　④耐热度

8. 对高温地区及受日晒部位的屋面防水工程所使用的沥青胶，在配制时宜选用下列哪种（ ）。
①A-60甲　　　　　②A100-乙　　　　　③10号石油沥青　　　　　④软煤沥青

9. 不同性质的矿粉与沥青的吸附力是不同的，（ ）易与石油沥青产生较强的吸附力。
①石灰石粉　　　　②石英砂粉　　　　③花岗岩粉　　　　④石棉粉

10. 沥青混合料路面的抗滑性与矿质混合料的表面性质有关，选用（ ）的石料与沥青有较好的黏附性。
①酸性　　　　　②碱性　　　　　③中性

11. 通常采用马歇尔稳定度和流值作为评价沥青混合料的（ ）主要技术指标。
①施工和易性　　②高温稳定性　　③低温抗裂性
④耐久性　　　　⑤抗滑性

12. 沥青混合料的粗骨料要求洁净、干燥、无风化、无杂质，并且具有足够的强度和（ ）。
①表观密度　　　②表面粗糙　　　③耐磨性　　　④石料压碎指标

13. 优等品聚氨酯建筑密封膏的表干时间不大于（ ）h。
①12　　　　　②24　　　　　③36　　　　　④48

14. 水乳型氯丁橡胶沥青防水涂料的粘结力不小于（ ）MPa。
①0.1　　　　　②0.2　　　　　③0.3　　　　　④0.4

15. 像博物馆、图书馆、医院、宾馆、影剧院等建筑物的屋面防水材料耐用年限应该在（ ）年以上。
①5　　　　　②10　　　　　③15　　　　　④20

（五）多项选择题（选出二至五个正确的答案）

1. PVC接缝膏具有良好的（ ）。

①粘结性　　　　　②防水性　　　　　③弹塑性
④耐腐蚀性　　　　⑤抗老化性
2. 屋面防水材料选择防水等级为Ⅲ级的建筑有(　　)。
①住宅　　　　　　②办公楼　　　　　③学校　　　　　　④图书馆
3. 煤沥青的主要组分有(　　)。
①油分　　　　　　②沥青质　　　　　③树脂
④游离碳　　　　　⑤石蜡
4. 防水工程中选用防水材料应考虑以下几点(　　)。
①建筑物的接缝情况　　　　　　　　②被黏结物的材质
③使用部位的特殊要求　　　　　　　④环境的温度、湿度
⑤地震引起的短期变形　　　　　　　⑥风力
5. 沥青中的矿物填充料有(　　)。
①石灰石粉　　　　②滑石粉　　　　　③石英粉
④云母粉　　　　　⑤石棉粉
6. 连续级配的沥青混合料按其压实后的剩余空隙率大小可分为(　　)级配沥青混合物。
①密实式　　　　　②半开式　　　　　③开式
④封闭式　　　　　⑤半密实式
7. 热拌沥青混合料的技术性质有(　　)。
①高温稳定性　　　②抗滑性　　　　　③耐久性
④施工和易性　　　⑤低温抗裂性
8. 沥青混合料耐久性常用(　　)评价。
①浸水马歇尔试验　　　　　　　　　②真空饱水马歇尔试验
③马歇尔稳定度试验　　　　　　　　④马歇尔稳定度和流值试验
9. 骨架密实结构的沥青混合料表现为(　　)都较好。
①密实度　　　　　②强度　　　　　　③稳定性　　　　　④耐久性
10. 沥青胶根据使用条件应有良好的(　　)。
①耐热性　　　　　②黏结性　　　　　③大气稳定性
④温度敏感性　　　⑤柔韧性
11. 水乳型再生橡胶沥青防水涂料的适用范围(　　)。
①楼层厕浴、厨房间防水　　　　　　②工业及民用建筑非保温屋面防水
③地下混凝土建筑防潮　　　　　　　④以沥青珍珠岩为保温层的保温屋面防水
12. 建筑防水沥青嵌缝油膏是由(　　)混合制成。
①填充料　　　　　②增塑料　　　　　③石油沥青
④稀释剂　　　　　⑤改性材料
13. SBS卷材适用于(　　)。
①工业与民用建筑的屋面　　　　　　②地下防水工程
③较低气温环境的建筑防水　　　　　④桥梁防水
⑤隧道、蓄水池等防水　　　　　　　⑥较高气温环境的建筑防水

(六) 问答题

1. 简述两种沥青掺配的计算方法。
2. 石油沥青有哪些主要技术性质？各用什么指标表示？
3. 为什么煤沥青在建筑工程中很少使用？
4. 石油沥青的组分比例改变对沥青的性质有何影响？
5. 常用防水卷材有几种？普通油毡的标号代表什么？
6. 何谓石油沥青的老化？在老化过程中沥青的性质发生了哪些变化？对建筑有何影响？
7. 石油沥青的牌号代表什么？牌号大小说明什么问题？高牌号沥青有何主要物性？
8. 与传统的沥青防水卷材相比较，改性沥青防水卷材和合成高分子防水卷材有什么突出的优点？
9. 为满足防水要求，防水卷材应具有哪些技术性能？
10. 新型防水卷材的施工方法有哪些？
11. 常用的防水涂料有哪些？它们的性能要求如何？
12. 沥青混合料的组成结构有哪几种类型？它们各有何特点？
13. 试述密封膏的性能要求和使用特点。
14. 试述沥青混合料应具备的主要技术性能。
15. 沥青混合料组成材料有哪些？各自的技术要求又如何？

(七) 计算题

某建筑屋面工程需要使用软化点 75℃ 的石油沥青，现库存有 10 号和 100 号两种石油沥青（软化点分别为 95℃ 和 45℃），试计算这两种沥青的掺配比例。

12 绝热与吸声、隔声材料

建筑绝热保温和吸声隔声是节约能源、降低环境污染、提高建筑物居住和使用功能非常重要的一个方面。随着人民生活水平的逐步提高，人们对建筑物的质量要求越来越高。建筑用途的扩展，使对其功能方面的要求也越来越严。因此，作为建筑功能材料重要类型之一的建筑绝热吸声材料的地位和作用也越来越受到人们的关注和重视。

12.1 学习指导

12.1.1 绝热材料

建筑绝热保温材料是建筑节能的物质基础。性能优良的建筑绝热保温材料和良好的保温技术，在建筑和工业保温中往往可起到事半功倍的效果。统计表明，建筑中每使用1t矿物棉绝热制品，每年可节约1t燃油。同时，建筑使用功能的提高，使人们对建筑的吸声隔声性能的要求也越来越高。随着近年来对环境保护意识的增强，噪声污染对人的健康和日常生活的危害日益为人们所重视，建筑的吸声功能在诸多建筑功能中的地位逐步增高。保温绝热材料由于其轻质及结构上的多孔特征，故具有良好的吸声性能。对于一般建筑物来说，吸声材料无需单独使用，其吸声功能是与保温绝热及装饰等其他新型建材相结合来实现的。因此在改善建筑物的吸声功能方面，新型建筑隔热保温材料起着其他材料所无法替代的作用。

绝热（保温、隔热）材料是指对热流具有显著阻抗性的材料或材料复合体；绝热制品则是指被加工成至少有一面与被覆盖面形状一致的各种绝热材料的制成品。

材料保温隔热性能的好坏是由材料导热系数的大小所决定的。导热系数越小，保温隔热性能越好。材料的导热系数，与其自身的成分、表观密度、内部结构以及传热时的平均温度和材料的含水量有关。一般地说，表观密度越小，导热系数越小。在材料成分、表观密度、平均温度、含水量等完全相同的条件下，多孔材料单位体积中气孔数量越多，导热系数越小；松散颗粒材料的导热系数，随单位体积中颗粒数量的增多而减小；松散纤维材料的导热系数，则随纤维截面的减少而减小。当材料的成分、表观密度、结构等条件完全相同时，多孔材料的导热系数随平均温度和含水量的增大而增大，随湿度的减小而减小。绝大多数建筑材料的导热系数（λ）介于 $0.023 \sim 3.49\text{W}/(\text{m}\cdot\text{K})$ 之间，通常把 λ 值不大于 0.23 的材料称为绝热材料，而将其中 λ 值小于 0.14 的绝热材料称为保温材料。进而根据材料的适用温度范围，将可在零摄氏度以下使用的称为保冷材料，适用温度超过 1000℃ 者称为耐火保温材料。习惯上通常将保温材料分为三档，即低温保温材料，使用温度低于 250℃；中温保温材料，使用温度 250~700℃；高温保温材料，使用温度 700℃以上。

除节能这一主要功能外，建筑绝热材料还应具备如下作用：①绝热保温或保冷，阻止热交换、热传递的进行；②隔热防火；③减轻建筑物的自重。

绝热材料的选用应符合以下基本要求：

(1) 具有较低的导热系数。优质的保温绝热材料，要求其导热系数一般不应大于 0.14W/(m·K)，即具有较高孔隙率和较小的表观密度，一般表观密度不大于 600kg/m³。

(2) 具有较低的吸湿性。大多数保温材料吸收水分之后，其保温性能会显著降低，甚至会引起材料自身的变质，故保温材料要处于干燥状态。

(3) 具有一定的承重能力。保温绝热材料的强度必须保证建筑和工程设备上的最低强度要求，其抗压强度大于 0.4MPa。

(4) 具有良好的稳定性和足够的防火防腐能力。

(5) 必须造价低廉，成型和使用方便。

12.1.1.1 绝热材料的使用

导热系数（λ）是材料导热特性的一个物理指标。当材料厚度、受热面积和温差相同时，导热系数（λ）值主要决定于材料本身的结构与性质。因此，导热系数是衡量绝热材料性能优劣的主要指标。λ 值越小，则通过材料传送的热量就越少，其绝热性能也越好。材料的导热系数决定于材料的组分、内部结构、表观密度；也决定于传热时的环境温度和材料的含水量。通常，表观密度小的材料其孔隙率大，因此导热系数小。孔隙率相同时，孔隙尺寸大，导热系数就大；孔隙相互连通比相互不连通（封闭）者的导热系数大。对于松散纤维制品，当纤维之间压实至某一表观密度时，其 λ 值最小，则该表观密度为最佳表观密度。纤维制品的表观密度小于最佳表观密度时，表明制品中纤维之间的空隙过大，易引起空气对流，因而其 λ 值增加。因为水的 λ 值[0.58W/(m·K)]远大于密闭空气的导热系数[0.023W/(m·K)]，所以材料受潮后会显著降低保温性能；当受潮的绝热材料受到冰冻时，其导热系数会进一步增加，因为冰的 λ 值为 2.33W/(m·K)，比水大。因此，绝热材料应特别注意防潮。

当材料处在 0~50℃ 范围内时，其 λ 值基本不变。在高温时，材料的 λ 值随温度的升高而增大。对各向异性材料（如木材等），当热流平行于纤维延伸方向时，热流受到的阻力小，其 λ 值较大；而热流垂直于纤维延伸方向时，受到的阻力大，其 λ 值就小。

为了常年保持室内温度的稳定性，凡房屋围护结构所用的建筑材料，必须具有一定的绝热性能。

在建筑中合理地采用绝热材料，能提高建筑物的效能，保证正常的生产、工作和生活。在采暖、空调、冷藏等建筑物中采用必要的绝热材料，能减少散热损失，节约能源，降低成本。据统计，绝热良好的建筑，其能源消耗可节省 25%~50%，因此，在建筑工程中，合理地使用绝热材料具有重要意义。

12.1.1.2 常用的绝热材料

绝热材料的品种很多，按材质，可分为无机绝热材料、有机绝热材料和金属绝热材料三大类。按形态，又可分为纤维状、多孔（微孔、气泡）状、层状等数种。目前在我国建筑市场上应用比较广泛的纤维状绝热材料如岩矿棉、玻璃棉、硅酸铝棉及其制品和以木纤维、各种植物秸杆、废纸等有机纤维为原料制成的纤维板材；多孔状绝热材料如膨胀珍珠岩、膨胀蛭石、微孔硅酸钙、泡沫石棉、泡沫玻璃以及加气混凝土，还有泡沫塑料类如聚苯乙烯、聚氨脂、聚氯乙烯、聚乙烯以及酚醛、脲醛泡沫塑料等；层状绝热材料如铝箔、各种类型的金属或非金属镀膜玻璃以及以各种织物等为基材制成的镀膜制品。

此外，玻璃绝热、吸声材料，如热反射膜镀膜玻璃、低辐射膜镀膜玻璃、导电膜镀膜玻璃、中空玻璃、泡沫玻璃等建筑功能性玻璃以及反射型绝热保温材料如铝箔波形纸保温隔热板、玻璃棉制品铝复合材料、反射型保温隔热卷材和 AFC 外护绝热复合材料也都得到了长足发展，产品的品种、质量和数量都在迅速提高。可以预见，随着我国对建筑围护结构热工标准的逐步提升对该类建筑材料的需求将会大大增加。

（1）无机散粒绝热材料

常用的无机散粒绝热材料有膨胀珍珠岩和膨胀蛭石等。

1) 膨胀珍珠岩及其制品

膨胀珍珠岩是由天然珍珠岩煅烧而成的，呈蜂窝泡沫状的白色或灰白色颗粒，是一种高效能的绝热材料。其堆积密度为 40～500kg/m³，导热系数为 0.047～0.070W/(m·K)，最高使用温度可达 800℃，最低使用温度为 -200℃。具有吸湿小、无毒、不燃、抗菌、耐腐、施工方便等特点。建筑上广泛用于围护结构、低温及超低温保冷设备、热工设备等处的隔热保温材料，也可用于制作吸声制品。

膨胀珍珠岩制品是以膨胀珍珠岩为主，配合适量胶凝材料（水泥、水玻璃、磷酸盐、沥青等），经拌合、成型、养护（或干燥，或固化）后而制成的具有一定形状的板、块、管壳等制品。

2) 膨胀蛭石及其制品

蛭石是一种天然矿物，在 850～1000℃ 的温度下煅烧时，体积急剧膨胀，单个颗粒体积能膨胀约 20 倍。

膨胀蛭石的主要特点是：表观密度 80～900kg/m³，导热系数 0.046～0.070W/(m·K)，可在 1000～1100℃温度下使用，不蛀、不腐，但吸水性较大。膨胀蛭石可以呈松散状铺设于墙壁、楼板、屋面等夹层中，作为绝热、隔声之用。使用时应注意防潮，以免吸水后影响绝热效果。

膨胀蛭石也可与水泥、水玻璃等胶凝材料配合，浇制成板，用于墙、楼板和屋面板等构件的绝热。其水泥制品通常用 10%～15% 体积的水泥，85%～90% 的膨胀蛭石及适量的水经拌合、成型、养护而成。其制品的表观密度为 300～550kg/m³，相应的导热系数为 0.08～0.10W/(m·K)，抗压强度 0.2～1MPa，耐热温度 600℃。水玻璃膨胀蛭石制品是以膨胀蛭石、水玻璃和适量氟硅酸钠（$NaSiF_6$）配制而成，其表观密度为 300～550kg/m³，相应的导热系数为 0.079～0.084W/(m·K)，抗压强度为 0.35～0.65MPa，最高耐热温度 900℃。

（2）无机纤维状绝热材料

常用的无机纤维有矿棉、玻璃棉等。可制成板或筒状制品。由于不燃、吸声、耐久、价格便宜、施工简便，而广泛用于住宅建筑和热工设备的表面。

1) 玻璃棉及制品

玻璃棉是用玻璃原料或碎玻璃经熔融后制成的一种纤维状材料。一般的堆积密度为 40～150kg/m³，导热系数小，价格与矿棉制品相近。可制成沥青玻璃棉毡、板及酚醛玻璃棉毡和板，使用方便，因此是广泛用在温度较低的热力设备和房屋建筑中的保温隔热材料，还是优质的吸声材料。

2) 矿棉和矿棉制品

矿棉一般包括矿渣棉和岩石棉。矿渣棉所用原料有高炉矿渣、铜矿渣和其他矿渣等，另加一些调整原料（含氧化钙、氧化硅的原料）。岩石棉的主要原料是天然岩石，经熔融后吹制而成的纤维状（棉状）产品。

矿棉具有轻质、不燃、绝热和电绝缘等性能，且原料来源丰富，成本较低，可制成矿棉板、矿棉防水毡及管套等。可用作建筑物的墙壁、屋顶、顶棚等处的保温隔热和吸声。

(3) 无机多孔类绝热材料

多孔类材料是指材料体积内含有大量均匀分布的气孔（开口气孔、封闭气孔或二者皆有）。主要有泡沫类和发气类产品。

1) 泡沫混凝土

是由水泥、水、松香泡沫剂混合后经搅拌、成型、养护而成的一种多孔、轻质、保温、隔热、吸声材料。也可用粉煤灰、石灰、石膏和泡沫剂制成粉煤灰泡沫混凝土。泡沫混凝土的表观密度约为 $300\sim500kg/m^3$，导热系数约为 $0.082\sim0.186W/(m\cdot K)$。

2) 加气混凝土

是由水泥、石灰、粉煤灰和发气剂（铝粉）配制而成的一种保温隔热性能良好的轻质材料。由于加气混凝土的表观密度小（$500\sim700kg/m^3$），导热系数值 $[0.093\sim0.164W/(m\cdot K)]$ 比黏土砖小，因而 240mm 厚的加气混凝土墙体，其保温隔热效果优于 370mm 厚的砖墙。此外，加气混凝土的耐火性能良好。

3) 泡沫玻璃

由玻璃粉和发泡剂等经配料、烧制而成。气孔率达 80%~95%，气孔直径为 0.1~5mm，且大量为封闭而孤立的小气泡。其表观密度为 $150\sim600kg/m^3$，导热系数为 $0.058\sim0.128W/(m\cdot K)$，抗压强度为 0.8~15MPa。采用普通玻璃粉制成的泡沫玻璃最高使用温度为 300~400℃，若用无碱玻璃粉生产时，则最高使用温度可达 800~1000℃。耐久性好，易加工，可满足多种绝热需要。

4) 硅藻土

由水生硅藻类生物的残骸堆积而成。其孔隙率为 50%~80%，导热系数约为 $0.060W/(m\cdot K)$，因此具有很好的绝热性能。最高使用温度可达 900℃。可用作填充料或制成制品。

(4) 有机绝热材料

1) 泡沫塑料

泡沫塑料是以各种树脂为基料，加入一定剂量的发泡剂、催化剂、稳定剂等辅助材料，经加热发泡而制成的一种具有轻质、耐热、吸声、防震性能的材料。目前我国生产的有聚苯乙烯泡沫塑料，其表观密度为 $20\sim50kg/m^3$，导热系数为 $0.038\sim0.047W/(m\cdot K)$，最高使用温度约 70℃；聚氯乙烯泡沫塑料，其表观密度为 $12\sim75kg/m^3$，导热系数为 $0.031\sim0.045W/(m\cdot K)$，最高使用温度为 70℃，遇火能自行熄灭；聚氨酯泡沫塑料，其表观密度为 $30\sim65kg/m^3$，导热系数为 $0.035\sim0.042W/(m\cdot K)$，最高使用温度可达 120℃，最低使用温度为 -60℃。此外，还有脲醛泡沫塑料及制品等。该类绝热材料可用作复合墙板和屋面板的夹芯层及冷藏和包装等绝热需要。

2) 窗用绝热薄膜

用于建筑物窗户的绝热，可以遮蔽阳光，防止室内陈设物褪色，降低冬季热量损失，节约能源,增加美感。其厚度为12~50μm,使用时,将特制的防热片(薄膜)贴在玻璃上,其功能是将透过玻璃的阳光反射出去,反射率高达80%。防热片能够减少紫外线的透过率,减轻紫外线对室内家具和织物的有害作用,减弱室内温度变化程度。也可以避免玻璃碎片伤人。

3) 植物纤维类绝热板

该类绝热材料可用稻草、木质纤维、麦秸、甘蔗渣等为原料经加工而成。其表观密度约为200~1200kg/m³,导热系数为0.058~0.307W/(m·K),可用于墙体、地板、顶棚等,也可以用于冷藏库、包装箱等。

12.1.1.3 常用绝热材料的技术性能

常用绝热材料技术性能见表12-1。

常用绝热材料技术性能及用途　　　　　　　　　表12-1

材料名称	表观密度 (kg/m³)	强度 (MPa)	导热系数 [W/(m·K)]	最高使用温度 (℃)	用途
超细玻璃棉毡	30~50		0.035	300~400	墙体、屋面、冷藏库等
沥青玻纤制品	100~150		0.041	250~300	
岩棉纤维	80~150	>0.012	0.044	250~600	填充墙体、屋面、热力管道等
岩棉制品	80~160		0.04~0.052	≤600	
膨胀珍珠岩	40~300		常温0.02~0.044 高温0.06~0.17 低温0.02~0.038	≤800	高效能保温保冷填充材料
水泥膨胀珍珠岩制品	300~400	0.5~0.10	常温0.05~0.081 低温0.081~0.12	≤600	保温隔热用
水玻璃膨胀珍珠岩制品	200~300	0.6~1.7	常温0.056~0.093	≤650	保温隔热用
沥青膨胀珍珠岩制品	200~500	0.2~1.2	0.093~0.12		用于常温及负温部位的绝热
膨胀蛭石	80~900	0.2~1.0	0.046~0.070	1000~1100	填充材料
水泥膨胀蛭石制品	300~350	0.5~1.15	0.076~0.105	≤600	保温隔热用
微孔硅酸钙制品	250	>0.3	0.041~0.056	≤650	围护结构及管道保温
轻质钙塑板	100~150	0.1~0.3 0.11~0.7	0.047	650	保温隔热兼防水性能,并具有装饰性能
泡沫玻璃	150~600	0.80~15	0.058~0.128	300~400	砌筑墙体及冷藏库绝热
泡沫混凝土	300~500	≥0.4	0.081~0.019		围护结构
加气混凝土	400~700	≥0.4	0.093~0.016		围护结构
木丝板	300~600	0.4~0.5	0.11~0.26		顶棚、隔墙板、护墙板
软质纤维板	150~400		0.047~0.093		同上,表面较光洁

续表

材料名称	表观密度（kg/m³）	强度（MPa）	导热系数［W/(m·K)］	最高使用温度（℃）	用途
软木板	105～437	0.15～2.5	0.044～0.079	≤130	吸水率小，不霉腐、不燃烧，用于绝热隔热
聚苯乙烯泡沫塑料	20～50	0.15	0.031～0.047	70	屋面、墙体保温，冷藏库隔热
硬质聚氨酯泡沫塑料	30～65	0.25～0.5	0.035～0.042	-60～120	屋面、墙体保温，冷藏库隔热
聚氯乙烯泡沫塑料	12～75	0.31～1.2	0.022～0.045	-196～70	屋面、墙体保温、冷藏库隔热

12.1.2 吸声、隔声材料

吸声材料在建筑中的作用主要是用以改善室内收听声音的条件和控制噪声。保温绝热材料由其轻质及结构上的多孔特征，故具有良好的吸声性能。除一些对声音有特殊要求的建筑物如音乐厅、影剧院、大会堂、大教室、播音室等场所外，对于大多数一般的工业与民用建筑物来说，均无需单独使用吸声材料，其吸声功能的提高主要是靠与保温绝热及装饰等其他新型建材相结合来实现的。因此，建筑绝热材料也是改善建筑物吸声功能的不可或缺的物质基础。

材料吸声性能大小以吸声系数衡量，吸声系数是指被吸收的能量与声波原先传递给材料的全部能量的百分比。吸声系数与声音的频率和声音的入射方向有关，因此吸声系数指的是一定频率的声音从各个方向入射的吸收平均值，通常采用的声波为125、250、500、1000、2000、4000Hz6个特定频率。一般对上述6个频率的平均吸声系数大于0.2的材料，称为吸声材料。

对于多孔吸声材料，其吸声效果受以下因素制约：①材料的表观密度。同种多孔材料，随表观密度增大，其低频吸声效果提高，而高频吸声效果降低。②材料的厚度。厚度增加，低频吸声效果提高，而对高频影响不大。③孔隙的特征。孔隙越多，越均匀细小，吸声效果越好。吸声材料和绝热材料均属多孔材料，但对气孔特征的要求不同。绝热材料要求气孔封闭，不相连通，可以有效地阻止热对流的进行；这种气孔越多，绝热性能愈好。而吸声材料则要求气孔开放，互相连通，可通过摩擦使声能大量衰减；这种气孔越多，吸声性能越好。这些材质相同而气孔结构不同的多孔材料的制得，主要通过原料组分的某些差别以及生产工艺中的热工制度不同和加压大小等来实现。

在规定频率下平均吸声系数大于0.2的材料，称为吸声材料。因吸声材料可较大程度吸收由空气传播的声波能量，在播音室、音乐厅、影剧院等的墙面、地面、顶棚等部位采用适当的吸声材料，能改善声波在室内的传播质量，保持良好的音响效果和舒适感。

隔声材料是能较大程度隔绝声波传播的材料。

12.1.2.1 材料的吸声性能

物体振动时，迫使邻近空气随着振动而形成声波，当声波接触到材料表面时，一部分被反射，一部分穿透材料，而其余部分则在材料内部的孔隙中引起空气分子与孔壁的摩擦和黏滞阻力，使相当一部分声能转化为热能而被吸收。被材料吸收的声能（包括穿透材料的声能在内）与原先传递给材料的全部声能之比，是评定材料吸声性能好坏的主要指标，称为吸声系数，用下式表示：

$$\alpha = \frac{E}{E_0} \times 100\% \tag{12-1}$$

式中　α——材料的吸声系数；

　　　E_0——传递给材料的全部入射声能；

　　　E——被材料吸收（包括穿透）的声能。

假如入射声能的70%被吸收（包括穿透材料的声能在内），30%被反射，则该材料的吸声系数α就等于0.7。当入射声能100%被吸收而无反射时，吸收系数等于1。当门窗开启时，吸收系数相当于1。一般材料的吸声系数在0~1之间。

材料的吸声特性，除与材料本身性质、厚度及材料表面的条件有关外，还与声波的入射角及频率有关。一般而言，材料内部的开放连通的气孔越多，吸声性能越好。同一材料，对于高、中、低不同频率的吸声系数不同。

为了改善声波在室内传播的质量，保持良好的音响效果和减少噪声的危害，在音乐厅、电影院、大会堂、播音室及工厂噪声大的车间等内部的墙面、地面、顶棚等部位，应选用适当的吸声材料。

12.1.2.2　常用材料的吸声系数

常用的吸声材料及其吸声系数如表12-2所示，供选用时参考。

建筑上常用的吸声材料　　　　　　表12-2

分类及名称		厚度(cm)	表观密度(kg/m³)	各种频率下的吸声系数						装置情况
				125	250	500	1000	2000	4000	
无机材料	石膏板（有花纹）	—	—	0.03	0.05	0.06	0.09	0.04	0.06	
	水泥蛭石板	4.0	—	—	0.14	0.46	0.78	0.50	0.60	
	石膏砂浆（掺水泥、玻璃纤维）	2.2	—	0.24	0.12	0.09	0.30	0.32	0.83	粉刷在墙上
	水泥膨胀珍珠岩板	5	350	0.16	0.46	0.64	0.48	0.56	0.56	贴实
	水泥砂浆	1.7	—	0.21	0.16	0.25	0.4	0.42	0.48	粉刷在墙上
	砖（清水墙面）	—	—	0.02	0.03	0.04	0.04	0.05	0.05	贴实
木质材料	软木板	2.5	260	0.05	0.11	0.25	0.63	0.70	0.70	贴实
	木丝板	3.0	—	0.10	0.36	0.62	0.53	0.71	0.90	钉在木龙骨上，后面留10cm空气层和留5cm空气层两种
	三夹板	0.3	—	0.21	0.73	0.21	0.19	0.08	0.12	
	穿孔五夹板	0.5	—	0.01	0.25	0.55	0.30	0.16	0.19	
	木花板	0.8	—	0.03	0.02	0.02	0.03	0.04	—	
	木质纤维板	1.1	—	0.06	0.15	0.28	0.30	0.33	0.31	
多孔材料	泡沫玻璃	4.4	1260	0.11	0.32	0.52	0.44	0.52	0.33	贴实
	脲醛泡沫塑料	5.0	20	0.22	0.29	0.40	0.68	0.95	0.94	
	泡沫水泥（外粉刷）	2.0	—	0.18	0.05	0.22	0.48	0.22	0.32	紧靠粉刷
	吸声蜂窝板	—	—	0.27	0.12	0.42	0.86	0.48	0.30	贴实
	泡沫塑料	1.0	—	0.03	0.06	0.12	0.41	0.85	0.67	

续表

分类及名称		厚度(cm)	表观密度(kg/m³)	各种频率下的吸声系数						装置情况
				125	250	500	1000	2000	4000	
纤维材料	矿渣棉	3.13	210	0.01	0.21	0.60	0.95	0.85	0.72	贴实
	玻璃棉	5.0	80	0.06	0.08	0.18	0.44	0.72	0.82	
	酚醛玻璃纤维板	8.0	100	0.25	0.55	0.80	0.92	0.98	0.95	

12.1.2.3 隔声材料

能减弱或隔断声波传递的材料为隔声材料。人们要隔绝的声音，按其传播途径有空气声（通过空气的振动传播的声音）和固体声（通过固体的撞击或振动传播的声音）两种，两者隔声的原理不同。

隔绝空气声，主要是遵循声学中的"质量定律"，即材料的密度越大，越不易受声波作用而产生振动，其隔声效果越好。所以，应选用密实的材料（如钢筋混凝土、钢板、实心砖等）作为隔绝空气声的材料。而吸声性能好的材料，一般为轻质、疏松、多孔材料，但其隔声效果不一定好。

隔绝固体声的最有效办法是断绝其声波继续传递的途径。即在产生和传递固体声波的结构（如梁、框架与楼板、隔墙，以及它们的交接处等）层中加入具有一定弹性的衬垫材料，如地毯、毛毡、橡胶或设置空气隔离层等，以阻止或减弱固体声波的继续传播。

12.2 思考题与习题

(一) 名词解释

1. 吸声材料
2. 吸声系数
3. 绝热材料
4. 隔声材料
5. 泡沫塑料
6. 泡沫玻璃

(二) 是非判断题（对的划√，不对的划×）

1. 当材料的成分、表观密度、结构等条件完全相同时，多孔材料的导热系数随平均温度和含水量的增大而增大。（   ）

2. 多孔结构材料，其孔隙率越大，则绝热性和吸声性能越好。（   ）

3. 同种多孔材料，随表观密度增大，其低频吸声效果提高，而高频吸声效果降低。（   ）

4. 绝热材料要求气孔开放，互相连通，这种气孔越多，绝热性能愈好。（   ）

5. 绝热材料和吸声材料同是多孔结构材料，绝热材料要求具有开口孔隙，吸声材料要求具有闭口孔隙。（   ）

6. 保温绝热性好的材料，其吸声性能也一定好。（   ）

7. 一般来说，材料的孔隙率越大，孔隙尺寸越大，且孔隙相互联通，其导热系数越

大。 ( )
  8．好的多孔性吸声材料的内部有着大量的微孔和气泡。 ( )
  9．增加吸声材料的厚度可以提高吸声能力。 ( )
  10．无论寒冷地区还是炎热地区，其建筑外墙都应选用热容量较大的墙体材料。
( )
  11．材料的导热系数将随温度的变化而变化。 ( )
  12．任何材料只要表观密度小，就一定有好的保温绝热性能。 ( )
  13．一般来说，玻璃体结构的多孔材料的绝热保温性能，比晶体结构的多孔材料的绝热保温性能要好。 ( )
  14．隔绝空气声应选用密实的材料，即材料的密度越大越好。 ( )

（三）填空题

1．材料保温隔热性能的好坏是由材料_____的大小所决定的。

2．常用无机多孔类绝热材料有四种，即_____、_____、_____和_____。

3．增大多孔性材料的表观密度，这将使_____频吸声效果改善，但_____频吸声效果有所下降。

4．吸声材料和绝热材料在构造特征上都是_____材料，但二者的孔隙特征完全不同。绝热材料的孔隙特征是具有_____、_____的气孔，而吸声材料的孔隙特征是具有_____、_____的气孔。

5．通常把_____、_____、_____、_____、_____、_____六个频率（Hz）下的平均吸声系数大于0.2的材料称为吸声材料。

6．绝热材料应满足：值不大于_____ W/(m·K)、表观密度不大于_____ kg/m³、抗压强度大于_____ MPa、构造简单、施工容易、造价低的多孔材料。

7．多孔材料吸湿受潮后，其导热系数_____，其原因是因为材料的孔隙中有了_____缘故。

8．吸声系数α表示的是当声波遇到材料表面时，_____的声能与_____声能之比。α越_____，则材料的吸声效果越好。

9．当声波遇到材料表面时，一部分被_____，另一部分_____，其余部分则_____给材料。

10．一般来说，孔隙越_____越_____，则材料的吸声效果越好。

11．选择建筑物围护结构的材料时，应选用导热系数较_____、热容量较_____的材料，以保持室内适宜的温度。

12．材料的导热系数决定于_____、_____、_____；也决定于传热时的_____和材料的_____。

13．吸声系数大于_____的材料，称为吸声材料。

（四）单项选择题

1．建筑工程中使用的绝热材料，一般要求其导热系数不宜大于( )W/(m·K)。
①0.14   ②0.23   ③0.58   ④0.79

2．为了达到保温隔热的目的，在选择建筑物维护结构用的材料时，应选用( )的材料。
①导热系数小，热容量也小　　②导热系数大，热容量小
③导热系数小，热容量大　　　④导热系数大，热容量大

3. 通常把λ值小于(　　)W/(m·K)的绝热材料称为保温材料。
①0.14　　②0.17　　③0.23　　④0.27

4. 作为吸声材料，其吸声效果好的根据是材料的(　　)。
①吸声系数大　　②吸声系数小　　③孔隙不连通
④多孔、疏松　　⑤导热系数小

5. 建筑工程中使用的绝热材料，一般要求其表观密度不大于(　　)kg/m³。
①500　　②600　　③700　　④800

6. 为使室内温度保持稳定，应选用(　　)的材料。
①导热系数大　　②比热大　　③导热系数小，比热大
④比热小　　⑤导热系数小

7. 建筑工程中使用的绝热材料，一般要求其抗压强度不小于(　　)MPa。
①0.3　　②0.4　　③0.5　　④0.6

8. 在规定频率下平均吸声系数大于(　　)的材料，称为吸声材料。
①0.1　　②0.2　　③0.3　　④0.4

9. 作为隔绝空气声的材料应选用(　　)的材料。
①质轻　　②疏松　　③多孔材料　　④密实

10. 膨胀珍珠岩导热系数为0.047~0.070W/(m·K)，最高使用温度可达(　　)。
①600℃　　②700℃　　③800℃　　④900℃　　⑤1000℃

(五) 多项选择题（选出二至五个正确的答案）

1. 作为绝热材料应具备(　　)。
①表观密度小　　②孔隙率大　　③导热系数小
④孔隙尺寸小　　⑤孔隙相互不连通

2. 常用无机多孔类绝热材料有(　　)。
①泡沫混凝土　　②加气混凝土　　③泡沫塑料
④泡沫玻璃　　　⑤硅藻土

3. 选用绝热材料的基本要求是(　　)。
①耐久　　②轻质　　③耐水
④导热性小　　⑤有一定强度

4. 选择建筑物围护结构的材料时，应选用(　　)的材料，以达到保温隔热的目的。
①导热系数小　　②导热系数大　　③孔隙率大
④热容量小　　　⑤热容量大

5. 作为吸声材料应具备(　　)。
①孔隙率大　　②孔隙尺寸小　　③孔隙相互连通
④吸声系数小　　⑤吸声系数大

6. 建筑上常用的无机吸声材料有(　　)。
①水泥砂浆　　②水泥蛭石板　　③水泥膨胀珍珠岩板

④石膏砂浆　⑤石膏板

7. 绝热材料应是具有(　　)性质的材料。
①质轻　　　　　②导热系数小　　　③热容量大
④多封闭孔　　　⑤强度高

8. 常用有机绝热材料有(　　)。
①泡沫塑料　　　②麦秸绝热板　　　③窗用绝热薄膜
④泡沫玻璃　　　⑤甘蔗渣绝热板

（六）问答题

1. 何谓绝热材料？在建筑中使用绝热材料有何优越性？简述对绝热材料的基本要求。
2. 在使用绝热材料时为什么一定要注意防潮？
3. 用什么技术指标来评定材料绝热性能的好坏？
4. 影响材料绝热性能的主要因素有哪些？
5. 试举出几种工程中常用的绝热保温材料？
6. 何谓吸声材料？材料的吸声性能用什么指标表示？
7. 简述影响吸声材料吸声性能的因素。
8. 试举出几种工程中常用的吸声材料？
9. 简述绝热材料和吸声材料的基本原理。

13 木 材

13.1 学习指导

木材具有很多优点，如自重轻、强度高，弹性、韧性和吸收振动、冲击的性能好，木纹自然悦目，表面易于着色和油漆，热工性能好，容易加工，结构构造简单。木材也有些缺点，主要是材质不均匀，各向异性，吸水性强而且胀缩显著，容易变形，容易腐朽虫蛀及燃烧，有天然疵病等。但是经过一定的加工和处理，这些缺点可以得到减轻。

13.1.1 木材的构造与组成

（1）树木的分类

木材是由树木加工而成的。树木分为针叶树和阔叶树两大类。

针叶树树叶细长呈针状，多为常绿树。树干高而直，纹理顺直，材质均匀且较软，易于加工，又称"软木材"。表观密度和胀缩变形小，耐腐蚀性好，强度高。建筑中多用于承重构件、门窗、地面和装饰工程，常用的有松树、杉树、柏树等。

阔叶树树叶宽大，叶脉呈网状，多为落叶树。树干通直部分较短，材质较硬，又称"硬（杂）木"。表观密度大，易翘曲开裂。加工后木纹和颜色美观，适用于制作家具、室内装饰和制作胶合板等。常用的树种有榆树、水曲柳、柞木等。

（2）木材的宏观构造

宏观构造是指用肉眼或放大镜就能观察到的木材组织。可从树干的三个不同切面进行观察，如图13-1。

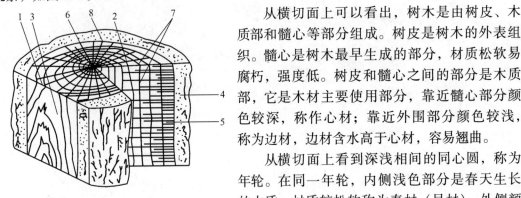

图 13-1 木材的宏观构造
1—横切面；2—径切面；3—弦切面；4—树皮；
5—木质部；6—髓心；7—髓线；8—年轮

从横切面上可以看出，树木是由树皮、木质部和髓心等部分组成。树皮是树木的外表组织。髓心是树木最早生成的部分，材质松软易腐朽，强度低。树皮和髓心之间的部分是木质部，它是木材主要使用部分，靠近髓心部分颜色较深，称作心材；靠近外围部分颜色较浅，称为边材，边材含水率高于心材，容易翘曲。

从横切面上看到深浅相间的同心圆，称为年轮。在同一年轮，内侧浅色部分是春天生长的木质，材质较松软称为春材（早材）；外侧颜色较深部分是夏秋两季生长的，材质较密实称为夏材（晚材）。树木的年轮越密实越均匀，材质越好。夏材部分愈多，木材强度愈高。

从髓心成放射状穿过年轮的组织，称为髓线。髓线与周围组织联结软弱，木材干燥时易沿髓线开裂。年轮和髓线构成木材表面花纹。

(3) 木材的微观构造与组成

在显微镜下所看到的木材细胞组织，称为木材的微观构造。用显微镜可以观察到，木材是由无数管状细胞紧密结合而成，它们大部分纵向排列，而髓线是横向排列。每个细胞都由细胞壁和细胞腔组成，细胞壁由细纤维组成，其纵向联接较横向牢固，所以木材具有各向异性。细胞壁越厚，细胞腔越小，木材越密实，其表观密度和强度也越高，胀缩变形也越大。

针叶树和阔叶树的微观构造有较大差别。针叶树材显微构造简单而规则，主要由管胞、髓线和树脂道组成，其髓线较细而不明显。阔叶树材显微构造较复杂，主要有木纤维、导管和髓线组成，它的最大特点是髓线发达，粗大而明显。

木材中除纤维外，尚有水、树脂、色素、糖分、淀粉等物质，这些成分决定了木材易被腐朽、虫害、燃烧等性能。

13.1.2 木材的性质

(1) 木材的吸湿性

干燥的木材在空气中吸收水分的性能称为吸湿性，用含水率表示。木材的含水率是指木材中所含水分的质量占木材干燥质量的百分数。

木材中的水分主要有三种，即自由水、吸附水和结合水。自由水是存在于木材细胞腔和细胞间隙中的水分，吸附水是被吸附在细胞壁内细纤维之间的水分。自由水的变化会影响木材的表观密度、抗腐蚀性、干燥性和燃烧性，而吸附水的变化则影响木材强度和胀缩变形。结合水是形成细胞的化合水，常温下对木材性质无影响。

当木材中没有自由水，而细胞壁内充满吸附水，达到饱和状态时，此时的含水率称为纤维饱和点。木材的纤维饱和点随树种而异，一般介于25%～35%，平均值为30%。它是木材物理力学性质是否随含水率而发生变化的转折点。

木材的含水率与周围空气相对湿度达到平衡时，称为木材的平衡含水率。木材的平衡含水率随所在地区不同以及温度和湿度变化而不同，我国北方地区约为12%，南方地区约为18%，长江流域一般为15%。

(2) 木材的湿胀与干缩

木材具有显著的湿胀干缩性，这是由于细胞壁内吸附水含量变化所引起的。当木材的含水率在纤维饱和点以下时，随着含水率的增大木材细胞壁内的吸附水增多，体积膨胀，随着含水率的减小，木材体积收缩；而当木材含水率在纤维饱和点以上，只是自由水增减变化时，木材的体积不发生变化，如图13-2。

木材的湿胀干缩变形随树种的不同而异，一般情况表观密度大的、夏材含量多的木材，胀缩变形较大。木材各方向的收缩也不同，顺纤维方向收缩很小，径向较大，弦向最大。

木材的湿胀干缩对其实际应用带来不利影响。干缩会造成木结构拼缝不严、卯榫松弛、翘曲开裂，

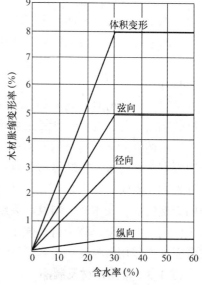

图13-2 木材含水率与胀缩变形的关系

湿胀又会使木材产生凸起变形，因此必须采取相应的防范措施。最根本的方法是在木材制作前将其进行干燥处理，使含水率与使用环境长年平均平衡含水率相一致。

(3) 木材的强度

木材的强度按照受力状态分为抗拉、抗压、抗弯和抗剪四种。而抗拉、抗压、抗剪强度又有顺纹和横纹之分。顺纹（作用力方向与纤维方向平行）和横纹（作用力方向与纤维方向垂直）强度有很大差别。木材各种强度间的关系见表13-1。

木材各种强度间的关系　　　　　　　表13-1

抗 压		抗 拉		抗 弯	抗 剪	
顺 纹	横 纹	顺 纹	横 纹		顺 纹	横 纹
1	1/10 ~ 1/3	2 ~ 3	1/20 ~ 1/3	$1\frac{1}{2}$ ~ 1	1/7 ~ 1/3	1/2 ~ 1

1) 抗压强度

顺纹抗压强度是木材各种力学性质中的基本指标，在建筑工程中使用最广，如柱、桩、斜撑及桁架等。木材顺纹受压破坏是细胞壁丧失稳定性的结果，而非纤维断裂，因此木材顺纹抗压强度很高，仅次于木材的顺纹抗拉强度及抗弯强度，而且受疵病的影响较小。

2) 抗拉强度

木材的顺纹抗拉强度最高，但在实际应用中木材很少用于受拉构件，这是因为木材天然疵病对顺纹抗拉强度影响较大，使实际强度值变低。另外受拉构件在连接节点处受力较复杂使其先于受拉构件而遭到破坏。

木材的横纹抗拉强度是各项力学强度中最小的，这主要是由于木材细胞横向连接很弱，所以应避免木材受到横纹拉力作用。

3) 抗弯强度

木材具有良好的抗弯性能，在建筑工程中常用作受弯构件，如梁、桁架、脚手架、地板等。木梁受弯时，上部产生顺纹压力，下部产生顺纹拉力。上部首先达到强度极限，出现细小的皱纹，但不马上破坏，继续加力时，下部受拉部分也达到强度极限，这时构件破坏。

4) 抗剪强度

木材顺纹受剪时，绝大部分纤维本身并不破坏，只破坏了受剪面中纤维的连结，所以木材的顺纹抗剪强度很小。横纹切断是将木纤维横向切断，因此其强度较高。

木材的强度除与自身的树种构造有关之外，还与含水率、疵病、负荷时间、环境温度等因素有关。含水率在纤维饱和点以下时，木材强度随着含水率的增加而降低，含水率超过纤维饱和点时，自由水存在于细胞腔及间隙中，含水率的变化对强度几乎没有影响；木材的天然疵病，如木节、斜纹、裂纹、腐朽、虫眼等都会明显降低木材强度；木材在长期荷载作用下的强度，称为持久强度，会降低50% ~ 60%；木材使用环境的温度超过50℃或者受冻融作用后强度也会降低。

13.1.3 常用木材及制品

(1) 木材的种类与规格

木材按照加工程度和用途的不同分为：原条、原木、锯材和枕木四类，如表 13-2 所示。

木材的分类 表 13-2

分类名称	说 明	主 要 用 途
原 条	系指除去皮、根、树梢的木料，但尚未按一定尺寸加工成规定直径和长度的材料	建筑工程的脚手架、建筑用材、家具等
原 木	系指已经除去皮、根、树梢的木料，并已按一定尺寸加工成规定直径和长度的材料	1. 直接使用的原木：用于建筑工程（如屋架、檩、椽等）、桩木、电杆、坑木等； 2. 加工原木：用于胶合板、造船、车辆、机械模型及一般加工用材等
锯 材	系指已经加工锯解成材的木料。凡宽度为厚度 3 倍或 3 倍以上的，称为板材，不足 3 倍的称为方材	建筑工程、桥梁、家具、造船、车辆、包装箱板等
枕 木	系指按枕木断面和长度加工而成的成材	铁道工程

建筑工程中应用较多的是锯材，国家标准规定锯材的尺寸见表 13-3。

锯材尺寸表（GB 153—84）（GB 4817—84） 表 13-3

树 种 类	锯材分类	厚度（mm）	宽 度（mm）		长 度（m）
			尺寸范围	进 级	
针 叶 树	薄 板	12、15、18、21	50～240	10	1～8
	中 板	25、30	50～260		1～6
阔 叶 树	厚 板	40、50、60	60～300		

（2）人造板材

我国是木材资源贫乏的国家。为了保护和扩大现有森林面积，促进环保事业，我们必须合理地、综合地利用木材。

人造板材是利用木材或含有一定量纤维的其他植物为原料，采用一般的物理和化学方法加工而成的。这类板材幅面宽、表面平整光滑、不翘曲不开裂，经加工处理后还具有防水、防火、防腐、耐酸等性能。但不少人造板材存在游离甲醛释放的问题，国家标准《室内装饰装修用人造板及其制品中甲醛释放限量》GB 18580—2001 对此作出了规定，以防止室内环境受到污染。

1）胶合板

胶合板是用原木旋切成薄片，按照奇数层并且相邻两层木纤维互相垂直重叠，经胶粘热压而成。胶合板最多层数有 15 层，一般常用的是三合板或五合板。

胶合板材质均匀强度高，不翘曲不开裂，木纹美丽，色泽自然，幅面大，使用方便，装饰性好，应用十分广泛。可用作隔墙、地板、顶棚、护壁板、车船内装修板及家具等。

2）细木工板

细木工板也称复合木板，它由三层木板粘压而成。上、下两个面层为旋切木质单板，芯板是用短小木板条拼接而成。该板表面平整，幅面宽大，可代替实木板，使用非常方便。

3）纤维板

纤维板是将树皮、刨花、树枝等木材加工的下脚碎料经破碎浸泡、研磨成木浆，加入一定胶粘剂经热压成型、干燥处理而成的人造板材。根据成型时温度和压力的不同分为硬质、半硬质、软质三种。生产纤维板可使木材的利用率达90%以上。纤维板构造均匀，克服了木材各向异性和有天然疵病的缺陷，不易翘曲变形和开裂，表面适于粉刷各种涂料或粘贴装裱。

硬质纤维板强度高，可代替木板用于室内壁板、门板、地板、家具等。半硬质纤维板常制成带有一定图形的盲孔板，表面施以白色涂料，这种板兼具吸声和装饰作用，多用作会议室、报告厅等室内顶棚材料。软质纤维板适合用作保温隔热材料。

4）刨花板、木丝板、木屑板

刨花板、木丝板、木屑板是用木材加工时产生的刨花、木屑和木丝等碎渣，经干燥后拌入胶料，再经热压成型而制成的人造板材。这类板材表观密度小，强度较低，主要用作绝热和吸声材料。有的表层做了饰面处理，如粘贴塑料贴面后，可用作装饰或家具等材料。

13.1.4 木材的腐蚀与防止

（1）木材的腐朽

木材由于真菌的侵入，逐渐改变其颜色和结构，使细胞壁受到破坏，物理力学性质随之发生变化，最后变得松软易碎，呈筛孔状或粉末状等形态，即为腐朽。

引起木材腐朽的真菌有三种：腐朽菌、变色菌和霉菌。霉菌只寄生在木材表面，通常叫发霉；变色菌是以细胞腔内含物为养料，并不破坏细胞壁，对木材的破坏作用很小；腐朽菌是以细胞壁为养料，供自身繁殖生长，致使木材腐朽破坏。

真菌在木材中生存和繁殖须具备三个条件：适当的水分、足够的空气和适宜的温度。当木材的含水率在35%～50%，温度在25～30℃，又有一定量的空气时，适宜真菌繁殖，木材最易腐朽。含水率低于20%时，真菌难于生长，含水率过大时，空气难于流通，真菌得不到足够的氧或排不出废气，也难于生长。

（2）木材的防腐

木材防腐处理就是破坏真菌生存和繁殖的条件，有两种方法。一是将木材含水率干燥至20%以下，并使木结构处于通风干燥的状态，必要时采取防潮或表面涂刷油漆等措施；二是采用防腐剂法，使木材成为有毒物质，常用的方法有表面喷涂、浸渍或压力渗透等。防腐剂有水溶性的、油溶性的和乳剂性的。

木材除受真菌侵蚀而腐朽外，还会遭受昆虫的蛀蚀。常见的蛀虫有白蚁、天牛等。木材虫蛀的防护方法，主要是采用化学药剂处理。木材防腐剂也能防止昆虫的危害。

13.2 思考题与习题

（一）名词解释

1. 木质部
2. 心材和边材
3. 髓线

4. 年轮

5. 自由水

6. 吸附水

7. 纤维饱和点

8. 平衡含水率

9. 持久强度

(二) 是非判断题（对的划√，不对的划×）

1. 针叶树材强度较高，表观密度和胀缩变形较小。　　　　　　　　　　　　（　　）
2. 木材细胞构造越紧密，则其强度越高，越坚硬，抗腐蚀性能也越好。　　　（　　）
3. 木材的细胞构造愈紧密，收缩和膨胀变形愈小。　　　　　　　　　　　　（　　）
4. 木材的湿胀变形是随着其含水率的提高而增大的。　　　　　　　　　　　（　　）
5. 木材的强度随着含水量的增加而下降。　　　　　　　　　　　　　　　　（　　）
6. 木材含水率在纤维饱和点以上变化时，其体积和强度不变；在纤维饱和点以下变化时，随着含水率的降低，其体积发生收缩，而强度增大。　　　　　　　　　　　（　　）
7. 木材胀缩变形的特点是径向变化率最大，顺纹方向次之，弦向最小。　　　（　　）
8. 用标准试件测木材的各种强度以顺纹抗拉强度最大。　　　　　　　　　　（　　）
9. 木材的横纹抗压强度大于其顺纹抗压强度。　　　　　　　　　　　　　　（　　）
10. 木材的持久强度等于其极限强度。　　　　　　　　　　　　　　　　　　（　　）
11. 木材腐朽的主要原因是霉菌寄生所致。　　　　　　　　　　　　　　　　（　　）
12. 真菌在木材中生存和繁殖，必须具备适当的水分、空气和温度等条件。　　（　　）
13. 木材时而干时而湿最易腐朽，长期浸在水中或深埋在土中反而不易腐朽。　（　　）
14. 胶合板可以克服木材的天然缺陷，各向异性小，强度较高，大大提高木材的利用率。　　　　　　　　　　　　　　　　　　　　　　　　　　　　　　　　　　（　　）
15. 现在生产的胶合板、刨花板都属于环保产品。　　　　　　　　　　　　　（　　）

(三) 填空题

1. 树木分＿＿＿＿树和＿＿＿＿树两类，其中前者又称＿＿＿＿木材，后者又称＿＿＿＿木材。

2. 在木材的每一年轮中，色浅而质软的部分是＿＿＿＿生长的，称为＿＿＿＿；色深而质硬的部分是＿＿＿＿生长的，称为＿＿＿＿。

3. 髓线是木材中较脆弱的部位，干燥时常沿髓线发生＿＿＿＿。

4. ＿＿＿＿和＿＿＿＿组成了木材的天然纹理。

5. 在木材内部，存在于＿＿＿＿中的水分称吸附水；存在于＿＿＿＿和＿＿＿＿的水分称自由水。

6. 当木材中没有自由水，而细胞壁内充满＿＿＿＿，达到饱和状态时，称为木材的＿＿＿＿。

7. 平衡含水率随＿＿＿＿和＿＿＿＿而变化。

8. 木材在长期荷载作用下不致引起破坏的最大强度称为＿＿＿＿。

9. 木材随环境温度的升高其强度会＿＿＿＿。

10. 常用木材按其用途和加工程度分为＿＿＿＿、＿＿＿＿、＿＿＿＿和

_____。

(四) 单项选择题

1. 在土木工程中，用作承重构件的主要木材是（　　）。
   A. 阔叶树　　　　　　B. 针叶树　　　　　　C. 阔叶树和针叶树
2. 木材中（　　）含量的变化，会影响木材的强度和湿胀干缩。（　　）
   A. 自由水　　　　　　B. 吸附水　　　　　　C. 化学结合水
3. 木材纤维饱和点一般取（　　）。
   A. 15%　　　　　　　B. 30%　　　　　　　C. 25%
4. 木材物理力学性能发生变化的转折点是（　　）。
   A. 平衡含水率　　　　B. 纤维饱和点　　　　C. 饱和含水率
5. 木材在进行加工使用前，应预先将其干燥至含水率达（　　）。
   A. 纤维饱和点
   B. 使用环境长年平均平衡含水率
   C. 标准含水率

(五) 多项选择题

1. 木材的疵病主要有（　　）。
   A. 木节　　　　B. 腐朽　　　　C. 斜纹　　　　D. 虫眼
2. 影响木材强度的因素有（　　）。
   A. 含水率　　　B. 疵病　　　C. 负载时间　　D. 温度　　　E. 碳元素含量
3. 木材在实际应用中主要是使用其（　　）。
   A. 顺压强度　　B. 抗弯强度　　C. 顺拉强度　　D. 横压强度
4. 当木材的含水率小于纤维饱和点，继续干燥木材时，则其（　　）。
   A. 强度提高　　B. 强度不变　　C. 干缩增大　　D. 干缩不变

(六) 问答题

1. 木材从宏观构造观察由哪些部分组成，对木材的性质有何影响？
2. 解释木材干缩湿胀的原因及防止方法？
3. 影响木材强度的主要因素有哪些？这些因素是如何影响木材强度的？
4. 常用的人造板材有哪些？与天然板材相比，它们有何特点？
5. 木材腐朽的原因和防腐的措施各有哪些？

(七) 工程实例

1. 有不少住宅的木地板使用一段时间后出现接缝不严，且有一些木地板出现起拱。请分析原因。

2. 2000年上半年某市有关部门在全市抽查了6座新建的高档写字楼，这些外表富丽豪华、内部装修典雅的写字楼甲醛超标率达45.23%。请分析产生此现象的原因。

14 建筑装饰材料

建筑装饰材料是铺设或涂刷在建筑物或构筑物表面的，主要起装饰作用或兼有保护及改善使用功能的饰面材料。是建筑材料的重要组成部分。由于前面各章已将相应的内容介绍，所以本章主要介绍装饰材料的分类。

14.1 学 习 要 点

14.1.1 建筑装饰材料的基本知识

14.1.1.1 建筑装饰材料的作用及材料装饰性能

(1) 建筑装饰材料的作用

建筑装饰材料的主要作用：

1) 装饰性　建筑装饰材料的主要作用是通过材料特有的装饰性能，来提高建筑物的艺术效果。

2) 保护建筑物或构筑物　装饰材料用于建筑物表面，可以防止风吹、日晒、雨淋等外界侵蚀，以及水蒸气和机械磨损等作用，从而提高建筑物的耐久性。

3) 改善建筑物的某些功能　某些装饰材料还兼有吸声、隔声、隔热、保温、采光、防火等某些功能。

(2) 材料的装饰性能

建筑装饰工程的总体效果及功能的实现，无不通过巧妙地运用建筑装饰材料，并使之与周围环境、室内配套物品的形体、图案、线条、质感、色彩、功能等相匹配而综合地体现出来。材料的装饰性是很重要的性质。而评价材料的装饰性能，主要是通过材料的色彩、光泽、线型、图案和质感等来表现。

1) 颜色　颜色实质是材料对光谱的反射，使光谱的组成不同而感受到不同颜色。利用装饰材料的千变万化的色彩，可以创造人工环境。通过与周围环境背景的协调，使环境更加增色而优美和谐，更能体现建筑物的自身特点。

2) 光泽　光泽表示材料表面对有方向性光线的反射性质。材料表面不同，其反射光线的强弱不同，会出现镜面反射和漫反射等不同效果。建筑装饰常做虚实对比处理，主要利用这一性质。

3) 线型、图案　通过线条粗细、疏密和比例，以及花饰、图案、材料的尺寸、规格等变化及施工处理手段，配合建筑的形体，构成具有一定特色的建筑物造型。

4) 质感　主要指对材料质地的感觉。是通过材料表面致密、光滑程度、线条变化，以及对光线的吸收、反射强弱不一等产生的观感（心理）上的不同效果。如硬软、粗细、明暗、冷暖、色彩等。它不仅取决于材质，还与材料加工和施工方法有关。如装饰砂浆经拉条处理或剁斧加工以后其质感不同，前者有似饰面砖，后者似花岗石的感觉效果。

14.1.1.2 建筑装饰材料的分类及选用原则

(1) 建筑装饰材料的分类

按组成可将建筑装饰材料分为有机、无机和复合建筑装饰材料。

按使用部位分，可分为外墙、内墙、地面和顶棚饰面材料。表 14-1 为按部位分类的装饰材料主要种类。

建筑装饰材料的分类　　　　　　　　　　　　　　表 14-1

按部位类别	装饰材料的种类
外　墙	天然石材、外墙面砖、锦砖、玻璃、外墙涂料、装饰砂浆、装饰混凝土
内　墙	天然及人造石材、釉面砖、玻璃、墙纸、墙布、织物、木贴面、金属饰面、塑料饰面
地　面	天然及人造石材、地砖、木地板、塑料地、地面涂料、地毯
顶　棚	膨胀珍珠岩制品、矿棉、岩棉、玻璃棉板、地面涂料、地毯、壁纸、石膏板、塑料吊顶、铝合金及轻钢龙骨吊顶

(2) 建筑装饰材料的选用原则

选择建筑装饰材料，重在合理配置、充分运用材料的装饰性，以体现地方特色、民族传统和现代新材料、新技术的魅力。因此，选择建筑装修材料首先应使材料与周围环境、空间、气氛、建筑功能等相匹配；以满足装饰功能为主，兼顾所要求的其他功能；第三适宜地要求耐久性；最后要求所选材料便于施工、造价合理、资源充足。

针对具体建筑物及不同使用部位和工程对材料不同的功能要求，还要注意：

1) 针对饰面处理的目的性，首先满足主要功能要求，兼顾其他功能。

2) 相同质量等级的建筑，但处于不同位置（如邻街与背面等）和控制的造价不同，可以选用不同等级的装饰材料。

3) 合理要求耐久性。对于高层建筑外墙及处于重要位置的建筑，耐久性要求高；对于面大量广、易于维修的一般建筑可以按较短维修周期来选材。

4) 根据装修施工方法，充分考虑施工因素，选择与之相适应的装修材料。

需要指出的是，违背基本原则而盲目地追求高档、进口装饰材料，往往适得其反。

14.1.2 建筑装饰材料主要品种及其应用

作为建筑装饰材料中的石材、陶瓷、玻璃、石膏制品、塑料及铝合金等在前面各章都已做过介绍，这里重点介绍装饰材料的特性及主要用途，并按使用部位一并汇总列入表 14-2 及表 14-3、表 14-4、表 14-5。表 14-2 至表 14-5 所列材料品种及性能仅为比较有代表性的主要常用材料。

外 墙 装 饰 材 料　　　　　　　　　　　　　　表 14-2

品　种	主　要　特　点	主　要　用　途
(一) 贴面类 1. 花岗石 (粗磨板、磨光板、剁斧板等)	多呈斑点状（粗、中、细晶粒）、质地坚硬、致密、耐磨、耐蚀、耐久、吸水率低、颜色多样	外墙面、墙裙、基座、踏步柱面、勒脚等及纪念碑、塔
2. 陶瓷锦砖 外墙面砖	见表 14-4	见表 14-4

续表

品　　种	主　要　特　点	主　要　用　途
3.水磨石板	表面光洁、坚硬、混凝土类材料石渣和水泥色彩可调	柱面、墙裙等
（二）抹面类 1.装饰抹灰砂浆（拉毛、甩毛、喷毛、扒拉石、假面砖及喷涂、滚涂、弹涂等）	通过改变水泥色彩、骨料色彩和粒径，采取各种施工方法获得的具有水泥砂浆性质的质感不同的饰面层	外墙饰面层
2.石渣类饰面砂浆（假石、刷石、粘石）	分格抹灰，对装饰砂浆面层水冲或干粘、剁斧等处理	外墙、勒脚、台阶等
（三）涂料类 1.丙烯酸酯系涂料（乙-丙、苯-丙等）	粘结牢固、色泽及保色性好、耐候性优良、耐碱性好、耐水性好、耐污染、质感丰富、丙烯酸乳液粘结烧结彩色砂	用于高层建筑外墙 用于混凝土或水泥砂浆面层的外墙涂料
2.聚氨酯系涂料	涂膜坚韧、柔性好、不易开裂、耐水、耐候、耐蚀、耐磨	适用于外墙，也可用于地面和内墙
3.JN80-1无机建筑涂料	色泽丰富多样，耐老化，抗紫外线能力强，成膜温度低	外墙涂料
JN80-2无机涂料	以硅溶胶为主要胶粘剂。耐水、耐酸、耐碱、耐冻、抗污染，遮盖力强、涂膜细腻	外墙涂料
4.KS-82无机高分子涂料	涂膜透气性好，耐候、抗污染、耐水、抗老化	外墙涂料
（四）玻璃类 1.吸热玻璃 2.热反射玻璃 3.彩色玻璃 4.夹层玻璃 5.锦玻璃（玻璃马赛克）		玻璃幕墙、炎热地区门、窗玻璃幕墙、建筑门、窗拼装外墙饰面、大厦橱窗、天窗等外墙贴面
（五）装饰混凝土清水混凝土	性质同普通混凝土	适用于环境空旷绿化好，建筑体型灵活有较大的虚实对比，建筑立面色彩鲜艳的外墙
制成图案及凹凸镜边的混凝土板	在成型混凝土表面压印花纹、图案及线条的装饰混凝土	用于高层住宅
露石混凝土	用缓凝剂法使面层水泥浆冲掉而露出（彩色）骨料。可消除表面龟裂、白霜、质感丰富	外墙混凝土板

续表

品　种	主　要　特　点	主　要　用　途
（六）金属装饰板：铝合金平板、波纹板、花纹板、压型板门、窗	轻质、高强、耐候性、耐酸性强、色彩柔和、线条明快、造型美观，门、窗防尘、隔声性好	铝合金外墙、门、窗
彩色涂层钢板	钢板表面覆 0.2~0.4mm 塑料，绝缘、防锈、耐磨、耐酸碱	可做墙板和屋面板
（七）塑料门窗	聚氯乙烯塑料，隔热、隔声、气密性、防水性好。适用于 -20℃~60℃ 环境中	适用于 -20℃ 以上环境建筑门、窗

内墙装饰材料　　　　表 14-3

品　种	主　要　特　点	主　要　用　途
（一）贴面类 1. 大理石	见第 8 章	室内高级装修。质纯的汉白玉、艾叶青等可用于室外
2. 人造石（仿大理石、花岗石、玛瑙、玉石等）	质轻、韧性好、吸水率小、表面美观大方、光泽度高	主要用于室内、代替大理石用
3. 内墙面砖（釉面砖）	（见第 9 章）	室内浴池、厨房、厕所墙面、医院、试验室等墙面、桌面，可镶成壁画
4. 塑料贴面板	表面光高、色调丰富、色泽鲜艳、可以仿石、仿木	内墙面、台面、桌面等
5. 微薄木贴面板	花纹美丽、真实、立体感强	室内装修
6. 纸基涂塑壁纸（印花、压花、发泡、特种等）	色彩、图案、花纹繁多。高、低发泡的印花、压化壁纸弹性好	室内墙壁及顶棚，耐水壁纸可用于卫生间
纸基织物壁	用线的排列，获得各种花纹、绒面及金银丝等艺术效果	内墙面
7. 玻纤印花贴墙布	色彩鲜艳、不褪色、耐擦洗	疗养院、计算机房、宾馆、住宅等内墙面
无纺贴墙布	有弹性而挺括、透气，可擦洗	高级宾馆、住宅
装饰墙布	强度大、静电小、花色多样	粘贴内墙或浮挂
化纤装饰贴墙布	无毒、透气、防潮、耐磨	内墙贴面
8. 麻草壁纸	纸基、面层为麻草，阴燃、吸声、透气好、自然、古朴、粗犷	会议室、接待室、影剧院、舞厅等装修
9. 高级墙面装饰织物	锦缎浮挂，墙面格调高雅、华贵。粗毛料、麻类、化纤等织物厚实、古朴、有温暖感	高级室内装修
（二）涂料类 1. 聚乙烯醇甲醛（代号 803）涂料	涂膜牢固、耐湿擦洗好、耐水、耐热	住宅、剧院、医院、学校等多用于内墙
2. 乙丙内墙涂料	表面细腻、保色、耐水、耐久性好	高级内墙面装饰
3. 苯丙乳液涂料（BC-01 乳液）	保色性好，耐碱性好，花纹立体感强、色彩稳定	内墙涂层

续表

品　　种	主　要　特　点	主　要　用　途
4. 多彩内墙涂料	附着力强、耐碱性好，花纹立体感强、色彩稳定	内墙涂层
（三）玻璃类 1. 磨砂玻璃（毛玻璃）	透光不透视，光线柔和，漫反射	卫生间、厕浴、走廊等门、窗用
2. 压花玻璃 3. 钢化玻璃	（见第9章）	室内隔断、会议室等门、窗 公共场所防撞门、窗、隔墙
4. 装饰镜	增大室内明亮度、扩大室内视野、空间的夸大效果好	商店、公共场所、居室、卫生间等
5. 压形玻璃	透光率40%～70%，隔声、隔热好	非承重内墙、天窗等
玻璃空心砖	透光50%～60%，导热系数小	楼梯、电梯间、玻璃隔断

地 面 装 饰 材 料　　　　表 14-4

品　　种	主　要　特　点	主　要　用　途
（一）贴面类 1. 花岗石 人造石	见表8-2	室外及室内地面 室内地面
2. 陶瓷地砖 陶瓷锦砖（马赛克）		室内地面，印花地砖用于高级建筑地面、卫生间、厨房等地面
3. 塑料地砖（素地、印花仿瓷、仿石、印花地面）	色泽多样、质软耐磨、防滑、防腐、不助燃	公共建筑、住宅、地面
（二）木地板 普通木地板 硬质纤维板 拼木地板	保温性能好，有弹性，自重轻、易燃	适用于高、中、低档地面
（三）卷材类 1. 塑料卷材地板（革）	色泽多样、仿木、仿石等图案。耐磨、耐污染、弹性好	宾馆、办公楼、住宅等地面装饰
2. 地毯类 （1）纯毛机织地毯 纯毛手工栽绒地毯	毯面平整光泽、有弹性、脚感柔软、耐磨；图案优美、色泽鲜艳、质地厚实、柔软舒适、装饰效果好	宾馆等室内铺设；产品名贵、价高，高档或中档地面装饰
（2）化纤地毯按原料分有：丙纶（聚丙烯）腈纶（聚丙烯腈）绦纶（聚对苯甲酸乙二酯）锦纶（聚酰胺）	按加工分主要有簇绒（圈绒、割绒）地毯、针刺、机织、编结地毯质坚韧、耐磨、耐湿、抗污染。丙纶回弹、着色差；腈纶强度高，耐磨差，易吸尘；绦纶强度高，耐磨好，耐污强、着色好；锦纶性能优异，价格高	用于宾馆、餐厅、住宅、活动室等地面装饰

顶棚装饰材料　　　　　　　　　　　　　表14-5

品　种	主　要　特　点	主　要　用　途
1. 矿棉装饰吸声板、玻璃棉装饰吸声板、膨胀珍珠岩吸声板	保温、隔热、吸声、防震、轻质	影剧院、音乐厅、播音室、录音室等高级顶棚材料和一般建筑用顶棚材料
2. 聚氯乙烯装饰板、聚苯乙烯泡沫塑料装饰吸声间板	质轻、色白、隔热、隔声、吸声	住宅、办公楼、影剧院、宾馆、商店、医院、展厅、餐厅、播音室等顶棚材料。高效防水石膏板用于浴室、卫生间
装饰石膏板（防潮板、普通板）	装饰、吸声、隔声、防火、防潮、有孔板、浮雕板	
轻质硅酸板	轻质、强度较高、防潮、耐火	
3. 铝合金龙骨轻钢龙骨	装饰效果好，强度高，宜作大龙骨	工业、民用建筑吊顶。大龙骨适宜用钢龙骨，中、小边龙骨宜用铝合金龙骨
4. 壁纸与涂料	与内墙用材料相同	顶棚材料

14.2 思考题与习题

（一）填空题

1. 建筑装饰材料的主要作用是_____、_____和_____。
2. 材料的装饰性主要通过材料的_____、_____、_____、_____等来表现。
3. 与内墙及地面涂料相比，对外墙涂料更注重_____。
4. 贴面类墙面装修中造价较低的有_____、_____、_____。
5. 为了在室内能欣赏窗外景物而又不让在室外的人看清室内，幕墙玻璃应选用_____。

（二）问答题

1. 建筑装饰材料的选用原则。
2. 为什么顶棚装饰材料多选用矿棉吸音板及石膏装饰板、纤维板、硅钙板、塑料板等轻质板。
3. 试分析为什么塑料地板能广泛用于各类建筑地面。
4. 为什么釉面砖只适用于室内？

第5篇 自 测 试 题

为了使学生学习后能检测学习效果,本篇给出五套综合性试题,便于学生进一步巩固学习成果。五套试题是考虑不同专业学生对建筑与装饰材料要求深度、广度不同的基础上编写的,仅供参考。

自 测 试 题 一

一、名词解释（2×5=10分）
1. 混凝土的强度等级
2. 聚合树脂
3. 钢材的时效处理
4. 水泥石中毛细孔
5. 木材的纤维饱和点

二、填空题（1×20=20分）
1. 材料的吸水性用_____表示，吸湿性用_____表示。
2. 当石灰已经硬化后，其中的过火石灰才开始熟化，体积_____，引起。
3. 导热系数_____、比热_____的材料适合作保温墙体材料。
4. 随含水率增加，多孔材料的密度_____，导热系数_____。
5. 增加加气混凝土砌块墙体厚度，该加气混凝土的导热系数_____。
6. 质量高的混凝土骨料，空隙率_____，总面积_____。
7. 测定混凝土和易性时，常用_____表示流动性，同时观察_____和_____。
8. 以_____作为装饰板时，具有调节室内湿度的功能。
9. 若水泥熟料矿物成分中_____和_____含量都提高，则这种水泥的早期强度和后期强度都高。
10. 抗渗性和抗冻性要求都高的混凝土工程，宜选用_____水泥。
11. 硅酸盐水泥硬化过程中，随龄期增加，水泥石组成中的_____含量增加，使水泥密实度增大，强度提高。
12. 高铝水泥的水化放热速度比硅酸盐水泥的_____。
13. 轻质多孔材料的空隙构造为_____、_____时适合做吸音材料。
14. 若采取_____、_____、_____和_____等措施就可以提高混凝土的抗冻性。
15. 干硬混凝土的流动性以_____表示。
16. 混凝土中掺入适量的木质素磺酸钙后，若保持拌合料流动性和硬化后强度不变时，可以获得_____的效果。
17. 砂浆的流动性以_____表示，保水性以_____表示。
18. 冷拉并时效处理钢材的目的是_____和_____。
19. 冷弯性能不合格的钢筋，表示其_____性较差。
20. 石油沥青的三大技术指标是_____、_____、_____。

229

三、选择填空（1×10=10分）

1. 石灰的硬化过程_____进行。
   a. 在水中　　　　　　　　　　b. 在空气中
   c. 在潮湿环境　　　　　　　　d. 既在水中又在空气中

2. 在完全水化的硅酸盐水泥石中，水化硅酸钙约占_____。
   a. 30%　　　b. 70%　　　c. 50%　　　d. 90%

3. 亲水性材料的湿润边角 θ _____。
   a. $\leq 45°$　　b. $\leq 90°$　　c. $> 90°$　　d. $> 45°$

4. 有一块湿砖重2625克，含水率为5%，烘干至恒重，该砖重为_____。
   a. 2493.75　　b. 2495.24　　c. 2500　　d. 2502.3

5. 高铝水泥适合用于_____。
   a. 高温高湿环境　　　　　　　b. 长期承载结构
   c. 大体积混凝土工程　　　　　d. 临时抢修工程

6. 露天施工的混凝土工程，当处于低温条件下气温<5℃时不宜选用_____水泥。
   a. 硅酸盐　　　b. 粉煤灰　　　c. 普通　　　d. 高铝

7. 粉煤灰水泥后期强度发展快的主要原因是_____水化反应生成物越来越多的结果。
   a. 活性 SiO_2 和 Al_2O_3 与 C_3S　　　b. 活性 SiO_2 和 Al_2O_3 与 $Ca(OH)_2$
   c. 二次反应促进了熟料水化　　　　　d. (b+c)

8. 普通水泥体积安定性不良的原因之一是_____。
   a. 养护温度太高　　　　　　b. C_3A 含量高
   c. 石膏掺量过多　　　　　　d. (a+b)

9. 当水泥中碱含量高时，与活性骨料中所含的活性 SiO_2 会_____。
   a. 发生碱—骨料反应，使混凝土结构破坏
   b. 发生反应生成水化产物，提高骨料界面强度
   c. 使混凝土密实度提高，强度增加
   d. 引起混凝土收缩增大。

10. 屋面防水材料，主要要求其_____好。
    a. 黏性　　　　　　　　　　b. 黏性和温度敏感性
    c. 大气稳定性　　　　　　　d. (b+c)

四、问答题（10×5=50）

1. 试说明什么是材料的耐水性？用什么指标表示？
2. 为什么石膏制品适用于室内，而不适用于室外？
3. 什么是砂的级配？它的意义是什么？
4. 试分析普通混凝土作为结构材料的主要优缺点是什么？
5. 混凝土减水剂的减水作用机理是什么？

五、计算题（从以下二题中任选一题）（10×1=10）

1. 某混凝土采用下列参数：$W/C = 0.47$，$W = 175\text{kg/m}^3$，$\rho_c = 3.10\text{g/cm}^3$，$\rho_s = 2.55$

g/cm³, ρ_g = 2.65g/cm³, S_p = 0.29g/cm³, 试按体积法计算该混凝土的配合比（引入空气量按1%计）。

2. 假设混凝土抗压强度随龄期的对数而直线增长，已知1d强度不等于0，7d抗压强度为21MPa，求28d抗压强度。（提示：Lg7 = 0.8451，Lg14 = 1.1461，Lg28 = 1.4472）

自 测 试 题 二

一、名词解释（2×5=10分）
1. 石灰的陈化
2. 水泥混合材料激发剂
3. 混凝土徐变
4. 钢材的 $\sigma_{0.2}$
5. 木材的持久强度

二、填空题（1×20=20）
1. 同类材料，甲体积吸水率占孔隙率的40%，乙占92%，则受冻融作用时，显然_____易遭破坏。
2. 测定材料强度时，若加荷速度过快，或试件尺寸偏_____时，测得值比标准条件下测得结果偏高。
3. 导热系数_____、比热_____的材料适合作保温墙体材料。
4. 随含水率增加，多孔材料的密度_____，导热系数_____。
5. 增加加气混凝土砌块墙体厚度，该加气混凝土的导热系数_____。
6. 按地质形成条件分类，体积密度大、强度、硬度均高、吸水率小、耐久性好的岩石属于_____类岩石。
7. 过火砖即使外观合格，也不宜用于保温墙体中，这主要是因为它的_____性能不好。
8. _____作为装饰板材时，具有调节室内湿度的功能。
9. 若水泥熟料矿物成分中_____和_____含量都提高，则这种水泥的早期强度和后期强度都高。
10. 抗渗性和抗冻性要求都高的混凝土工程，宜选用_____水泥。
11. 硅酸盐水泥硬化过程中，随龄期增加，水泥石组成中的_____含量增加，使水泥密实度增大，强度提高。
12. 硅酸盐水泥的水化放热速度比高铝水泥的_____。
13. 水泥的存放条件是_____、_____。
14. 若采取_____、_____、_____和_____等措施就可以提高混凝土的抗冻性。
15. 砂率是指砂与_____之比。
16. 混凝土中掺入适量的木质素磺酸钙后，若保持拌合料流动性和硬化后强度不变时，可以获得_____的效果。
17. 砂浆的流动性以_____表示，保水性以_____表示。
18. 冷拉并时效处理钢材的目的是_____和_____。

19. 冷弯性能不合格的钢筋，表示其_____性较差。
20. 建筑装饰材料的作用是提高建筑物艺术效果、保护建筑物和_____。

三、选择填空（1×10=10分）

1. 对于某一种材料来说，无论环境怎么变化，其_____都是一定值。
   a. 体积密度　　　　　b. 密度　　　　　　c. 导热系数
   d. 平衡含水率　　　　e.（a+b）
2. 降低材料的密实度，则其抗冻性_____。
   a. 提高　　　　　　　b. 降低　　　　　　c. 不变
3. 选择承受动荷载作用的结构材料时，要选择_____良好的材料。
   a. 脆性　　　　　　　b. 韧性　　　　　　c. 塑性　　　　　　d. 弹性
4. _____水泥适合蒸汽养护。
   a. 硅酸盐　　　　　　b. 高铝　　　　　　c. 矿渣　　　　　　d. 块硬硅酸盐
5. 体积安定性不良的水泥，_____使用。
   a. 不准　　　　　　　b. 降低等级　　　　c. 掺入新鲜水泥　　d. 拌制砂
6. 选用_____骨料，就可以避免混凝土遭受碱—骨料反应而破坏。
   a. 碱性小的　　　　　b. 碱性大的　　　　c. 活性　　　　　　d. 非活性
7. 决定水泥石强度的主要因素是_____。
   a. C_3S 和 C_2S 含量和水泥细度　　　b. 水灰比
   c. 石膏掺量　　　　　　　　　　　　　d.（a+b）
8. _____属于低合金结构钢。
   a. Q295　　　　　　　b. Q345　　　　　c. Q255　　　　　d.（a+b）
9. 严寒地区受动荷载作用的焊接钢结构，应选用_____牌号的钢。
   a. Q235-A·F　　　　 b. Q235-B　　　　c. Q235-A　　　　d. Q235-D
10. 屋面防水材料，主要要求其具有_____性质。
    a. 黏性　　b. 黏性和温度敏感性　　c. 大气稳定性　　d.（b+c）

四、问答题（10×5=50）

1. 目前我国95%以上墙体材料应用烧结黏土砖，试分析其优缺点？
2. 为什么石膏制品适用于室内，而不适用于室外？
3. 火山灰水泥与硅酸盐水泥相比，其强度发展规律如何？为什么？
4. 试分析水灰比对普通混凝土的重要性？
5. 改善混凝土拌合物流动性的措施有哪些？

五、计算题（从以下二题中任选一题）（10×1=10）

1. 某立方体岩石试件，测得其外形尺寸为 50mm×50mm×50mm，并测得其在绝干、自然状态及吸水饱和状态下的质量分别为 325g，325.3g，326.1g，并且测得该岩石的密度为 2.68g/cm³。求该岩石的体积吸水率、绝干体积密度、孔隙率，并估计该岩石的抗冻性如何？

2. 某工程用混凝土，经试配调整，得到和易性和试配强度均合格后的材料用量为：水泥 3.20kg，水 1.85kg，砂 6.30kg，石子 12.65kg。实测拌合物成形后体积密度为 2450 kg/m³。
   （1）试计算该混凝土实验室配合比？
   （2）若堆场砂子含水 5%，石子含水 2.5%，试计算施工配合比？

自 测 试 题 三

一、填空题（2×10=20）

1. 硅酸盐水泥的水化产物中有两种凝胶，即水化铁酸钙和_____。
2. 在水泥中掺入活性混合材料，能与水化产物_____反应生成_____和_____。
3. 泌水性较大的水泥是_____。
4. 常用的活性混合材料激发剂有_____和_____。
5. 提高混凝土拌合物流动性的合理措施是保持_____不变，而适当增加_____。
6. 水泥石受腐蚀的基本原因是其中存在有_____和_____。
7. 只有水泥中含有较高的_____，而同时骨料中含有_____才可能发生碱—骨料反应。
8. 硅酸盐水泥的矿物组成为_____、_____、_____、_____。
9. 选择混凝土用砂的原则是_____和_____。
10. 沥青胶的牌号是以_____来划分的。

二、选择题（2×10=20）

1. 高铝水泥适用于_____。
   a. 要求早强的混凝土工程　　　　b. 夏季施工
   c. 大体积混凝土工程　　　　　　d. 预制构件
2. 火山灰水泥后期强度发展快的原因是_____间的水化反应产生了越来越多的水化产物。
   a. 活性 SiO_2 和 $CaSO_4·2H_2O$
   b. 活性 SiO_2 和 Al_2O_3 与 $Ca(OH)_2$
   c. 活性 Al_2O_3 与 $Ca(OH)_2$ 和 $CaSO_4·2H_2O$
   d. (a+b)
3. 水泥体积安定性不良的主要原因是_____。
   a. 石膏掺量过多　　　　　　　　b. 游离 CaO 过多
   c. 游离 MgO 过多　　　　　　　d. (a+b+c)
4. 混凝土拌合料发生分层离析时，说明其_____。
   a. 流动性差　　b. 黏聚性差　　c. 保水性差　　d. (a+b+c)
5. 影响混凝土强度最大的因素是_____。
   a. 砂率　　　b. W/C　　　c. 骨料的性能　　d. 施工工艺
6. 试配混凝土时，发现混凝土拌合物的黏聚性较差，可采取_____来改善黏聚性。

a. 增大水泥浆用量　　b. 增加水灰比　　c. 增大砂率　　d. 增加石子用量

7. 混凝土拌合物发生分层、离析，说明其_____。

a. 流动性差　　b. 黏聚性差　　c. 保水性差　　d.（a+b+c）

8. 针片状骨料含量多，会使混凝土的_____。

a. 用水量减少　　b. 流动性提高　　c. 强度降低　　d. 水泥用量减少

9. 条件许可时，尽量选用最大粒径较大的粗骨料，是为了_____。

a. 节省骨料　　b. 节省水泥　　c. 减少混凝土干缩　　d.（b+c）

10. 低温季节，采用自然养护的混凝土工程，不宜选用_____。

a. 硅酸盐水泥　　b. 火山灰水泥　　c. 普通水泥　　d. 高铝水泥

三、问答题（10×5=50）

1. 试分析水灰比对普通混凝土的重要性？
2. 混凝土在受力状态下破坏时的裂缝扩展机理是什么？
3. 简述混凝土冻融破坏的机理是什么？
4. 石油沥青的牌号怎样划分？牌号大小与沥青主要技术性质之间的关系如何？
5. 试述粉煤灰在混凝土中产生的三种效应。

四、计算题（从以下二题中任选一题）（10×1=10）

1. 某混凝土工程，所用的配合比为 $C:S:G=1:1.98:3.90$，$W/C=0.64$，已知混凝土拌合物的体积密度为 $2400kg/m^3$，试计算 $1m^3$ 混凝土各材料的用量；若采用 42.5 级普通水泥，试估计该混凝土 28d 强度（已知 $A=0.48$，$B=0.61$，$K_c=1.13$）。

2. 某工地混凝土施工配合比为：

水泥（C'）:砂（S'）:水（W'）= 308:700:1260:128

此时砂的含水率（a）为 4.2%，碎石的含水率（b）为 1.6%，求实验室配合比？若使用 52.5 号普通水泥，其实测强度为 54MPa，问能否达到 C20 要求？（$\sigma=5MPa$，$A=0.46$，$B=0.52$）

自 测 试 题 四

一、填空题（2×10=20）

1. 生产硅酸盐水泥的主要原料是_____、_____和_____。
2. 在水泥中掺入活性混合材料，能与水化产物_____反应生成_____和_____。
3. 我国目前广泛使用的五大品种水泥是_____、_____、_____、_____、_____。
4. 测定混凝土的和易性时，常用_____表示流动性，同时还观察其_____和_____。
5. 提高混凝土拌合物流动性的合理措施是保持_____不变，而适当增加_____。
6. 引起水泥石腐蚀的基本原因是其中存在有_____和_____。
7. 只有水泥中含有较高的_____，而同时骨料中含有_____才可能发生碱—骨料反应。
8. 在荷载作用下，混凝土中的裂缝扩展会发生在以下部位_____、_____、_____。
9. 徐变是材料在_____作用下随着_____而增加的变形。
10. 石油沥青的三大技术指标是_____、_____、_____。

二、选择题（2×10=20）

1. 高铝水泥的早期强度_____同标号的硅酸盐水泥。
   a. 高于　　　b. 低于　　　c. 近似等同于　　　d. a 和 b
2. 粉煤灰水泥后期强度发展快的原因是_____间的水化反应产生了越来越多的水化产物。
   a. 活性 SiO_2 和 $Ca(OH)_2$
   b. 活性 SiO_2 和 Al_2O_3 与 $CaSO_4·2H_2O$
   c. 活性 Al_2O_3 与 $Ca(OH)_2$ 和 $CaSO_4·2H_2O$
   d. （a+b）
3. 某批硅酸盐水泥，经检验其体积安定不良，则该水泥_____。
   a. 不得使用　　　　　　　　b. 可用于次要工程
   c. 可用于工程，但必须增加用量　　d. 可降低标号使用
4. 配制混凝土时，在条件允许情况下，应尽量选择_____的粗骨料。
   a. 最大粒径小，空隙率大的　　b. 最大粒径大，空隙率小的
   c. 最大粒径小，空隙率小的　　d. 最大粒径大，空隙率大的
5. 影响混凝土强度最大的因素是_____。

a. 砂率　　　　　　b. W/C　　　　　c. 骨料的性能　　d. 施工工艺

6. 试配混凝土时，发现混凝土拌合物的保水性较差，泌水量较多。可采取_____来改善保水性。

　　a. 增大水泥浆用量　　　　　　b. 减小水灰比
　　c. 增大砂率　　　　　　　　　d. 增加石子用量

7. 混凝土拌合物发生分层、离析，说明其_____。

　　a. 流动性差　　b. 黏聚性差　　c. 保水性差　　d. (a+b+c)

8. 试配混凝土时，发现混凝土的黏聚性较差，若采用_____，则有可能得到改善。

　　a. 增加 W/C　　　　　　　　b. 保持 W/C 不变，适当增加水泥浆
　　c. 增加砂率　　　　　　　　　d. b 和 c

9. 普通水泥体积安定性不良的原因之一是_____。

　　a. 养护温度太高　　b. C_3A 含量高　　c. 石膏掺量过多　　d. (a+b)

10. 低温季节，采用自然养护的混凝土工程，不宜选用_____。

　　a. 硅酸盐水泥　　b. 火山灰水泥　　c. 普通水泥　　d. 高铝水泥

三、问答题（10×5=50）

1. 影响普通混凝土强度的主要因素是什么？
2. 混凝土在受力状态下破坏时的裂缝扩展机理是什么？
3. 某工地有两种外观相似的沥青，已知其中有一种是煤沥青，请用两种以上方法进行鉴别。
4. 简述混凝土遭受硫酸盐侵蚀的机理。
5. 混凝土减水剂的作用机理是什么？

四、计算题（从以下二题中任选一题）（10×1=10）

1. 已知某混凝土的水灰比为 0.5，单位用水量为 180kg，砂率为 33%，混凝土拌合物形成后实测其体积密度为 2400kg/m³，试求其混凝土配合比。

2. 某工地混凝土施工配合比为：

水泥(C')：砂(S')：石(G')：水(W') = 308：700：1260：128

此时砂的含水率（a）为 4.2%，碎石的含水率（b）为 1.6%，求实验室配合比？

自测试题五

一、是非判断题（对的划√，不对的划×；每小题1分，共20分）

1. 将某种含水的材料，置于不同的环境中，分别测得其密度，其中以干燥条件下的密度为最小。（　　）
2. 材料进行强度试验时，加荷速度快者较加荷速度慢者的试验结果值偏小。（　　）
3. 材料的抗冻性与材料的孔隙率有关，与孔隙中的水饱和程度无关。（　　）
4. 生石灰在空气中受潮消解为消石灰，并不影响使用。（　　）
5. 由于矿渣水泥比硅酸盐水泥抗软水侵蚀性能差，所以在我国北方气候严寒地区，修建水利工程一般不用矿渣水泥。（　　）
6. 两种砂子的细度模数相同，它们的级配也一定相同。（　　）
7. 流动性大的混凝土比流动性小的混凝土强度低。（　　）
8. 混凝土的强度平均值和标准差，都是说明混凝土质量的离散程度的。（　　）
9. 级配良好的卵石骨料，其空隙率小，表面积大。（　　）
10. 砌筑砂浆的强度，无论其底面是否吸水，砂浆的强度主要取决于水泥强度及水灰比。（　　）
11. 在混凝土中掺入适量减水剂，不减少用水量，则可改善混凝土拌合物的和易性，显著提高混凝土的强度，并可节约水泥的用量。（　　）
12. 原料一定，胶凝材料与砂子的比例一定，则砂浆的流动性主要取决于水泥强度及水灰比。（　　）
13. 钢材的屈强比越大，反映结构的安全性高，但钢材的有效利用率低。（　　）
14. 钢材的腐蚀主要是化学腐蚀，其结果是钢材表面生成氧化铁等而失去金属光泽。（　　）
15. 钢材中含磷则影响钢材的热脆性。而含硫则影响钢材的冷脆性。（　　）
16. 聚氯乙烯是建筑材料中应用最为普遍的聚合物之一。（　　）
17. 有机玻璃实际就是玻璃钢。（　　）
18. 在石油沥青中当油分含量减少时，则黏滞性增大。（　　）
19. 为避免冬季开裂，选择石油沥青的要求之一是：要求沥青的软化点应比当地气温下屋面最低温度高20℃以上。（　　）
20. 光致变色玻璃是一种随光线增强而会改变颜色的玻璃。（　　）

二、填空题（每小题1分，共20分）

1. 同种材料的孔隙率愈_____，材料的强度愈高；当材料的孔隙率一定时，_____孔隙愈多，材料的绝热性愈好。
2. 材料作抗压强度试验时，大试件测得的强度值偏低，而小试件相反，其原因是_____和_____。

3. 材料的吸水性用_____表示，吸湿性用_____表示。

4. 由于建筑石膏硬化后的主要成分为_____，_____，在遇火时，制品表面形成_____，有效地阻止火的蔓延，因而其_____好。

5. 水玻璃的模数 n 越大，其溶于水的温度越_____，黏结力_____。常用水玻璃的模数 $n=$ _____。

6. 硅酸盐水泥水化产物有_____和_____体，一般认为它们对水泥石强度及其主要性质起支配作用。

7. 大体积混凝土施工宜选用_____水泥。

8. 组成混凝土的原材料有_____、_____、_____和_____。水泥浆起_____、_____作用。

9. 确定混凝土材料的强大等级，其标准试件尺寸为_____，其养护_____ d 测定其强度值。

10. 某工地浇筑混凝土构件，原计划采用机械振捣，后因设备出了故障，改用人工振实，这时混凝土拌合物的坍落度应_____，用水量要_____，水泥用量_____，水灰比_____。

11. 在混凝土配合比设计中，水灰比的大小，主要由_____和_____等因素决定；用水量的多少主要是根据_____而确定；砂率是根据_____而确定。

12. 在混凝土拌合物中掺入减水剂后，在保持流动性和水泥用量不变的情况下，可以降低_____，提高_____。

13. 为了改善砂浆的和易性和节约水泥，常常在砂浆中掺入适量的_____、_____或制成混合砂浆。

14. 夏天砌筑红砖墙体时，砂浆的流动性应选得_____些。

15. 碳素结构钢随着牌号的_____，其含碳量_____，强度_____，塑性和韧性_____，冷弯性逐渐_____。

16. 钢材当含碳质量分数提高时，可焊性_____；含_____元素较多时可焊性变差；钢中杂质量多时对可焊性_____。

17. 根据锈蚀作用的机理，钢材锈蚀可分_____和_____两种。

18. 塑料中的合成树脂，按照受热时所发生的变化不同，可分为_____和两种塑料。

19. 选择建筑物围护结构的材料时，应选用导热系数较_____、热容量较_____的材料，以保持室内适宜的温度。

20. 常用的安全玻璃有：_____、_____、_____。

三、选择填空题（每小题 2 分，共 20 分）

1. 黏稠沥青的黏性用针入度值表示，当针入度值愈大时，（   ）
   ① 黏性愈小；塑性愈大；牌号增大。
   ② 黏性愈大；塑性愈差；牌号减小。
   ③ 黏性不变；塑性不变；牌号不变。

2. 颗粒材料的密度为 ρ，表现密度为 ρ_0，松散密度 ρ_0'，则存在下列关系_____。

① $\rho > \rho_0 > \rho_0'$ ② $\rho_0 > \rho > \rho_0'$ ③ $\rho_0' > \rho_0 > \rho$

3. 材料的耐水性指材料_____而不破坏，其强度也不显著降低的性质。
①在水作用下 ②在压力水作用下 ③长期在饱和水作用下 ④长期在湿气作用下

4. （　　）浆体在凝结硬化过程中，其体积发生微小膨胀。
①石灰   ②石膏   ③菱苦土   ④水玻璃

5. 硅酸盐水泥熟料中对强度贡献最大的是（　　）。
①C_3A ②C_3S ③C_4AF ④石膏

6. 火山灰水泥（　　）用于受硫酸盐介质侵蚀的工程。
①可以   ②部分可以   ③不可以   ④适宜

7. 选择混凝土骨料的粒径和级配应使其（　　）。
①总表面积大，空隙率小   ②总表面积大，空隙率大
③总表面积小，空隙率大   ④总表面积小，空隙率小

8. 在抹面砂浆中掺入纤维材料可以改变砂浆的（　　）。
①强度   ②抗拉强度   ③保水性   ④分层度

9. 黏土砖在砌筑墙体前一定要经过浇水湿润，其目的是为了（　　）。
①把砖冲洗干净   ②保持砌筑砂浆的稠度   ③增加砂浆对砖的胶结力

10. 随着钢材含碳质量分数的提高（　　）。
①强度、硬度、塑性都提高   ②强度提高，塑性降低
③强度降低，塑性提高   ④强度、塑性都降低

四、问答题（每小题6分，共30分）

1. 某办公楼室内抹灰采用的是石灰砂浆，交付使用后墙面逐渐出现普遍鼓包开裂，试分析其原因。欲避免这种事故发生，应采取什么措施？

2. 为什么矿渣硅酸盐水泥早期强度低，水化热小？

3. 何谓碱—骨料反应？混凝土发生碱—骨料反应的必要条件是什么？

4. 现场浇灌混凝土时，禁止施工人员随意向混凝土拌合物中加水，试从理论上分析加水对混凝土质量的危害，它与成型后的洒水养护有无矛盾？为什么？

5. 为什么釉面砖不宜用于室外？

五、计算题（10分）

某工程用混凝土，经试配调整，得到和易性和试配强度均合格后的材料用量为：水泥3.20kg，水1.85kg，砂6.30kg，石子12.65kg。实测拌合物成形后体积密度为2450kg/m³。

(1) 试计算该混凝土实验室配合比？

(2) 若堆场砂子含水5%，石子含水2.5%，试计算施工配合比？

参考文献

1. 韩喜林编著. 新型防水材料应用技术. 北京：中国建材工业出版社，2003
2. 沈春林等编. 建筑防水密封材料. 北京：化学工业出版社，2003
3. 贡长生，张克立主编. 新型功能材料. 北京：化学工业出版社，2001
4. 沈春林主编. 新型防水材料产品手册. 北京：化学工业出版社，2001
5. 王培铭主编. 商品砂浆的研究与应用. 北京：机械工业出版社，2005
6. 王新民，李颂编著. 新型建筑干拌砂浆指南. 北京：中国建筑工业出版社，2004
7. 沈春林，苏立荣编著. 建筑防水密封材料. 北京：化学工业出版社，2003
8. 姜继圣，罗玉萍编著. 新型建筑绝热、吸声材料. 北京：化学工业出版社，2002
9. 宋岩丽编著. 建筑与装饰材料. 北京：中国建筑工业出版社，2005
10. 张健主编. 建筑材料与检测. 北京：化学工业出版社，2003
11. 张俊才，隋良志主编. 建筑材料. 哈尔滨：东北林业大学出版社，2003
12. 魏鸿汉主编. 建筑材料. 北京：中国建筑工业出版社，2004
13. 王秀花主编. 建筑材料. 北京：机械工业出版社，2003
14. 高琼英主编. 建筑材料：武汉：武汉工业大学出版社，1997
15. 汪绯，杨东贤编著. 建筑材料应用技术. 哈尔滨：黑龙江科学技术出版社，2001
16. 安素琴主编. 建筑装饰材料. 北京：中国建筑工业出版社，2000
17. 马眷荣主编. 建筑材料辞典. 北京：化学工业出版社，2003
18. 李坚利主编. 水泥工艺学. 武汉：武汉工业大学出版社，1998
19. 周国治，鼓宝利编著. 水泥生产工艺概论. 武汉：武汉理工大学出版社，2005
20. 张宝生，葛勇编著. 建筑材料学——概要·思考题与习题·题解. 北京：中国建材工业出版社，1994
21. 张德思主编. 土木工程材料——典型题解析及自测试题. 西安：西北工业大学出版社，2002